康乐哲学文存

ZAI ZHEXUE ZHI LU SHANG QIUSUO

在哲学之路上求索

张志林◎著

中山大学出版社

·广州·

图书在版编目（CIP）数据

在哲学之路上求索/张志林著. —广州：中山大学出版社，2020.9
（康乐哲学文存）
ISBN 978 - 7 - 306 - 06907 - 8

Ⅰ.①在… Ⅱ.①张… Ⅲ.①科学哲学—文集 Ⅳ.①N02 - 53

中国版本图书馆 CIP 数据核字（2020）第 128396 号

出 版 人：王天琪
策划编辑：嵇春霞
责任编辑：姜星宇
封面设计：曾　斌
责任校对：井思源
责任技编：何雅涛
出版发行：中山大学出版社
电　　话：编辑部 020 - 84111946，84110283，84111997，84110771
　　　　　发行部 020 - 84111998，84111981，84111160
地　　址：广州市新港西路 135 号
邮　　编：510275　传　真：020 - 84036565
网　　址：http://www.zsup.com.cn　E-mail：zdcbs@mail.sysu.edu.cn
印 刷 者：佛山家联印刷有限公司
规　　格：787mm×1092mm　1/16　23 印张　390 千字
版次印次：2020 年 9 月第 1 版　2020 年 9 月第 1 次印刷
定　　价：82.00 元

康乐哲学文存

康乐哲学文存

总　序

　　中山大学哲学系创办于1924年，是中山大学创建之初最早培植的学系之一。1952年逢全国高校院系调整而撤销建制，1960年复办至今。先后由黄希声、冯友兰、傅斯年、朱谦之、杨荣国、刘嵘、李锦全、胡景钊、林铭钧、章海山、黎红雷、鞠实儿、张伟等担任系主任。

　　早期的中山大学哲学系名家云集，奠立了极为深厚的学术根基。其中，冯友兰先生的中国哲学研究、吴康先生的西方哲学研究、朱谦之先生的比较哲学研究、李达先生与何思敬先生的马克思主义哲学研究、陈荣捷先生的朱子学研究、马采先生的美学研究等，均在学界产生了重要影响，也奠定了中山大学哲学系在全国的领先地位。

　　日月其迈，逝者如斯。迄于今岁，中山大学哲学系复办恰满一甲子。60年来，哲学系同仁勠力同心、继往开来，各项事业蓬勃发展，取得了长足进步。目前，我系是教育部确定的全国哲学研究与人才培养基地之一，具有一级学科博士学位授予权，拥有国家重点学科2个、全国高校人文社会科学重点研究基地2个。2002年教育部实行学科评估以来，稳居全国高校前列。2017年，中山大学哲学学科成功入选国家"双一流"建设名单，我系迎来了跨越式发展的重要机遇。

　　近年来，中山大学哲学学科的人才队伍不断壮大，且越来越呈现出年轻化、国际化的特色。哲学系各位同仁研精覃思、深造自得，在各自的研究领域均取得了丰硕的成果，不少著述产生了国际性影响，中山大学哲学系已逐渐发展成为全国哲学研究的重镇之一。

为庆祝中山大学哲学系复办 60 周年，我系隆重推出"康乐哲学文存"系列图书。本系列共计八种，主要收录正在或曾在中山大学哲学系执教的、60 岁以上学者的自选文集。这些学者皆造诣深厚，在学界产生了较大影响，也为哲学系的发展做出了重要贡献。

位于珠江之畔的中山大学，树木扶疏，环境优雅。南北朝著名山水诗人谢灵运（世称谢康乐）曾居于此，校园因称"康乐园"。本系列定名为"康乐哲学文存"，亦藉以表达对各位学者的敬意，并冀望永续康乐哲缘。

"康乐哲学文存"的出版，得到中山大学出版社、华夏出版社和生活・读书・新知三联书店的鼎力支持，在此谨致以诚挚谢意！

中山大学哲学系
2020 年 6 月 20 日

序

　　"康乐哲学文存"是为纪念中山大学哲学系复办60周年而出版的系列文集，我因获邀为其提供自选文集，倍感荣幸！

　　中大哲学系是我永远珍视和怀念的精神家园之一。就我的求学经历而言，从化学领域转入哲学领域，是在这里完成的；从一名哲学爱好者蜕变成哲学研究者，是在这里实现的。我爱中大，我爱中大哲学系，我爱康乐园！

　　我以前的一份"学术自述"里的叙述，仍然可以表达我此时的心情：

　　　　在中大15年的岁月里（在广州工作20年，其中5年在华南师大），对于我这样一个理科出身的人来说，能够长期得到哲学的熏陶，渐渐补习各种哲学的背景知识，不能不说是一种幸运。就哲学的学习、教学、研究而言，我对广州那些良师益友、弟子学生深怀感激之情。

　　　　多年来，我的学术研究主要集中于分析传统的科学哲学和语言哲学方面，兼及科学思想史和中国思想研究。关于分析哲学，我看重它强调实实在在做哲学的取向，已就"语言转向"及其对反思、分析、综合、论证等哲学研究方法的可能重塑做了探讨，提出了一种新的哲学观……

　　上述求学激情和研究取向一直激励着我不断"在哲学之路上求索"，而选编本文集则是力图反映我在求索之路上留下的一些印迹。文集中二十五篇论文的主要内容被分为十个主题（参见目录）。其中，第一、第二篇论文主要是对元哲学问题（哲学观）的探索，强调"做哲学"的一种研究纲领——"莱布尼茨－弗雷格－哥德尔纲领"，提示了我对分析哲学的总体看法。可以说，这两篇论文对全书具有统摄之力，或者说，其余论文均可视为针对特定问题而尝试"做哲学"的具体体现。在"做哲学"所突显的以问题为导向的研究风格引领下，文集中的问题所涉哲学领域关乎形而上学、知识论、科学哲学、技术哲学、语言哲学、宗教哲学，以及在哲学视域中对科学思想史和中国思想的探索。

我愿把这次选编文集看成是一次检视自己以往治学经历，激励自己来日更加努力的机会。得此良机，对中大哲学系和中大出版社深怀感激！

哲学有路，"路漫漫其修远兮"；爱智无涯，"吾将上下而求索"！

张志林

2020 年 1 月 10 日

目　录

第五部分　量子力学哲学问题新探

第六部分　科学思想史研究：以化学亲合观为例

第七部分　科学、知识与宗教哲学

第八部分　维特根斯坦哲学新解

第九部分　"戴维森纲领"研究

第十部分　儒家思想新论

第一部分

何为哲学？哲学何为？

做哲学：莱布尼茨－弗雷格－哥德尔纲领

——兼评哲学中的"自然主义"

<blockquote>
做哲学是一种特别的志业。

——哥德尔
</blockquote>

一

　　莱布尼茨（Gottfried Wilhelm Leibniz）有三大理想：一是试图平息天主教与新教的冲突，二是试图消除霍布斯式唯物论与笛卡尔式二元论的纷争，三是试图将机械力学与经院哲学统一起来。（Leibniz，1991：viii）怎么实现这些理想呢？根据莱布尼茨在《通向一种普遍文字》（1677）中透露的信息，他认为实现他的理想的一个关键步骤是发明一种"普遍文字"（universal characteristic），或者如他本人所说，"创造出一种人类思想的字母表，通过由它组成的联系和词的分析，其他一切都能被发现和判断"（莱布尼茨，2006：89）。这是一个充满想象力的伟大方案。按莱布尼茨的设想，这种普遍文字应能克服日常语言的缺陷，清晰而精确地表达理性的思想，堪当"人类思想的字母表"（the alphabet of human thought）。据此，莱布尼茨认为，通过对"字母"的组合（combination）和对表达式的分析（analysis），我们就能发现（discover）和判断（judge）一切事情。他还把字母组合法和表达分析法分别称为"发现的艺术"（the art of discovery）和"判断的艺术"（the art of judgment）。

　　对于这一方案的本质特征、认知意义和适用范围，通常有三种不同的理解方式（参见尼古拉斯·布宁、余纪元编著，2001：1041）。

　　第一种观点认为莱布尼茨的"普遍文字"是一种由表意文字构成的理想语言（ideal language），它能用符号表达特定的思想内容（the content of thought）。依此理解，它便是现代分析哲学中理想语言学派的先驱。

　　第二种观点主张莱布尼茨只关心思想的形式，而不关心其内容。换言之，他所设想的"普遍文字"是旨在表达概念和命题逻辑关系的一种普遍的形式科学（general science of form）。据此，它就是现代符号逻辑或数理逻辑的前身。

第三种观点强调莱布尼茨的思想有一个发展过程，即从早期企图构造一个能够表达思想内容的符号体系，到后来只要求其方案能合理地刻画逻辑推理的形式。

在我看来，这些理解都显得过于黏滞，眼界太窄。我认为，莱公方案实际上对哲学研究提出了五个基本要求：

（1）理解 – 交流（understanding-communication）方面的要求：其目的是消除观点分歧，达成共同理解。

（2）推理 – 演算（reasoning-calculus）方面的要求：聚焦于逻辑推理的结构形式及推理有效性的条件。

（3）组合 – 分析（combination-analysis）方面的要求：旨在创发概念，给出判断，把握思想内容。

（4）综合 – 平衡（synthesis-equilibrium）方面的要求：将思想内容与推理形式结合起来，构成一个融贯平衡的体系。

（5）形而上学反思（metaphysical reflection）方面的要求：重点在于探寻形而上学的初始概念和基本原理，并揭示**语言 – 思想 – 实在**关系的丰富内涵。

以这些评价指标来审视现代哲学研究状况，令人遗憾的是得满分者寥寥无几。当然，令人欣喜的是，弗雷格（Gottlob Frege）和哥德尔（Kurt Gödel）可以说是鹤立鸡群，堪称雄才。

二

按照弗雷格本人在《概念文字》（*Begriffsschrift：A formula language of pure thought modeled on that of arithmetic*，1879）中的叙述，他心目中的"概念文字"（Begriffsschrift）其实就是莱布尼茨所设想的那种"普遍文字"之具体实现。（参见 Beaney，1997：50）"概念文字"这一标题提示我们，弗雷格在设法实现莱公方案时，力图抓住三个关键点。

第一，"纯粹思想"（pure thought）这一表达式显明，弗雷格想要为把握命题的"概念内容"（conceptual content）提供一种有效的工具，这是关于"概念文字"在**语义内容**方面的要求。与此相应，我们在弗雷格

《算术基础》（*Die Grundlagen der Arithmetik*，1884）一书导言中看到的三大方法论原则的第一条便是："在逻辑与心理、客观与主观之间必定存在着显著的区别。"（Beaney，1997：90）这恰恰是弗雷格反对当时逻辑和数学中的自然主义——心理主义的根据所在。顺便提及，据王浩说，哥德尔与弗雷格持有同一立场："哥德尔的确说过他是割断概念与心理学的传统联系来谈概念"的。（王浩，2002：237）

第二，正如莱公一样，弗雷格选用"公式语言"（formula language）一语，意在表明他心目中的"概念文字"具有一种类似于数学公式的结构，这是关于"概念文字"在**逻辑句法**方面的要求。但是，在弗雷格看来，所谓数学公式的结构，关键在于函项－主目结构（function-argument structure），不像莱布尼茨受传统观念限制而认为的那样是通常的主语－谓语结构。正如弗雷格本人所说："我在［'概念文字'这一］[1] 标题中所提示的参照算术公式语言之模塑，主要是指在基本观念方面的模塑，而不是在细节构造方面的模塑。""特别是，我相信用主目和函项分别代替［日常语言中的］主语和谓语，［其重要作用］终将得以彰显。容易看出，把一个［概念］内容视作一个主目之函项如何会导致概念形成（concept formation）。"（Beaney，1997：49，51）正因如此，弗雷格独创性地发明了对各种各样的语言结构进行函项－主目分析（the function-argument analysis）的方法。与此相应，我们方能领会弗雷格在《算术基础》导言中列出的另一条方法论原则，那就是"必须牢记概念与客体的区分"（Beaney，1997：90）。根据这一原则，客体可以存在于物理世界，但概念只能存在于柏拉图意义上的客观的理念世界（弗雷格称之为区别于物理世界和心理世界的"第三域"）。

第三，弗雷格早期所说的"概念内容"，其实就是他后来所说的凭借命题所表达的"思想"。依上所述，命题的结构就是函项－主目结构，它对应着由专名（个体表达式）加上概念词（谓词）所构成的断定句。因为断定句和命题的根本特征是它们具有真值，所以其构成部分也必受制于此。用弗雷格在《算术基础》导言中所列的又一方法论原则来说，就是"必须在一个命题的语境中来寻索一个语词的意义，而绝不能独自寻问"（Beaney，1997：90）。此外，弗公认为专名指称客体，概念词指称概念。

---

① 全书引文中方括号里的文字是作者根据语境加上的。

关键是他还坚持认为，客体、概念、思想都是存在着的实体。特别是，像概念的存在方式一样，弗雷格强调思想也只能存在于"第三域"。

根据上述三点，我认为那种把弗雷格的"概念文字"仅仅理解为等同于今日流行的只关心命题形式的"数理逻辑"或"符号逻辑"的观点，乃是眼界太窄、气魄太小的表现。不妨看看弗雷格本人的声明吧："如果哲学的任务之一是揭露语言使用常常几乎无法避免形成的概念关系的错觉，使思想摆脱日常语言表达工具的污染，从而打破语词对人类心灵的统制，那么我的概念文字，经过为此目的而加以改进的话，就能成为哲学家们的一种有用工具。"（Beaney，1997：50－51）据上所述，在莱布尼茨和弗雷格心目中，作为哲学研究工具的"普遍文字"或"概念文字"，当然不会限于今日所谓"数理逻辑"或"符号逻辑"。在此，还可援引哥德尔的看法作为一种佐证。据王浩所述，"依照更为常见的惯例，人们把逻辑跟只研究世界或思维的'形式'侧面的形式逻辑当成同一个东西"；"'数理逻辑'者，根据哥德尔的看法，'无非是形式逻辑的准确和完备的表述而已'。哥德尔和我都同意，人有所不知的逻辑随时间推移而发展。由此看来，数理逻辑就不免落后于逻辑了，因为我们总是在凭直观把握一些尚未获得'准确和完备表述'的逻辑观念。说实在的，概念分析所以重要，一部分原因正在于我们要靠它的帮助来得到这样的表述"。（王浩，2002：395）

以今日学界惯用的分类方式来看，我认为应该把莱布尼茨的"普遍文字"和弗雷格的"概念文字"的核心构件表达为：数理逻辑（形式理论）、意义理论（内容理论）和"概念实在论"（借用哥德尔的术语以示哲学立场）。在此，不妨参照前面论述莱布尼茨时提出的五个衡量做哲学水平的向度来对莱布尼茨和弗雷格做一简要比较：

理解－交流向度：刚才所引弗雷格论"概念文字"作为哲学研究工具的话已经表明，他与莱布尼茨试图凭借其"普遍文字"来消除观点分歧、达成共同理解的目的是相似的。

推理－分析向度：毫无疑问，莱布尼茨和弗雷格都注重对命题结构和推理结构的形式分析。但是，如上所说，莱布尼茨的分析仍受制于主语－谓语式结构的传统观点，而弗雷格却独创性地以函项－主目结构分析取而代之，使得命题表达更为精确，逻辑推理更加严密。

组合－分析向度：莱布尼茨和弗雷格都想借其在语言文字方面的创发

来准确地把握人类的思想，他们都看重思想与真理之间的关系。但是，弗雷格还为分析思想与真理的关系提供了函项－主目分析方法和涵义－指称区分（Sinn-Bedeutung distinction）的观念。特须注意：把思想和真理置于"第三域"乃是弗雷格的一个独特观点。可以说，两人（还可加上哥德尔）都会对今日哲学中的所谓自然主义嗤之以鼻（参见下文分析）。如上所说，弗雷格更是十分明确地把反对 19 世纪后期自然主义的一种流行版本——心理主义立为自己的一个方法论原则。

综合－平衡向度：莱布尼茨和弗雷格（同样可加上哥德尔）都力主将思想内容和推理形式结合起来，哥德尔更称之为"有效思维"的基本要求。在弗雷格这里，这种结合具体体现为数理逻辑、意义理论和概念实在论的融合与平衡。

形而上学反思向度：莱布尼茨和弗雷格（同样可加上哥德尔）都坚认柏拉图意义上的理念世界之存在。弗雷格和哥德尔侧重于强调概念、思想等相对于物理客体和心理事件的独立存在性，莱布尼茨则更加激进地主张唯有精神性的单子（Monad）所组成的世界才是真正实在的世界。一方面，这些基于形而上学反思所得出的结论（不妨用哥德尔的说法，权且以"概念实在论"表之）乃是三公从事哲学研究的基本立场，哥德尔甚至还说这是引领他获得重要数学成果的"助探原理"（heuristic principle）（参见王浩，2002：245）；另一方面，这些形而上学反思也丰富了我们对**语言－思想－实在**关系的理解。

三

如果说上述形而上学反思有助于回答"哲学做什么"的问题，那么在坚持这一形而上学立场——概念实在论的前提下，我们还可以提取一些哲学方法来回答"哲学**怎么做**"的问题。简言之，有三种基本的哲学方法：反思平衡（reflective equilibrium）、概念分析（conceptual analysis）、先验论证（transcendental argument）。因此，从研究方法角度看，可以说哲学是反思平衡之学、概念分析之学、先验论证之学。

我认为，在众多智力探索领域，正是反思平衡、概念分析和先验论证最能凸显哲学的独特性，因为借此可将哲学与其他学科区分开来。如阿兰·罗伯特·莱西（Alan Robert Lacey）所说：

哲学方法是先在性的（a priori），科学方法则因其最终诉诸实验和观察从而是经验性的（empirical）。哲学问题却不能靠实验方法来解决，不过这并不意味着哲学可以全然不顾科学的结果。（Lacey，1982：8）

哲学的方法是反思（reflection）。反思是一种先在性的方法（a priori method），而不是一种经验性的方法（empirical method）。这意味着哲学像数学一样，其结论不是从有关世界的经验中引出的，而是先于经验并独立于经验得出的。还须注意，"先在性的"作为一个哲学术语，意味着先于一般经验，即先于任何经验、一切经验，而不仅仅是先于我们手边的一项具体研究……（Lacey，1982：6）

当然，如上所述，数学也是一门先在性的学科。莱西认为，"事实上数学不同于哲学的最明显之处在于其严密性，它的结论由我们所称为的算法（algorithms）非常好地给出了证明。所谓算法就是定义了一些明确的程序，这些程序能够由经过有穷步骤所产生或核实的相应结果而得到保证。比如说，乘除法或开平方的程序就是演算。似乎正是这种确定性和严密性使数学不同于哲学"（Lacey，1982：7）。诚然，就目前事实情况来看，莱西的说法确有道理。但是，考虑到哥德尔追求"作为精密理论的哲学"的计划，像莱西那样以结论的确定性和证明的严密性来区分数学和哲学，就显得理由不足了。如王浩所说，"作为精密理论的哲学可以当作哥德尔的概念实在主义的特殊应用来看。它要造就正确的眼光以求看清基本的形而上学概念。挑得更明白点，他说，任务就在于定出形而上学的一组初始概念 C，找出 C 的这样一组公理 A，只有 C 才满足 A 而 A 本来就隐含在我们对 C 的直觉之中。（他承认我们也许要像修改牛顿物理那样一次再次地补充新的公理。）这个理想是跟哥德尔哲学的其他侧面密切相关的，例如，他说过他的哲学总的特点与莱布尼茨单子论的形而上学系统相符"（王浩，2002：241）。按这里提示的思路，我认为，从理论上看，真正使哲学区别于数学的正是反思平衡、概念分析和先验论证的方法，而不在于事实上结论是否确定或程序是否严密。

所谓反思，简洁地说，就是一种研究思想之为思想（thought as thought）的先在性的方法。请记住弗雷格的教诲：典型的思想就是断定句的涵义，它与真值紧密相系，思想和真理均存在于"第三域"。因此，反思不是别的什么东西，它就是关于存在于"第三域"的思想之思想。由此亦可看出，反思确定了哲学的研究对象既不属于物理世界，也不属于心理世界，因而不宜采用自然科学的方法来予以研究。

至于反思平衡，可参看罗尔斯（John Rawls）给出的界定："我所意指的反思平衡是这样一种事态：它是一种平衡，因为至少我们的原理和判断是彼此协调的；它是反思的，因为我们知道这些原理和判断与什么相符合，而且还知道它们推论的前提。"（Rawls，1999：18）据此，我认为反思平衡的基本要求是：①原理与判断之间的协调性；②原理和判断推理前提的合理性；③对语言－思想－实在关系理解的丰富性。

关于概念分析，可大致分为两类：阐明式的分析（illuminative analysis）和先验式的分析（transcendental analysis）。前者关心的问题是"X 的意义是什么"，后者在意的问题则是"Y 是如何可能的"。换句话说，阐明式分析是一种依赖逻辑－语言规则以澄清有关概念和命题的意义的方法。它力图分析一个概念或命题的构成要件及其联系方式，并探索这些概念或命题得以成立和应用的充分必要条件。至于先验分析方法，不妨看看康德在《纯粹理性批判》中的一个简要说明："先验分析论在于把我们所有的先天知识分解为纯粹知性自身所产生的各种要素。"（A64/B89）如我们所知，在《纯粹理性批判》中，康德以其"先验分析论"试图发现那些纯粹理性的概念和原理。因此，他进而将先验分析论分为"概念分析论"和"原理分析论"两个部分。前者旨在分析知性范畴的数量和特点，并阐明这些范畴的客观有效性；后者则力图表明将这些范畴与一般感性原理联系起来的合法性，从而解答"经验如何可能"的问题。我们在此不关心康德的观点是否正确，而只着意于以此来显示先验式的概念分析这种哲学方法的特点。

一个好的论证涉及两个关键因素：确凿的证据（前提）和有效/可靠的推理。至于先验论证，让我们看看罗伯特·斯特恩（Robert Stern）揭示的三个要点吧（Stern，1999：3）：

（a）先验论证的显著特征是包含这样一种形式结构：X 是 Y 得以可能的一个必要条件，因而若无 X，则 Y 不能成立。

（b）这一宣称被看成是形而上学的、先在性的，而不只是自然的、后天性的。亦即说，若无 X 则不可能有 Y，不仅仅是因为受制于由经验科学可发现的那些支配现实世界的自然规律使其不可能（例如，若无氧气，则生命不可能存在），而是由于有某些**形而上学条件**的限制。这些限制条件能够通过**反思**得知，它们使得 X 成为 Y 在一切可能世界中都成立的一个必要条件。例如，存在就是思想得以可能的一个形而上学式的必要条件（Existence is a metaphysically necessary condition for thought）。

（c）坚持以上这种关于先在性的形而上学依赖关系，乃是先验论证的关键所在。

易于理解，这些要点表明了上述三种基本哲学方法的彼此关联和相互支撑关系。特别如要点（b）所显示的那样，将反思平衡和概念分析融入先验论证之中，以确定一个事项得以可能成立的先在的形而上学条件。这也显示了哲学与科学的根本区别。

四

依我看，以上论述所涉及的研究对象和研究方法足以显示哲学的独特性，而且有助于批判当今哲学中的各种自然主义流派。自然主义几乎成了今日哲学各领域的时尚风潮，如大卫·帕皮诺（David Papineau）所说（Papineau，2020）：

> 绝大多数当代哲学家都乐于接受自然主义……"自然主义"在哲学界被广泛地视为一个正面的术语，现在只有少数哲学家乐于自称为"非自然主义者"。

自然主义可以分为两种典型的立场：形而上学/本体论自然主义和认识论/方法论自然主义。按保罗·莫斯尔（Paul K. Moser）和大卫·严德尔（David Yandell）的清理，其核心论点是（Moser & Yandell，2002：10）：

> **形而上学/本体论自然主义**的核心论点："每个真正的实体都由假设是完善的经验科学所认可的客体（即自然本体论的对象）所组成，或者以某种方式以这些客体为基础。"

认识论/方法论自然主义的核心论点："每种获得知识的合法的方法都由假设是完善的经验科学方法（即自然的方法）所组成，或者以这些方法为基础。"

可见，这两个论点预设了一种"科学主义"（scientism）的一元论立场，因为它们都急匆匆地把经验科学晋升为评判哲学中的形而上学/本体论和认识论/方法论是否货真价实的唯一标准。

虽然五花八门的自然主义版本千差万别，但如上所述的两个论点却是它们共享的核心主张。也可换一种方式来分析自然主义的立场，比如说，就像克雷格和默尔兰德所指出的那样："从肯定方面说，自然主义通常包括：（1）自然主义**认知态度**的不同方面（例如，拒斥所谓'第一哲学'，相应地接受或强或弱的科学主义立场）；（2）对所有实体的**因果解释**，即无论我们被告知这些实体是什么，只要它们是用自然科学术语所描述的关于一个事件的因果故事即可，当然在这种解释中还得赋予原子理论和进化生物学以核心地位；（3）还有一种普遍的**本体论**，其中只有那些类似于标准物理学所认可的实体才被承认。""对于绝大多数自然主义者来说，这三个有序的论点都具有重要性。通常说来，自然主义的认知态度可用于为自然主义的因果论作辩护，进而又有助于为自然主义的本体论承诺作辩护。"（Craig & Moreland，2000：xi – xii）

容易看出，这些论点与上述**莱布尼茨－弗雷格－哥德尔纲领**的观点正好相反。我们已知，莱布尼茨认为哲学研究的基本对象是精神性的单子，弗雷格认为哲学研究的基本对象是居于"第三域"的思想，哥德尔则说"一般哲学是概念研究"，"概念是存在的"（转引自王浩，2009：375，426）。一言以蔽之，三公均主张，那些与所谓"标准物理学"所认可的实体或所谓"自然本体论的对象"不相同的概念实体，都是哲学研究的合法对象。毋庸赘言，这与自然主义的本体论立场是截然相反的。哥德尔甚至明确声言，"有更多可知的先天的东西，目前已知的那些，与它们相比少得可怜"（转引自王浩，2009：413）。他还据此比较了单子论和唯物主义（记住，如今作为自然主义典型代表的所谓物理主义，就是唯物主义的时髦版本）。在此不妨耐心地看看哥德尔的一系列相关论述吧（均转引自王浩，2009）：

世界的最简单的实体是单子。(p. 385)

莱布尼茨认为，单子是精神性的，意思是它们在主动的方面有意识、经验和驱力，在被动的方面包含表象（Vorstellungen）。物质也是由这样的单子组成的。(p. 381)

我的理论是有一个核心单子［即上帝］的单子论。(p. 378)

在唯物主义那里，所有的元素都有一样的行为。设想它们散布着，并且自动结合起来，这是相当神秘的。某个东西要成为一个整体，就必须有一个额外的客体，比如说，灵魂或者心灵。"物质"指涉感知事物的一种方式，基本粒子是心灵的一种低级形式。心灵与物质分离，它是一个分离的客体。单子论与唯物主义之间的问题，依赖于它们哪一个能产生更好的理论。按照唯物主义，一切都是物质，粒子在空间中运动，在空间中施力。一切都必须受制于物质规律。心理状态必须用运动及其在脑中的形式解释。例如，愉快的想法必须是物质运动的一种形式。(pp. 413–414)

有可能所有的心理活动（无穷的，总是变化的，等等）都是脑的活动吗？对这个问题，可以有一个事实性的答案。对于思维之为一种特别的性质说不，就要求对基本粒子说不。意识关联到一个统一体，一台机器是由诸多部分组成的。(p. 414)

整体与统一体：事物或实体或存在。每个整体是一个统一体，每个可分的统一体也是一个整体。例如，初始概念、单子、空集和单元集是统一体，但不是整体。每个统一体是某物而不是空无。任何统一体是一物或一个实体或一样存在。客体和概念是统一体和存在。(p. 386)

概念。一个概念是一个整体——一个概念性整体［也是一个统一体］，由否定、存在、合取、全称、客体、概念（的概念）、整体、意义等等的初始概念组成。我们对所有概念的总体没有清楚的观念。一个概念在比集合更强的意义上是整体；它更是一个有机的整体，就像人体是其部分的有机整体。(p. 387)

客体。单子是客体。（客体的）集合是客体。一个集合是一个统一体（或整体），它的元素是其组成成分。客体在空间中，或接近空间。［但须注意：哥德尔强调"单子只是**往**空间里**活动**，而不是**在**空间**里**"(p. 381)。——本文作者注］集合是时空客体的极限情形，也是整体的极限情形。客体有物理客体和数学客体。纯集合是不包含非集合客体的集合——因而纯集合全域中唯一的初元是空集。纯集合是数学客体，组成数学世界。(p. 387)

根据以上论述，哥德尔本人认为，"唯物主义是错误的"（转引自王浩，2009：416），"真正的唯物主义毫无意义"（转引自王浩，2009：382）。当然，如果这个论断是对的，那么本体论的自然主义及物理主义就是错的。

根据前面的论述，同样容易看出，以上所列所谓认识论/方法论自然主义的核心论点也与反思平衡、概念分析和先验论证的哲学方法势不两立。如上所说，反思不是一般所说的思考，它预设了先在性的形而上学因素。同样，先验式的概念分析和先验论证也是以承认先在性的形而上学因素存在为前提条件的。作为对前述内容的补充和深化，我们在此不妨再来看看哥德尔的有关论述：

> 哲学的目的不是从无中证明一切，而是把我们看得跟形状和颜色一样清楚的东西设定为被给与的——形状和颜色从感觉而来，但不能从感觉导出。实证主义者试图从无中证明一切。这是时代偏见共有的一个基本错误，甚至那些反对实证主义的人，也经常滑进这个错误里。哲学是去注意某些直接被给与的但不可证明的事实，它们被证明所预设。这样的事实发现得越多，我们就越有效率。这就像从感觉里学习关于形状和颜色的初始概念。如果一个人在哲学中不假定那只能看见的（抽象的）东西，那么他就被归结到感觉，归结到实证主义。（转引自王浩，2009：402）

以此看反思平衡，我们就会注意到哥德尔提到了三个因素：一是那些"直接被给与的但不可证明的事实"，比如说，反思平衡所预设的有关**语言－思想－实在**关系的理解，概念分析和先验论证所要求的一些初始概念和基本原理；二是需要一些抽象的东西，如存在于弗雷格所说的"第三域"的客体、概念、思想等；三是能"看见"这些抽象的东西，就如弗雷格所说的对思想的"把握"，或如哥德尔反复强调的对抽象实体的"观察""知觉"或"直观"。就像王浩所说的那样，"哥德尔方法论的核心，是对于基本概念的分析和知觉"（王浩，2009：406）。当然，哲学研究各领域均需按上述反思平衡的要求达成一种合理的平衡状态，因为正如哥德尔所说，"仅仅选出一些陈述，与沿着一条思路安排一系列引述，这两者之间有一条清晰的界线"（转引自王浩，2009：401）。就哥德尔本人的学术经历而言，他觉得"为了接近哲学的中心部分，有好的理由把注意力限制在对数学的**反思**上"（转引自王浩，2009：375）。

"一般的哲学是一种**概念研究**，对于它来说，方法是重要的。……柏拉图对概念定义的研究，是哲学的开端。"（转引自王浩，2009：209）与哥德尔看重对数学的反思相应和，他强调概念分析的作用在于使那些原本不清晰的、不精确的哲学观念逐步变成清晰的、精确的哲学概念。以下所引哥德尔本人的论述即为明证："分析性、清晰性与精确性都有很高的价值，尤其在哲学里。只是因为清晰性时下被误用，或者错位的精确性被强调，就放弃清晰性或精确性，这理由不成立。没有精确性，人们就不能在哲学里做任何事情。形而上学使用一般的观念：它从不精确性开始，但后来却向精确性发展。"（转引自王浩，2009：403）

哥德尔运用概念分析方法的独特之处在于：首先借助"整体"与"统一体"的区别，强调寻找初始概念和公理，然后注重概念与公理之间的密切关系，以构建精确的哲学理论。用他本人的话来说，首先要注意"正确的术语是相当重要的。概念的本质决定于概念由什么组成，而整体则不是这样决定的。一个集合是一种特殊的整体。集合是恰为复多的统一体，但整体一般来说比也是统一体的复多有更多的东西。这就是集合之为整体的极限情形的原因。整体必须有部分。一个单子是一个统一体，但不是整体，因为它不可分：它是一个 uneigentlich［非本真的］整体。初始概念像单子一样，是统一体，不是整体，因为它们不由部分组成"（转引自王浩，2009：388）。其次，须明确"哲学的目的是理论。现象学没有给出一个理论。在一个理论里面，概念和公理必须结合在一起，而且概念必须精确"（转引自王浩，2009：403）。正是在这个方面，"数理逻辑对于哲学的意义在于它有这样一种力量，即通过阐明和提供公理方法的一种框架而使得思想明晰起来。数理逻辑清楚地展示了谓述在理性思维的哲学基础中的核心地位"（转引自王浩，2009：383）。进一步说，"基本原理探讨什么是初始概念，还有它们之间的关系。公理方法是循序渐进的。我们继续发现新公理，这个过程永不停止"（转引自王浩，2009：388）。

不用说，在哲学研究中，沿着一条思路安排一系列陈述，或运用公理方法，均须仰仗先验论证。关键是这种论证方式因为关注某些事项得以可能的形而上学的先决条件，所以它不同于数学和经验科学中广泛使用的各种论证方式。正如哥德尔所说，"哲学比科学更具一般性。概念论就已经比数学更一般了。普通情形是专注于特殊的科学。**做哲学是一种特别的志业**"（转引自王浩，2009：405）。这种特别之处明显地体现于哥德尔坚定不移地相信"科学自身并不引致哲学"（转引自王浩，2009：389），并高度赞赏莱布尼茨一个类似观点，即"按照莱布尼茨的想法，科学只'结合'概念，它不'分析'概念。比如，从莱布尼茨的观点看，爱因斯坦的相对论本身不是对概念的分析，但它刺激了真正的分析。它处理观察，不深入最后的分析，因为它预设了某种形而上学，这有别于莱布尼茨科学的'真形而上学'，而真正的分析则努力寻找正确的形而上学"（转引自王浩，2009：415）。

好了，至此为止，以下这点应该是足够清楚了：如果依照本文所说的**莱布尼茨－弗雷格－哥德尔纲领**来做哲学，就不会同意所谓哲学中的自然主义方案，因为如上所述，这一方案的两个核心论点——形而上学/本体论论点和认识论/方法论论点——均与莱布尼茨－弗雷格－哥德尔纲领相悖。据此，如果莱布尼茨－弗雷格－哥德尔纲领是对的，那么自然主义就是错的。我坚信，前者确实是对的。更何况如许多学者已挑明的那样，自然主义本身也面临着诸多浮浅之见、难解之局，甚至自相矛盾（参见Craig & Moreland，2000中的各篇论文）。不过，要揭发这些有趣的问题，或许将是另一篇论文的任务了。

综上所述，不管自然主义对我们会有怎样的启发意义，但就做哲学这门行当而论，我的评语简洁明了，只用三句话就可说完：自然主义不自然！自然主义无主意！自然主义没前途！

［这是为"哲学中的基础思维讨论会·武汉回合Ⅱ：自然主义"（2010年12月）提交的一篇论文，这一专题讨论会系列由武汉大学程炼教授设计和主持］

分析哲学的分析

——关于分析哲学的对话

何朝安：老师，两次听您讲授"分析哲学和语言哲学"课程，感觉您对整个分析哲学有自己独到的见解，我们学生很受启发。很荣幸借《哲学分析》约稿的机会，让我与您进行一次对话。为此，我认真查阅了我的听课笔记，也阅读了一些相关资料。

张志林：哦，如此认真的态度值得称赞。我请你来参与对话，主要是考虑到你对分析哲学有浓厚的兴趣和很好的学养，而且你目前撰写博士学位论文恰好需要更好地理解分析哲学。

何：谢谢老师！按您的要求，我拟定了一个对话提纲，主要包含四方面的内容：一是分析哲学的起源，二是分析哲学中的主要思潮，三是分析哲学运动的主要遗产，四是分析哲学面临的主要挑战，您看这样行吗？

张：嗯，很好。让我们开始吧。

一、分析哲学的起源

何：好的。我注意到，您在考虑分析哲学的产生时，往往喜欢在迈克尔·达米特（Michael Dummett）《分析哲学的起源》（*Origins of Analytical Philosophy*）一书的基础上，往前追溯到莱布尼茨（Gottfried Wilhelm Leibniz）。据我了解，最近几年来，您在全国各地讲学，曾多次以"从莱布尼茨到弗雷格"为题。我想，您肯定认为莱布尼茨为分析哲学传统提供了实质性的思想资源。

张：是的。在我看来，莱布尼茨所设想的"通用文字"或"普遍语言"堪作分析哲学的源头。事实上，弗雷格（Gottlob Frege）本人就曾把他的"概念文字"看成是莱布尼茨伟大构想的实现（Frege，1967，"Preface"）。你应该还记得，我曾说，莱布尼茨实际上设立了一个评判哲学研究的标准体系。

何：哦，老师，我还记得，这个标准体系包含五个维度，就是：**理**

解–交流维度、**推理–演算**维度、**组合–分析**维度、**综合–平衡**维度和**形而上学反思**维度。

张：对，你记得这么清楚，我很高兴。依我看，环顾现代哲学园地，能得满分者寥寥无几，也许只有弗雷格和哥德尔（Kurt Gödel）应得满分。

何：老师，这就是您推崇"概帮三公"的理由吧。您和一些朋友用弗雷格的"概念文字"来命名一个"概念文字帮"，简称"概帮"，确实很有趣。

张：这是多年前由邢滔滔和程炼命名的。目前，我、滔滔，还有几个朋友，是咱"概帮"伟业坚定的拥护者和积极的倡导者。

何：可别忘了，老师，您的一些弟子也是和你们一样喜欢咱三公，拥护您所说的"三公纲领"的哟。

张：哦，对对对，有弟子愿意像我们一样，立志依"三公纲领"的要求做哲学，此乃为师者的一大荣幸也！

何：关于分析哲学产生于何时，可谓众说纷纭。特别是，在弗雷格的重要性得到广泛认可之前，分析哲学一般被认为始于罗素（Bertrand Russell）和摩尔（G. E. Moore）对绝对唯心主义的拒斥。因此，二人被尊为"分析哲学之父"。但是，随着弗雷格的重要性被逐步认识，他最终被追认为"分析哲学之祖父"。（Dummett，1993：171）那么，到底分析哲学的产生应该定于何时呢？

张：有一个消除众多歧见、回答这个问题的方式，就是将"作为哲学运动的分析哲学"与"作为哲学思想的分析哲学"区分开来。按前者，分析哲学产生于罗素、摩尔等人对绝对唯心主义的反叛是可以接受的；按后者，把分析哲学的起源追溯至莱布尼茨对"通用文字"的构想则是极具启发意义的。从莱布尼茨到弗雷格，其间特别值得关注的人物是康德（Immanuel Kant）和波尔查诺（Bernard Bolzano）。

何：是的。汉纳（Robert Hanna）的详细考查表明，康德之于分析哲学有某种奠基性作用。（Hanna，2001）因此，人们不禁要问：在康德与弗雷格之间是否存在一种实质性的过渡？达米特等人对分析哲学历史的考察对这一问题给出了正面回答：波尔查诺。有趣的是，曾将弗雷格尊为"分析哲学之祖父"的达米特，又将波尔查诺尊为"分析哲学之曾祖父"。（Dummett，1993：171）关于分析哲学自身历史的这一有趣的事实表明，要理解分析哲学的本性以及它是如何兴起的，至少要明了波尔查诺对康德的反叛。

张：正如《纯粹理性批判》的简写本标题"未来形而上学导论"所示，康德的"第一批判"是为他心目中真正的形而上学所做的长篇"导论"。在康德看来，传统的形而上学虽然也包含先在性的判断作为其内容，从而不同于经验科学，但他心目中真正的形而上学却应该由某种完全不同的先在性判断构成。因此，康德为真正的形而上学奠基，是从对那类特殊的先在性判断的探讨开始的。康德对这类特殊先在性判断的决定性要求是：它们必须是"扩展性的"——能够提供知识。与之相对，独断论的先在性判断仅仅是"分解性的"——并不提供知识。在此意义上，康德心目中的形而上学乃是由"先在知识"构成的。因此，可以说，康德的先验哲学始于对先在知识之存在性、可能性和限度的探讨。

在传统观念中，知识的先在性源于判断的分析性，即一个判断的内容无须诉诸经验就可被得知，只能是因为对概念的纯粹分析就足以知道相关判断的真值。由于对概念的纯粹分析不可能提供新知识，因而在传统观念下不存在"扩展性的"先在判断。因此，要为这类特殊先在判断的可能性提供辩护，康德必先打破分析性判断（谓词概念隐含地包含在主词概念中）不是扩展性的，所以形而上学的组成必定不是先在分析判断，而是先在综合判断。

何：如汉纳的近著《康德与分析哲学的基础》（*Kant and the Foundations of Analytic Philosophy*）所揭示的那样，康德关于先在性/后在性、分析性/综合性的讨论提供了后来分析哲学的基本概念词汇。可以说，在蒯因（W. V. O. Quine）彻底抛弃先在知识和分析命题之前，分析哲学在某种意义上始终是在康德的基础上展开的。

张：但是，即便如此，似乎也无人主张是康德开启了分析哲学，这是因为他并未发展出一套在后来的"语言转向"中成为分析哲学正统的**哲学语义学**（philosophical semantics）。而按照达米特的主张，正是在哲学语义学中得到集中体现的**语言分析**（linguistic analysis）方法，才是分析哲学的公理性特征之一。（Dummett，1993：128）

何：似乎可以这样理解：尽管有了先在性/后在性、分析性/综合性这样的基本概念，但康德在对这些概念的讨论中所贯穿的某种系统性混淆——特别是对逻辑的东西与心理的东西的混淆——使他发展不出哲学语义学。这一混淆在弗雷格哲学中得到了最严格的澄清，因而反对哲学和逻辑中的心理主义（psychologism）是他始终坚持的一个基本原则。

张：是的。康德的心理主义突出地表现在以下两个方面：

第一，在康德看来，判断的构成要素要么是概念，要么是直观。如果以概念间的特定连接关系来区分分析性/综合性，则他势必认为分析判断的有效性是基于纯粹的概念关系（主词概念与谓词概念通过包含关系联系起来），综合判断的有效性是基于直观（主词概念与谓词概念通过直观联系起来），因而作为特殊综合判断的先在综合判断的有效性，则是基于某种特殊的直观，即先在直观。例如，在康德看来，数学知识作为典型的先在综合判断之集合，其有效性源于对时间和空间的先在直观。由于康德把时间和空间视为某种主观性的、内在性的东西，所以认知主体对二者的先在直观就成了某种心理的过程。显然，对综合判断之基础的这种准心理学解释，忽视了判断本身的**逻辑－语义结构**。

第二，康德对分析性和综合性的区分貌似基于概念本身之间的关系，但对这一区分的实质性说明，却总是诉诸主体对判断内容的"认知把握"是否要超越对主词概念的把握。也就是说，"a is b"是分析性的，当且仅当，主体不用超出对概念 a 的把握就可以知道概念 b 与 a 是直接相关的。这样，康德就把分析性/综合性的区分奠定在主体的认知过程或心理状态之上了。此外，康德把哲学分析看作仅仅是将分析判断的谓词概念从主词概念中分解出来。于是，对他而言，哲学分析便成了某种对认知主体主观心理状态的分析，而不是对判断内容的**语义－逻辑结构**的客观展示。

有鉴于此，如何在拒斥康德哲学中心理主义因素的前提下来回答康德式问题（如作为先在知识的数学是如何可能的），就成了分析哲学得以产生的主要动力。仿造中国古代所谓"成也萧何，败也萧何"的说法，现在我们可以说，就分析哲学而言，"成也康德，败也康德"：成者，康德式哲学问题也；败者，康德式心理主义也。

何：老师，这样说倒是很有趣的。我们知道，弗雷格哲学的第一个方法论原则便是反心理主义。因此，他堪称打掉康德式心理主义的功臣。当然，虽然弗雷格明确反对康德的某些观念（如数学知识是综合性的），但他心目中主要的心理主义对手还不是康德，而是密尔（J. S. Mill）和与之同时代的德国心理主义者。

张：直接向康德式心理主义发难的是波尔查诺，这也使得他成为分析哲学最重要的一位先驱。正如我在课堂上所说，如想了解详情，可以读一读波尔查诺的泱泱大作《科学论》（*Theory of Science*）。

在波尔查诺－弗雷格传统看来，分析性是一个纯粹的逻辑－语义概念，绝不可能以心理要素来加以刻画。综合性的基础也在于纯粹的逻辑－语义结构，而不可能源于心理过程式的所谓"直观"。至于分析性与综合性的区分，当然就是由逻辑－语义结构给定的了，而与认知主体的心理状态或心理过程毫无干系。

何：究其根源，康德式心理主义的源头莫过于他把判断作为分析性的承载者，而判断及其过程（表征、概念、直观）总是与特定主体的心理要素相联系的。因此，要拒斥康德式的心理主义，首要解决的问题是把分析性与判断分离开来。在波尔查诺那里，命题或思想才是分析性的承载者，而判断仅仅是对命题真值的主观认定。命题作为既非物理的又非心理的客观存在，其本身具有确定的真值，与具体判断（对其真值的主观认定）无关。（Morscher，2018）

张：是的，其实这与后来弗雷格关于思想或命题的著名的实在论（realism）如出一辙。波尔查诺关于命题的实在论把对康德式的判断、表征、概念、直观等准心理学概念的讨论转换成对思想、命题、内容、意义等语义学概念的讨论。这一转换是如此重要，因为正是后一组非心理学的概念成了后来语义学讨论的基本概念，由此也真正开创了哲学语义学的先河。甚至可以说，康德之所以发展不出哲学语义学，恰恰是因为他始终着眼于前一组准心理学概念，太过倚重先在直观的基础性作用，其讨论跳不出主体的主观性因素，从而无法在客观性层面走向对纯粹逻辑－语义概念本身的讨论。

在把康德对分析性/综合性的心理主义式划分转换为逻辑－语义划分之后，康德式的以直观来说明综合性的基础，以先在直观来解释先在知识的可能性，对于波尔查诺来说就变得毫无必要了。由此，波尔查诺对康德的另一批判就凸显为对直观（特别是先在直观）的拒斥。简言之，波尔查诺告诫我们：抛弃康德看重的先在直观，而以纯粹的逻辑－语义概念来解答康德式的问题。

瞧，依我看，波尔查诺的独特之处在于认可康德式问题，而拒斥其解决问题的具体方案。还有，正如康德以数学这种典型的先在知识作为他讨论的起点一样，波尔查诺的哲学语义学也发端于对数学——特别是微积分基础——的讨论。

何：我查阅的资料表明，关于如何理解牛顿和莱布尼茨独立发明的微积分，至波尔查诺时代一直存在着两个传统：牛顿－康德的动力学传统诉诸直观基础上的时间、空间、运动、速度等来理解微积分的基本概念，而莱布尼茨－波尔查诺的概念分析传统则以严格的函数性质和关系来理解微积分的基本概念。波尔查诺以牛顿－康德传统本性上难以企及的严格方式定义了函数的连续性、极限等概念，还证明了中值定理。（Künne et al.，1997：23）他的这些工作以实质性的例证表明，数学的基础在于其语义－逻辑结构，而不像康德所认为的那样必须以某种心理式的直观作为基础。

张：说得对。更重要的是，波尔查诺以探索数学基础为起点，把**概念分析方法**推广到所有命题上去了。以他本人最为得意的**替换法**（通过引入概念变元），波尔查诺对命题的分析性和综合性给出了系统性的刻画。这一策略不仅在严格性上避免了康德式"包含"概念等隐喻性的说法，还避免了把命题的综合性奠定在所谓直观之上的心理主义后果。这一技术性工作还严格地定义了蒯因式的"逻辑真"、塔尔斯基（Alfred Tarski）式的"逻辑后承"等后来在哲学语义学中发挥重要作用的逻辑－语义概念。（Künne，2006）此外，波尔查诺还首次把存在量词分析为二阶谓词，并且提出了在弗雷格哲学中起主导性方法论作用的语境原则（the principle of context）。（Morscher，2018）

何：老师，在这学期①的"分析哲学和语言哲学"课上，您花了那么多时间讲解康德和波尔查诺的有关思想，我和同学们都感到很受启发。特别是波尔查诺的思想，我们以前阅读的分析哲学和语言哲学论著中几乎无人提及。

张：哦，我也是 2008 年在美国碰巧读到波尔查诺的《科学论》才发觉他的好些思想对分析哲学如此重要。

如果说康德为分析哲学提供了一系列基本问题和基本概念（如先在知识/后在知识、分析性/综合性、先验性/经验性），那么就可以说波尔查诺为分析哲学提供了一系列基本原则和基本方法（如反心理主义、命题实在论、逻辑－语义分析、语境原则）。因此，倘若说由弗雷格的语义学纲领启动的"语言转向"（the linguistic turn）堪称一场哲学革命的话，则波尔查诺针对康德心理主义所做的一系列批判性探讨至少开启了一场 19 世纪

① 指 2011—2012 年度第一学期。

的哲学语义学运动。有趣的是，这场运动在发生学上并未给分析哲学带来直接影响，倒是与现象学运动颇有直接关联。研究表明，弗雷格没有读过波尔查诺的任何著作，而胡塞尔（Edmund Husserl）则认真地研读过波尔查诺和弗雷格的论著，并受到二人反心理主义立场的实质性影响。波尔查诺的诸多想法与弗雷格系统地阐述的许多思想不谋而合，真可谓英雄所见略同。

何：是的。波尔查诺在双重意义上拒斥了康德的心理主义：他首先拒斥了康德把判断作为分析性的承载者，随即也拒斥了把先在直观作为先在综合命题（如数学命题）的知识论基础。那么，接下来的问题就是如何回应康德问题，即"扩展性的先在知识"（如数学知识）——既非经验的又是扩展知识的——是如何可能的？

张：在波尔查诺工作的基础上回应康德问题，似乎有两个选择：要么承认数学是先在综合的，但不接受其基础在于先在直观；要么根本不承认数学是先在综合的，转而接受数学是先在分析的。前一个选择面临的问题，是要为先在综合知识寻找一种不同于先在直观的知识论基础；后一个选择面临的问题，是要解释为何先在分析命题可以是扩展性的。

何：我们知道，采取后一条思路来严格而系统地回答康德问题，是弗雷格逻辑主义数学哲学的一个主要目标。一方面，弗雷格要证明数学知识（也许除了几何外）是分析性的；另一方面，他要证明数学命题尽管是分析性的，却又是扩展性的。

张：对。弗雷格关于数学是分析性的证明，体现在他把数学还原为逻辑的"逻辑主义纲领"之中。他不同意康德把数学看作是综合性的，主要是因为他们对什么是分析性/综合性区分有不同的看法。我们知道，弗雷格哲学方法论的第一个原则，便是要求把心理的东西与逻辑的东西区分开来。于是，康德把分析性奠定在心理学基础上，就成了弗雷格要首先拒斥的。

对弗雷格而言，一个命题的分析性源于其本身的**逻辑－语义结构**。因此，他把分析性定义如下：一个命题是分析性地为真的，当且仅当，其真值可以仅仅依据逻辑定义和逻辑法则而得到证明。（Frege，1953：3－4）在此，逻辑定义体现了分析性的语义要素，而逻辑法则体现了分析性的逻辑要素。依此思路，要证明数学是分析性的，弗雷格需要做两件事：为数学命题的基本概念给出逻辑定义（在《算术基础》中实现），再把数学命题从逻辑法则中推导出来（在《算术的基本法则》中实现）。

何：接下来的问题是，如何证明数学是分析性的，却又是扩展性的？

张：关于这一点，对于弗雷格给出了怎样的证明，以及这些证明是否有效之类，是有争议的。尽管如此，弗雷格关于逻辑定义和逻辑法则的说明，以及他对涵义（Sinn）与指称（Bedeutung）的区分，可为这一证明提供基本思路。

简而言之，数学命题对知识的扩展性源于对数学概念的逻辑定义。关于定义的性质，一直存在着一个康德式的混淆，即认为如果 b 能被用于定义 a，则 b 一定包含在 a 里边。波尔查诺早就将这一混淆表述为对"一个概念可用于定义另一个概念"与"一个概念包含于另一个概念"之间的混淆。弗雷格认为，一个形如"a is b"的逻辑定义表达了 a 和 b 在外延上的严格等同性，但它之所以不同于"a is a"这种重言式，是因为尽管 a 和 b 的外延相同，涵义却不同，从而"a is b"表达了某个"a is a"所无法表达的思想。数学命题的扩展性恰恰源于数学概念的逻辑定义表达了重言式所不能表达的新思想。因此，弗雷格以一种完全不诉诸康德所谓先在直观的方式，便解释了数学作为扩展性知识的根源。

正如康德关心数学是为了在一种典型的先在知识的基础上，一般性地讨论先在综合知识的可能性一样，弗雷格的真正兴趣也并不限于数学这种特定的先在知识——对数学的处理只是他工作的"第一步"，他关心的是所有那些他称之为"能够仅凭逻辑就建立起来"的知识。（Frege，1967，"Preface"）

应予以强调，弗雷格发现，基于主词-谓词结构的传统逻辑极大地误导了我们对语言结构的理解。因此，要以**逻辑-语义分析**为手段达到对先在知识的恰当理解，就必须从对传统逻辑的改造开始。我们知道，弗雷格以算术语言为模型构造了一种莱布尼茨最先设想的"普遍语言"，革命性地把命题分析为函项-主目结构，再加上他关于逻辑连接词和量词的理论，便构建起了第一个一阶谓词系统。可以说，弗雷格为了一般性地研究先在知识而顺带地发展出了现代逻辑，亦即说，现代逻辑不过是弗雷格哲学语义学的副产品而已。或者说，与斯鲁加（Hans Sluga）的判断相反，弗雷格根本上关心的是哲学问题，而不仅仅是数学问题和逻辑问题。（Sluga，1997）

何：但是，为何仅凭逻辑就可以建立起来的知识（如数学）与经验知识具有根本差异呢？换句话说，逻辑本身的普遍有效性是如何得到保证的呢？弗雷格不得不回应他心目中的主要敌人——密尔。对弗雷格而言，把逻辑的有效性奠定在经验归纳之上的密尔，其最大错误在于混淆了"把命题当作真"与"命题本身为真"：前者是一个心理学问题，后者是一个逻辑问题。（Frege，1956）

据达米特考证，弗雷格从一完成《概念文字》（*Begriffsschrift*）开始直至晚年，曾数次尝试写一本系统阐释逻辑之性质的书。（Dummett，1957：548）尽管最终未完成，但是我们从弗雷格为这本书所设计的第一章（也即著名的《思想》一文）可以看出，弗雷格把逻辑的客观性奠定在其研究对象本身——思想或命题——的客观性之上，而不是像密尔那样奠定在主体对研究对象的心理状态之上。这就在坚持**弗雷格哲学方法论第一原则**（反心理主义）的前提下，为其哲学语义学纲领奠定了原则性的基础。

张：我们在波尔查诺那里已经看到过这种反心理主义的实在论观念。其实，波尔查诺－弗雷格传统的哲学语义学是以某种柏拉图主义式的形而上学作为支撑的。

按照弗雷格的理解，逻辑研究的是"真"（即如何从真的前提得出真的结论），而真之承载者是"思想"（注意：是 thought，而不是 thinking）。因此，逻辑的基本任务是一般性地研究**思想的结构**。在弗雷格的早期阶段，他将思想称为"可能判断的内容"；在后来对涵义和指称做出区分之后，他将一个语句 S 表达的思想对应于 S 的涵义，而把 S 的真值对应于 S 的指称。这样，逻辑研究思想的结构及其真值关系，就可以看成是研究语句的涵义与其指称之间的关系。涵义与指称分别对应于一个语句说了什么内容与一个语句所说的内容"关于"什么东西。按照布伦塔诺（Franz Brentano）的经典定义，涵义与指称的关系是一种意向性关系。对这种意向性关系的系统处理方式，在分析哲学传统中就是构造恰当的哲学语义学。

何：弗雷格关于"涵义决定指称"的语义学论题表明，一个语句 S 的涵义（S 说了什么）决定了 S 在特定世界中的真值，因而 S 的涵义便可用 S 之为真的条件来刻画。

张：这里的主导思想成了后来分析哲学构造哲学语义学的一个主要模式——成真条件语义学。从对语句层面的涵义与指称的讨论入手，这是在坚持**弗雷格哲学方法论第二原则**（即语境原则：不要孤立地寻问一个语词的涵义，而应将其置入一个特定语境中加以考查）的前提下其哲学语义学的真正开端。而进一步把语句理解为《概念文字》中所展示的那种函项 – 主目结构，依照某种构成性原则来讨论语词的涵义与指称，这正是在**坚持弗雷格哲学方法论第三原则**（严格地区分概念与对象）的基础上，系统地完成构建哲学语义学纲领的工作。

弗雷格的哲学语义学纲领如此具有原创性、系统性和深刻性，着实令人赞叹！如果像拉姆塞（Frank Ramsey）所说的那样，罗素的摹状词理论是哲学分析的典范，那么就可以说，弗雷格的哲学语义学纲领堪称分析哲学的典范之典范。

何：然而，奇怪的是，分析哲学后来的发展却表明，弗雷格语义学纲领的核心概念（涵义）和核心理论（间接指称理论）并未得到人们的认真对待。恰恰相反，倒是对弗雷格的"涵义"概念的攻击似乎成了分析哲学发展的一条主线。特别是在后来的直接指称理论拥护者看来，弗雷格首倡的涵义（original Sinn）甚至是哲学语义学的原罪（original sin）！

张：确实，弗雷格之后的哲学语义学研究者，不管是反对阵营的成员，还是坚定的拥护者，他们的语义学理论都跟弗雷格奠立的语义学模式有紧密的关系。要更好地理解这些分歧，需要以分析哲学运动的历史为背景。看来我们得简略地清理一下分析哲学运动的历史了。

何：哦，老师，记得您曾说想写一本名为《分析哲学运动》的书。请问，您所说的"分析哲学运动"是否由逻辑原子主义、逻辑实证主义、蒯因对分析性的批判、日常语言分析、直接指称运动、戴维森（Donald Davidson）与达米特的争论，甚至认知科学的兴盛等所组成？

张：嗯，大体上可以这么看。也就是说，分析哲学传统中的一些依次出现的主要思潮，构成了我所说的"分析哲学运动"。其实，施皮格伯格（Herbert Spiegelberg）所写的《现象学运动》一书基本上也是这么看问题的。①

二、分析哲学传统中的主要思想

张：从思想史角度看，波尔查诺把康德和弗雷格联系起来了。康德和弗雷格所依赖的一组核心概念——先在知识、分析性、内涵/涵义——所

---

① 施皮格伯格：《现象学运动》，王炳文、张金言译，商务印书馆 1995 年版。

经历的兴衰见证了弗雷格之后分析哲学发展的几个主要思潮：逻辑原子主义、逻辑实证主义、意义怀疑论、日常语言分析、言语行为分析、格莱斯纲领、戴维森纲领，以及直接指称运动，等等。

先看这样一个有些诡异的历史事实：号称第一个发现弗雷格的是罗素，而其实第一个反对弗雷格的也是罗素。当然，我在这里不是指罗素那封致使弗雷格最终放弃其"逻辑主义纲领"的著名信件。尽管我理解年轻的罗素当年发现一位深刻而严谨的逻辑学家的某个致命缺陷时所怀有的那种激动，但假如罗素没有写那封信或者晚几年再写，那么弗雷格的《算术的基本法则》第三卷——也是最后一卷——就可以写出来了。实际上，在目前致力于恢复逻辑主义的新弗雷格主义者看来，以休谟原则为基础的弗雷格系统是一致的（休谟原则在二阶逻辑中蕴含皮亚诺算术公理——弗雷格定理），因而罗素悖论并不那么致命。（参见 Boolos，1998，Chapter Ⅱ）

罗素对弗雷格哲学语义学的反对，最早出现在他致弗雷格的另一封信里：他认为"勃朗峰高 4000 米"这句话表达的思想，包含勃朗峰那座山峰本身——而不是"勃朗峰"的涵义。（Frege，1980：169）对罗素而言，一个语句表达的内容（涵义）与这个语句谈论的东西（指称）是一回事。换句话说，他认为语句的涵义就是其指称。基于对布拉德雷（Francis Herbert Beadley）式内在关系理论的不满，罗素把性质和关系视为某种外在于对象的东西。因此，在他看来，语句的指称就是某个特定事实——某个由对象、性质和关系等构成的复合物。而某种特殊类型的事实，即"原子事实"，则构成了整个世界的"逻辑原子"。

何：但是，把命题等同为事实面临一个显而易见的困难：假命题对应何种事实？似乎很难说存在假事实。或许可以说存在迈农（Alexius Meinong）式的"隐在的"（in-existent）事实。为了保持一种"健全的实在感"，罗素走向了一种极端的立场：他否认语句本身（不管真假）表达任何命题或指称任何事实。他认为语句只有与某个判断者联系起来才能表达一个完整的命题。（Russell，1984）因此，尽管一个语句 S 是假的，从而很难有事实与之对应，但是某个判断者 J 相信 S 是真的，进而对应一个事实。

张：这样，罗素就把对命题的讨论带回到对判断的讨论了。我们已知，恰恰相反，波尔查诺和弗雷格把康德对判断的讨论转化成了对命题/思想的讨论。说来真是奇怪，罗素这位分析哲学运动的创始人在创始之初就违背了弗雷格的第一个方法论原则，对心理主义做了悄悄让步。换言之，罗素把意义与认知主体的心理要素结合起来，为意图－交流语义学这种反弗雷格式成真条件语义学的拟心理主义模式埋下了伏笔。

当然，否认弗雷格式涵义观念的罗素不得不处理弗雷格面临的几个典型问题：否定存在断定问题、空名问题、弗雷格之谜、信念报导之谜……

何：是的。我们知道，罗素的策略集中体现在他著名的摹状词理论中。为了贯彻意义就是指称的主张，罗素借助所谓的"不完全符号分析法"，把所有的非逻辑专名都分析成谓词。（Russell, 1905）剩下的所谓真正的名称（如"这"），指称的则是语言使用者使用这个词时当下亲知的对象。基于亲知对象的知识是罗素所谓的"亲知知识"，其基本特征是单称性、直接性、从物性和基础性。（Russell, 1913: 46 – 59）这使得"亲知知识"颇为接近康德式的经验直观。（Hanna, 2001: 196）

张：这可视为被波尔查诺－弗雷格传统所驱逐的康德式直观的残余。鉴于亲知知识之于其他知识（描述知识）的基础性，在罗素的认识论背后起着根本作用的是某种洛克－休谟式的经验主义教条：只有在经验中直接被给予的东西才是知识的终极基础。而鉴于亲知对象之于专名意义的基础性，在罗素的语义学背后起着根本作用的是某种反柏拉图主义的形而上学教条：只有在经验中直接被给予的东西，才是意义的终极根源。因此，虽然摹状词理论在哲学分析上坚持、扩展了弗雷格开创的一些方法和原则，如函项－主目分析、构成性原则、语言的逻辑形式与表面语法形式的区分等，但它在哲学语义学的基本构成上却是极端反弗雷格的。简言之，罗素打掉了弗雷格式的涵义概念，把真正名称的意义归约为其指称。半个多世纪后，这个密尔－罗素论题在所谓"新指称运动"那里发挥到极致，从而构成了对弗雷格主义的彻底反叛。

何：接下来我们应该探讨维特根斯坦（Ludwig Wittgenstein）了吧。我注意到，维特根斯坦在《逻辑哲学论》（*Tractatus Logico-Philosophicus*）中几乎只引用了两个人——弗雷格和罗素。也许可以说，早期维特根斯坦哲学是对弗雷格和罗素有关思想的某种改造和综合。

张：确实可以这么看，而这种改造和综合颇具特色。弗雷格要求语言的各个层面和类型都具有涵义（而且除了空名外也都有指称）。罗素刚好相反，他要求语言的各个层面和类型都没有涵义，但有指称。维特根斯坦的独特之处在于他认为只有语句才有涵义，而只有名称才有指称。

维特根斯坦对意义的理解基于一种图像论的观念，即只有能够成为图像的东西才有涵义，这与波尔查诺有几分相似。很显然，语句可以成为（事实的）图像，从而具有涵义。

何：但是，为何名称没有涵义呢？难道名称不是某个特定对象的图像吗？

张：关键在于维特根斯坦认为并不存在某种"独立自存"的对象，因为对象总是处在某种事态之中的对象。正如维特根斯坦本人所说，"我们不能在与其他对象的结合之外设想任何对象"（*TLP*，2.0121）。① 同样，我们当然也不能脱离表达事实的语句来理解名称——这可看作是维特根斯坦在新的背景下对弗雷格语境原则的坚持和推广。因此，名称不能成为图像，从而没有涵义。只有名称与名称结合起来才可能成为图像，从而具有涵义。

维特根斯坦心目中的命题是某个存在或不存在的事态的图像，而不是那个事态本身。这使得令人纠缠的假命题得到了恰当处理——假命题是不存在的事态的图像。这是维特根斯坦区别于罗素的第一个重要地方，也是维特根斯坦要批评罗素把判断者引入命题理论的缘由。

另一个重要的区别在于维特根斯坦并不认为存在罗素式的"原子事实"——说存在"原子事实"就意味着好像存在"分子事实"一样。但是，维特根斯坦强调，逻辑连接词并不指称任何对象，因而压根儿就不存在什么"分子事实"。所以，尽管许多文献把罗素和维特根斯坦都当作逻辑原子主义的代表人物，但实际上维特根斯坦并不倡导那种罗素式的逻辑原子主义。当然，我们可以简单地了结这个问题，因为可以说，有两种逻辑原子主义：一种是罗素式的，另一种是维特根斯坦式的。也许还可以说有第三种逻辑原子主义，就是卡尔纳普（Rudolf Carnap）式的，因为他毕竟写出了《世界的逻辑结构》（*The Logical Structure of the World*）一书。只要别把三者混为一谈就行。

何：嗯，关键是要弄清楚它们的根本区别。

张：是的。再说，在维特根斯坦看来，因为一个命题是事态的一幅图像，所以如果事态存在，则命题为真，否则为假。于是，就其作为一幅图

---

① 依学界惯例，引用维特根斯坦的言词时，一般只注明言词所在书目的分节编号。下同，不再标注。

像而言，一个语句的意义就在于它给出了那个语句的成真条件——这可视为对弗雷格式成真条件语义学方案基本思想的继承。在此观念下，既然语句的意义就在于它作为一幅可真可假的图像，那么任何恒为真或恒为假的语句就不是真正的图像——因为它们要么是一切情况的图像，要么不是任何情况的图像——从而它们在本质上关于世界的情况什么都没说。按维特根斯坦的说法，它们是乏义的（senseless）。

由于维特根斯坦把重言式和矛盾式看作是先在知识和分析命题的真正基础，一方面他不可能像康德那样认为先在知识可以是扩展性的，另一方面也不可能像弗雷格那样认为分析命题可以是扩展性的。受到维特根斯坦启发的逻辑实证主义者对这一点做了发挥。

不少人把逻辑实证主义视为分析哲学的代名词，继而把它对形而上学的拒斥当作分析哲学对待形而上学的基本态度。其实，波尔查诺 - 弗雷格传统背后的柏拉图主义、罗素哲学背后的经验主义，以及维特根斯坦对世界基本构成的刻画，这些都表明，分析哲学从一开始就不同程度地接受了某种形而上学，并以之为基础重塑和重解传统的形而上学问题。逻辑实证主义对形而上学的拒斥仅仅代表了分析哲学的某个特定运动对形而上学的极端处理方式。其基本立场源于逻辑实证主义并不像早期分析哲学家那样去构造哲学语义学，并试图回答意义是什么的问题，而是专注于给出某种划界原则，以用于界定一个陈述"有意义性"（meaningfulness）的条件。

逻辑实证主义给出的有意义性的条件是：一个有意义的命题，必须要么是分析性的，要么是在经验上可证实的（或可证伪的）。这个标准要成立的第一要务是严格说明什么是分析性命题。

何：艾耶尔（Alfred Jules Ayer）也注意到康德对分析性的定义存在心理主义式的混淆，进而主张把分析性的基础仅仅奠定在语词的定义之上，而把综合性的基础奠定在语词的定义和相应的经验事实之上。（Ayer，1952，Chapter Ⅳ）卡尔纳普则主张相对于不同的形式语言来严格地定义分析性概念。具体而言，一个形式语言 L 中的语句 S 是 L - 分析性的，当且仅当，S 是 L 的意义公设（meaning postulates）的逻辑后承；而如果 S 的有效性需要诉诸经验事实才能得以确定，则 S 是综合的。（Carnap，1952）总之，逻辑实证主义把综合命题的有效性奠定在某种经验事实成分之上，从而否定了存在康德式先在综合命题的可能性。

张：还须注意，卡尔纳普试图以内涵概念为弗雷格式的涵义概念给出严格的刻画。他以所谓"状态描述"定义了必然性和可能性这样的模态概念，然后把弗雷格式涵义概念刻画为某种从不同可能性到外延的函数。例如，一个语句的涵义是从不同可能性到真值的函数，在不同的可能性中，根据可能事实的状况确定那个语句的真值。因此，给出一个语句的意义可视为给出它在不同可能世界中为真的条件。（Carnap，1988）

其实，在维特根斯坦那里，事态就以某种方式扮演了可能世界的角色，他把图像与事态结合起来已经暗示了真值条件与可能性的内在联系。而卡尔纳普的思路首次明确地将语句的真值条件从现实世界扩展到可能世界。这一观念影响巨大，可能世界语义学不仅把语句的真值与特定的可能世界联系起来，而且在当前颇具影响的二维语义学中，语句的意义典型地都是以内涵（即从不同类型的可能世界到外延的函数）来刻画的。

何：尽管基于特定的有意义性标准，逻辑实证主义把众多传统的形而上学问题归结为伪问题，但它对分析性、命题、意义和卡尔纳普式内涵概念的刻画似乎承诺了某些内涵实体的存在。这可视为隐藏在逻辑实证主义背后的除了经验主义之外的另一种形而上学。在后期维特根斯坦、蒯因和克里普克（Saul Aaron Kripke）引领的意义怀疑论运动下，这些内涵实体的合法性却受到了挑战。

张：在 20 世纪 50 年代以前，以构造哲学语义学为核心的分析哲学，其内部的主要分歧在于哪些语言单位具有意义，以及如何严格刻画语义概念（涵义、分析性、命题、内涵）等方面。但是，从 20 世纪 50 年代开始，"意义存在"这个哲学语义学的基本信念开始受到严重挑战。蒯因、后期维特根斯坦和克里普克是这场意义怀疑论运动的旗手。

蒯因对意义——以及一般性地对内涵性概念的合法性——的攻击集中于他对所谓的经验主义第一教条的批判和对翻译不确定性的论述之中。在对分析性/综合性区分的批判中，蒯因展现了意义、定义、同义性等语义概念很难以非循环的方式给出恰当说明。（Quine，1951）

何：按此思路，似乎有恰当的理由怀疑内涵概念的可理解性，以及相应内涵性实体的存在性。

张：对。另一方面，由于翻译可被视为某种在保持意义恒定的情况下语言表达式之间的转换操作，所以翻译不确定性的存在似乎表明所谓独立于语言的意义实体是不存在的。（Quine，1960）

维特根斯坦在《哲学研究》（*Philosophical Investigations*）中暗示了某

种完全不同于其早期对语言及其意义的看法。我们已知，早期维特根斯坦认为至少某种语言单位（如语句）作为事态的图像是有意义的。但是，到了其后期，维特根斯坦不再以图像论的观点来看语言，而是把语言放在一个更大的背景——生活形式——中来看它实际上是如何起作用的。现在，作为语言使用者生活网络的一个组成部分，语言的意义不在于它所具有的某种恰当的图像式的表征功能，而在于它能正常地运转。因此，与其谈论语言的意义是什么，不如谈论它是如何被使用的。所谓"意义即使用"（meaning as use）的口号不应理解为意义就是使用——因为这似乎暗示毕竟还是存在意义这样的东西，而应该直截了当地被理解为"只谈使用，不谈意义"这样的维特根斯坦式禁令。

何：似乎可以说，克里普克对维特根斯坦哲学的创造性解读更加强化了对意义的怀疑主义态度。在《维特根斯坦论规则和私人语言》（*Wittgenstein on Rules and Private Language*）中，克里普克标新立异地重解了维特根斯坦的私人语言论证和遵守规则的怀疑论悖论，创造了一个被学界称作"克里普克的维特根斯坦"（Kripke's Wittgenstein，或径直简称为 Kripkenstein）。克里普克以算术的加法算子为例，凭借一系列思想实验，力图一般性地展示：并不存在关于特定符号的独特使用规则。语言的意义通常被视为使用这种特定游戏活动的规则：语言的意义规定了如何使用语言。既然遵守规则的怀疑论悖论具有普遍性，那么语言意义这种规则也不存在——严格来说，并不存在关于意义的事实。

张：重要的是，面对这样的怀疑论悖论，克里普克反对某种蒯因式的基于倾向（disposition）的解悖方案。这一方案通过诉诸过去的使用历史、过去的心理状态及过去行为的心理倾向等事实来为规则的确定性作辩护。依照倾向性解释，一个合法的语言使用者，在某种特定语境中，有按照某一特定方式使用和理解某个语言表达式的倾向。因此，尽管可能不存在关于意义的事实，但存在着关于倾向的事实，这保证了语言使用规则的确定性。

我们知道，关于倾向的事实必须满足反事实条件句的限制：如果 C，那么 D。这里的 C 是一系列用于实例性地展现倾向的理想化条件，D 是在满足这一条件下的倾向性事实。因此，以倾向为基础来回应怀疑论，存在着一个棘手的困难，即如何确切地给出诸理想化条件。

克里普克认为，以倾向为基础不足以确定某个语言符号的使用规则。

他认为维特根斯坦主张的是某个以承认怀疑论悖论所展现的不确定性为前提的解悖方案。这一方案放弃追求语言使用的符号规则性，而追求语言使用的恰当性，而且这种恰当性奠定在某种其本身的恰当性无须辩护的基础——生活形式之上。

何：意义怀疑论运动试图把意义的讨论完全清除掉。而几乎与之同时展开的日常语言分析运动，虽然并不主张完全清除意义概念，但对意义的根源和基础却有完全不同于传统的看法。简单地说，日常语言分析运动主张意义的根源和基础不在语言本身，而在语言使用者。他们的基本信条是语言本身无意义，人使用语言才可赋予其意义。就像他们举例所强调的那样，枪支本身不杀人，人使用枪支才可杀人。罗素和斯特劳森（Peter F. Strawson）关于指称的截然不同的看法清楚地显示了这一差异。

张：在20世纪50年代以前的分析哲学传统中，先在命题、分析性、涵义等概念几乎总是通过语言本身的某些语义性质得到刻画的。在日常语言分析运动中，由于取消了语言本身的意义，而把一切都归于使用语言的人，所以对先在命题、分析性、涵义等概念的讨论就变得无从着手了。

据此，所谓的语言意义只能在某种衍生的意义上被谈论，它最终被归约为语言使用者的意图，以及相应的语言交流行为。在此意义上，哲学语义学构造的基本模式从传统的成真条件模型转换为意图－交流模型了。格莱斯纲领（Grice's Programme）就是典型的意图－交流模型。

我们已知，分析哲学开端于对心理主义的拒斥，一开始就反对康德式的把逻辑－语义要素与主体的心理要素相混淆。日常语言分析运动把语言表达式的意义奠定在语言使用者的意图－交流要素之上，这是分析哲学向心理主义的暗中回归。而向以心理主义为代表的自然主义的全面倒戈则来自蒯因和直接指称运动。

何：对。前面所说的对意义、分析性、涵义、同义性等语义概念的攻击已经暗示了蒯因的自然主义倾向，因为拒斥内涵性实体是拒斥抽象对象（非自然对象）的一个典型策略。

蒯因更明确的自然主义主张是要求知识论成为心理学的一部分，把所谓的先在知识看作经验知识系统中的某些核心成分，从而否定了存在康德意义上的那种在根本上不同于经验知识的先在知识。（Quine，1969）此外，他对从物模态可理解性的著名质疑不仅为模态逻辑的合法性画上了问号，也极大地挑战了卡尔纳普式的把内涵、分析性等语义概念奠定在可能

性等模态概念之上的尝试。（Quine，1956）

张：蒯因的工作之所以重要，主要不是因为他的理论本身有多么正确，而是因为他所关注的问题都是极为重要的。因此，他所提出的那些著名的挑战必须得到认真回应——不管这样的回应是正面的还是反面的。例如，量化模态逻辑和可能世界语义学都是在严格地回应蒯因关于量化纳入（quantifying into）的可理解性的过程中逐渐确立其合法性的。

在哲学语义学上，蒯因的重要性在于他对内涵性概念可理解性的怀疑，以及对内涵性实体的拒斥。前面已经提到，弗雷格语义学的核心观念之一就是涵义决定指称，它体现的是涵义作为意义的根源充当着语言与世界相关联的中介。但是，如果真的不存在涵义、内涵、命题等内涵性实体充当意义的成分，那么就没有任何东西充当语言与世界相关联的中介了。这样，意义的根源就在于语言所谈论的对象本身，而不在于语言如何谈论那些对象。换句话说，语言与世界是直接相关的，这就是直接指称理论的基本观念。

何：马库斯（Ruth Marcus）关于专名的模态论证，克里普克关于专名和自然类名的模态论证、认识论论证、语义学论证，卡普兰（David Kaplan）和佩里（John Perry）关于索引词/指示词的模态论证，唐纳兰（Keith Donnellan）关于限定摹状词和专名意义的语义学论证，以及帕特南（Hilary Putnam）关于自然类词项的孪生地球论证，等等，构成了直接指称理论对弗雷格主义的主要批评。

这一系列论证的要义在于恢复一种密尔－罗素式的意义和指称观念：名称及其类似语言单位的意义穷尽于其指称对象本身。既然没有涵义等内涵性概念充当语言与世界相关联的中介，那么语言如何与对象勾连起来便成了直接指称理论的棘手问题。为此，所谓的历史－因果指称理论，主张把指称对象的确定问题归约为命名仪式加历史－因果传递链条，从而回应指称如何被确立的问题。

张：直接指称理论对指称中介的拒斥，可被视为对以内涵性实体为代表的抽象对象的一般性拒斥，这是语义学中的自然主义在形而上学/本体论上的集中体现。历史－因果指称理论把指称机制问题归约为基于社会学和心理学等学科的经验问题，这是语义学中的自然主义在认识论－方法论上的集中体现。分析哲学从弗雷格反对心理主义式的自然主义开始，但在经历了一个世纪之后，却吵吵嚷嚷地走向了对自然主义的全面回归。历史，有时确实是由许多充满嘲讽意味的故事构成的。

我们已经看到从弗雷格对成真条件语义学的首倡到自然主义在 20 世纪下半叶的复兴，哲学语义学的基本构造模式是从意义的成真条件模型向意图－交流模型转换的。这一转换的要害在于试图打掉弗雷格式的涵义观念，把对意义理论的构建基础从语义要素转向语用要素。

从罗素对弗雷格涵义观念的首次批评开始，历经维特根斯坦对弗雷格涵义理论的大幅度修正，以及意义怀疑论运动对涵义观念的怀疑，直至直接指称理论运动的全面兴起，弗雷格式的涵义观念受到了全面的攻击。在经典的直接指称理论之后，分析哲学发展的一条基本线索就是直接指称理论与弗雷格主义的持久论战。在这些论战中，支持弗雷格哲学语义学方案的一方发起了一场保卫涵义概念的运动。

何：看来戴维森的成真条件语义学纲领就属于涵义保卫战的重头戏了。

张：可以这么说。戴维森认为塔尔斯基式的真理论几乎提供了理解对象语言意义的全部内容。关于"真"，戴维森坚持一种实在论立场，因为他把真看成是一个超越的概念，与主体的认识论要素无关。因此，他既反对像逻辑实证主义者那样把意义看作证实条件，也反对像达米特那样把意义看作可断定条件——这二者归根结底都受限于主体非超越性的认识论要素。戴维森却主张把意义看作成真条件。这样的实在论立场、超越性观念，以及成真条件语义学主张，使得戴维森成了弗雷格语义学纲领的真正继承者，而声名卓著的弗雷格研究专家达米特在关键点上却是反弗雷格的。瞧，这又是一个具有讽刺意味的故事。戴维森对自然语言意义的系统刻画可被看作是对意义怀疑论的有力回应，也是在基本精神上对弗雷格式涵义理论的间接辩护。

何：对弗雷格式涵义理论的直接辩护多是在技术细节上展开的。在直接指称理论对弗雷格式涵义观念发起了一系列攻击之后，弗雷格主义与其对手罗素主义之间的较量集中于对那一系列经典问题——弗雷格之谜、信念报道之谜、空名问题等——的解决能力之上。弗雷格主义的维护者认为，罗素主义者否认存在涵义这样的指称中介，则难以解决上述问题，或者说不能比弗雷格主义者更好地解决这些问题。因此，罗素主义者致力于发展出更精细的策略来解决这些问题，而弗雷格主义者则致力于发展出更精细的涵义概念来避免罗素主义者的诘难。

如若要以一言来概括双方争论的要害，那么这个要害必定是弗雷格式命题观与罗素式命题观的较量。正如我们先前提到的弗雷格与罗素关于"勃朗峰"的争论所示，弗雷格认为命题的构成是语词的涵义，而罗素认为命题的构成是语词的指称。但是，一个棘手的问题是：涵义或指称的简单组合怎么能够成为一个可以表征世界的整体？

张：我们已经知道，维特根斯坦对这个问题给出了一个有趣的回答——每个对象总是在与其他对象相互结合的可能性中出现的。因此，对象的名称也总是在与其他名称的相互结合下才具有意义，从而具有表征能力。

弗雷格的解答则是基于对饱和性与不饱和性的区分：由于概念词的涵义是不饱和的，因此它可被加诸对象词（弗雷格统称之为"专名"）之上，从而结合成一个能够表征世界的整体。

何：罗素在1910年以前认为命题的这种整体性不是源于命题本身，而是源于命题的判断者。这条思路成为萨蒙（Nathan Salmon）、索姆斯（Scott Soames）、金（Jeffery King）、汉克斯（Peter Hanks）等当前活跃的罗素主义者发展反弗雷格命题理论的基本资源。这可看成是拒斥成真条件语义学后对意图 – 交流模型的进一步发挥。另一方面，埃文斯（Gareth Evans）、麦克道尔（John McDowell）、福布斯（Graeme Forbes）等弗雷格主义者也试图以更精细的方式落实对弗雷格式涵义观念的刻画。

张：在弗雷格主义与罗素主义的较量中，出现了一种颇有影响的折中方案——二维语义学。它受启发于卡普兰对弗雷格主义的二维拆分。（Kaplan，1989）我们知道，在弗雷格那里，涵义与意义和真密切相关：一方面，涵义是意义的基本来源；另一方面，涵义又是（或决定）语句的成真条件。卡普兰认为没有一个概念可以同时扮演这两个角色。因此，他主张以特征（character）来刻画涵义的意义维度，以内容（content）来刻画涵义的真值条件维度。

何：也可以这样说，二维语义学明确地将一个语句的意义拆分为两个维度：第一个维度，作为从认识论的可能世界到外延的函数，体现的是弗雷格式涵义决定指称的基本观念；第二个维度，作为从形而上学的可能世界到外延的函数，体现的是直接指称理论式的指称对象进入真值条件的基本观念。（Chalmers，2006）这种拆分试图综合弗雷格涵义理论与直接指称理论关于意义、指称与真之间相互关系的基本直觉。

张：但须小心！二维语义学给我的感觉是：它有点像一个居委会主任，企图在势不两立的两种哲学立场——柏拉图主义与自然主义——之间居中调解，显得没有什么深度和力度。当然，这个问题尚待深入研究。

三、分析哲学的主要遗产

何：老师，学习分析哲学，我体会最深的是它具有鲜明的问题意识、精确的语言分析和严谨的逻辑论证。记得您讲过，分析哲学展示的是做哲学的典型方式，它与典型的哲学史研究不同。现在，结合这个问题，我们是否可以探讨分析哲学到底为我们留下了什么值得珍视的遗产？

张：好的。简略地说，虽然我深知哲学研究与哲学史研究密切相关，但我仍要强调二者的区别——前者旨在解决哲学问题，后者却重在分析各种解决问题的方案之演变轨迹。在我看来，**分析哲学留给我们的第一个主要遗产**，就是它系统地展示了哲学的显著特点：问题的基础性、学科的自觉性和方法的独特性。

借用库恩（Thomas S. Kuhn）的"范式"（paradigm）概念来表达，可以说，典型的哲学问题就是那些针对特定范式中的基本概念、基本原理和基本规则所提出的问题，因而具有基础性。不妨想想我们在前面所讨论的那些关于直观、概念、命题、意义、涵义、指称、真理、分析性、意向性等的哲学问题吧。

至于哲学学科的自觉性，则可由哲学本身老是追问"哲学究竟是什么？"而得以体现。不用说，自然主义与反自然主义之争，涉及的关键问题就是这个问题。请注意，如果追问"科学究竟是什么？"，那么这也是一个哲学问题，而不是科学问题。

最值得强调的是，正如我们在前面已提及的"三公纲领"所显示的那样，我认为典型的分析哲学工作十分清楚地表明，概念分析、先验论证、反思平衡乃是做哲学的基本方法。限于篇幅，我在这里就不做详细阐述了。

何：好的。在跟随老师攻读博士学位的几年来，我对老师倡导和实施的这些观点已有所了解，也十分认同。不过，还是希望老师尽快将您那些系统性的思考公诸于世吧。

张：嗯，谢谢！

何：这学期老师在课堂上反复强调分析哲学与形而上学的密切关联，

还特别设置了一讲来讨论"意义与形而上学"。受此启发,回顾分析哲学的历史演变,尽管大部分技术性工作集中于语言的逻辑 – 语义分析,但是关于哲学的本性,分析哲学作为一个继承了西方哲学传统的运动,似乎留给我们的却是一个传统的观念:一切哲学都是形而上学。

就分析哲学的独特性而言,关于意义的形而上学,是以构造哲学语义学为核心的基本形而上学领域。而在坚持反自然主义的原则下,分析哲学关于哲学语义学的构造模式留给我们的基本结论是:对意义的认识可以通过把握意义与真理的内在关联而获得。

张:有一种对分析哲学的流行看法认为,从 20 世纪 50 年代开始(以斯特劳森和蒯因的工作为代表),分析哲学才重新关心和接受形而上学问题。的确,维特根斯坦对治疗性哲学观的提倡,以及逻辑实证主义对形而上学的拒斥,给人们的印象太深:似乎早期分析哲学玩的是一套没有阵地的游击战,自己不占据形而上学阵地,只会以逻辑 – 语义分析为武器来逐一消解传统的形而上学问题。

其实,这种看法是肤浅的。可以说,分析哲学从未经历过真正脱离形而上学的历史。在前面所说对分析哲学运动的回顾中,诸多形而上学观点在各种哲学思潮背后所起的根本作用已经可见一斑。实际上,从波尔查诺开始,形而上学就是分析哲学的核心领域。我们已知,他把命题视为某种独立于认知主体的实在对象,这样一种柏拉图主义的命题观构成了他开创背离心理主义的哲学语义学运动的真正基础。弗雷格关于"第三域"实在论的形而上学之于他的语义学纲领与波尔查诺有异曲同工之妙。罗素那根深蒂固的经验主义形而上学立场在他各个时期的主要哲学主张中所起的根本作用也是不难看出的。早期维特根斯坦也是从他关于世界的本体论构成开始其对形而上学命题性质的独特思考和理解的。甚至后期维特根斯坦所钟情的"生活形式"和"世界图式",从根本上说,都是形而上学的基本概念。

恰如笛卡尔(René Descartes)开启的"认识论转向"不是转向认识论而远离形而上学问题,波尔查诺 – 弗雷格传统开启的"语言转向"也不是转向"语言分析"而远离形而上学。从古希腊人创立哲学开始,形而上学问题就是所有真正哲学必须面对的核心问题。分析哲学亦复如是,只不过它通过引入在精细度上前人难以企及的逻辑 – 语义分析手段,试图弄清楚真正的形而上学问题是什么,并着手以一种严格而系统的方式切实地回答这些问题。尽管分析哲学注重语言分析，但这并不代表分析哲学关心的只是对世界的表达，而不关心世界本身。分析哲学改变的只是做哲学的方式，而并未改变哲学的初衷，即从根本上说，形而上学依然是分析哲学的核心所在。可以把这个主张的确立看成是**分析哲学留给我们的第二个主要遗产**。

当然，尽管可以说一切哲学都是形而上学，但不同时期的形而上学所关注的基本问题却是有差异的。也许可以说，传统形而上学关注的主要领域是世界、心灵与上帝。分析哲学通过对语言与逻辑的关注，造就了另一个全新的形而上学领域：意义。对哲学语义学中的基本概念——如意义、涵义、指称、真理、命题、思想、内涵、内容等——的形而上学研究，形成了分析哲学独有的"意义的形而上学"（metaphysics of meaning）。

何：其实，在分析哲学兴起之初，有关意义实体的观念就开始起着核心作用。可以说，如果不把命题作为某种独立于主体的客观对象来看待，那么就很难避免康德式的准心理主义。正是通过把命题与主体的认知要素和心理要素区分开来，才使得一种纯粹就命题本身进行逻辑－语义分析的传统得以开启。

我们已经看到，各种意义怀疑论与自然主义语义学试图消解意义的形而上学。其实，如果接受怀疑论与自然主义的主张，那么其后果就不是对某些特定的分析哲学立场的抛弃，而是对整个分析哲学的拒斥，对"哲学分析"这样一种独特的从事哲学活动的方式的拒斥。哲学分析以构造哲学语义学为核心工作，这一工作必须在关于意义的形而上学上有其特定支撑，最后必须落实到某种既非物理又非心理的抽象语义学对象之上，否则很可能会落入某种相对主义的陷阱之中。

张：是这样。作为分析哲学之典范的弗雷格语义学纲领，正是建立在关于意义与命题的柏拉图式实在论基础之上的。以之为代表的分析哲学留给我们的不仅仅是"意义存在"这样一个口号，而是促使我们去不断寻找和认识意义领域的抽象对象的动力。这可算作**分析哲学留给我们的第三个主要遗产**。

第四个主要遗产就是成真条件语义学的研究纲领。可以认为，在分析哲学的发展历程中，存在着这样一条主线：关于意义的形而上学与意义理论的基本构造方式，从波尔查诺引入命题作为分析性和真值的载体，到弗雷格把"真"作为语义学和形而上学的基本概念，以及对涵义和指称做出区分，又到卡尔纳普以内涵概念来刻画涵义和真值条件，再到可能世界语义学把意义视为相对于不同可能世界决定语句真值的条件，最后到戴维森系统性地以真值条件来刻画意义——所有这些导致分析哲学塑造了一个成真条件的语义学传统。这个传统的基本结论是意义与真理有紧密的内在联系。这一点在关于语言的基本直觉上也是可以理解的，即知道了一个语句的意义，就可以通过参照相应的事实状况来确定语句的真值。因此，语句的特定意义以某种方式给出了语句之为真假的条件，有待相应的事实状况来满足之。

何：不过，从弗雷格开始，关于成真条件语义学的观念就存在着一个模棱两可的地方：到底是意义可以用真值条件来刻画，还是意义就是真值条件本身？如果意义只是通过真值条件得到刻画，那么意义毕竟还是某种不同于真值条件的东西。

张：在弗雷格那里，语句表达的意义是思想或命题，它是由构成语句的词项之涵义通过构成性方式结合而成的有结构的整体，而真值条件则是无结构的。比如说，"三角形内角之和为180度"与"三边形内角之和为180度"的意义不同，但对应的真值条件似乎是相同的。也就是说，意义比真值条件更加细密（fine-grained）。

何：嗯，目前活跃的意图－交流语义学模式的倡导者，对成真条件语义学的首要反对即来自对真值条件不具有足够细密度这一点的不满。根据卡普兰对弗雷格涵义的二维拆分，意义是从语句的使用语境到其内容的函数，因此意义只是决定了真值条件，但它不等于真值条件本身。（Kaplan，1989）因此，有理由认为，弗雷格相信意义可用真值条件来刻画，而不等于真值条件本身。但是，在戴维森那里，由于他相信塔尔斯基似的 T－语句给出了关于一个对象语句的意义所需要的一切，真值条件就被强化成了与意义同一的东西。

张：无论如何，成真条件语义学观念把对意义的刻画或其本体论基础奠定在"真"这样的弗雷格式逻辑－语义学对象之上，避免了走向诉诸认知主体的意图或交流行为的自然主义模式，使得莱布尼茨设想的"普遍语言"方案、波尔查诺开启的以纯粹逻辑－语义分析方式来构造哲学语义学的进路、弗雷格展示的"概念文字"和哲学语义学纲领，以及哥德尔大力倡导的"概念研究"等等，都具有广阔的发展空间。

顺便提一提：分析哲学通过涵义和指称概念开拓出了处理意向性问题

的新思路，可称之为**分析哲学的第五个主要遗产**。您知道，我曾就此问题写过一篇短文（张志林，2006），在此就不必细说了吧。

四、分析哲学面临的主要挑战

何：老师，就哲学研究而言，请允许我在这里引一段您自己的话："依我看，当今之世，经验主义、自然主义、相对主义乃是妨碍我们拨乱反正的三大路障，而逻辑－语言分析、先验哲学论证和柏拉图主义式实在论立场则是指引我们复归正道的三大路标。"（张志林，2010：319）读来令人振奋！我现在想问，您是否认为经验主义、自然主义和相对主义是分析哲学目前面临的最大挑战？

张：在我看来，清除这三大路障是当今整个哲学面临的挑战，分析哲学当然也面临着同样的挑战。

何：现在，我想提出一条思路供讨论。众所周知，分析哲学注重概念分析和逻辑论证。面对同一个问题，往往有多种针锋相对的观点和进路。正是这些"内部"冲突构成了分析哲学的基本内容。但是也存在一些"外部"冲突，比如说，以自然主义和收缩论为代表的潮流认为，构成分析哲学基本内容的那些理论不是错的，而是误入歧途的。

张：这条思路很好，颇具内外兼修之风采。当然，就分析哲学内部而言，前面所讨论的各种难题理所当然是必须要加以处理的。比如说，改进、拓展"三公纲领"，构造更好的哲学语义学理论，发展弗雷格主义，拿出最优的处理涵义、指称、真理、直观性、意向性、规范性、合理性等问题的新方案，乃是分析哲学内部的工作。

当然，分析哲学的核心任务是构造哲学语义学。前面已经提及，从20世纪50年代开始，分析哲学开始向以心理主义为代表的自然主义回归：蒯因彻底的自然主义纲领，直接指称理论和历史－因果指称理论声势浩大的扩张，日常语言分析导致的所谓"语用转向"，以及多种因素促成的所谓"认知转向"等。可以说，诸如此类的所谓"转向"，搞得人们晕头转向！这一切甚至使得自然主义妄想成为引领当前分析哲学的新潮。

今日各种版本的自然主义相对于传统自然主义来说看似优越的地方，

无非在于前者发展出了更多精细的辩护策略，可称之为一系列"反－反自然主义策略"。然而，就其本性而言，当前的各种自然主义依然是反哲学的。自然主义对哲学的一般性反叛，在于它企图消解形而上学问题，也就是说，它千方百计地想把形而上学变成经验科学的一部分。而它对分析哲学的独特挑战，则在于它妄图消解关于意义的形而上学，也就是说，它千方百计地想取消对意义的本体论承诺和对意义的哲学分析。但是，我们之所以说分析哲学继承的是西方哲学传统的正宗血脉，并非在于它以某种方式消解了传统的形而上学和认识论问题，而是在于它试图以一种全新而系统的方式，从正面解答那些传统的哲学问题（当然对问题做了有意义的转换）。可是，自然主义却要取消那些传统的哲学问题，甚至认为压根儿就没有什么"哲学问题"。

何：显然，这是一种非理性的态度，因为它无限制地扩展了对科学所抱有的乐观信念，以至于认为科学在原则上可以解决一切问题。它以一种近乎蛮横的方式妄想了结哲学困扰，试图阻断真正通往哲学的智慧之路，从而从根本上威胁到哲学事业的合理性。

如果说康德的时代需要对理性的限度有所批判，那么我们的时代则需要对非理性的限度进行批判。在我看来，自然主义的错误不在于它在哲学上犯了什么错误，而在于它关于哲学所犯的错误。因此，作为一个继承西方传统的哲学运动，分析哲学最重要的成果当属其反自然主义的原则性立场，因为正是这一原则性立场确保了传统哲学问题的有效性，并且使得某种更接近真理的哲学解答变得可能。

张：你注意到没有，在对待自然主义的问题上，现象学的创始人胡塞尔却是我们的同盟军呢。

何：嗯，真的呢。

张：至于你提到的收缩论（deflationism），则可视为自然主义的同盟军。正如我们已提到的，从弗雷格到戴维森的成真条件语义学传统把真理、意义、指称、命题、涵义、内容等概念视为分析哲学的基本对象。自然主义对这个传统的挑战在于：要么否认这些基本概念在哲学上的必要性或可理解性，要么否认这些基本概念具有形而上学的蕴意。

收缩论的独特之处在于它认为，即使承认真理、意义、指称等概念是可理解的，成真条件语义学传统也犯了一个根本性的错误：认为那些所谓的基本语义学概念具有实质性的内容或深刻的形而上学性质。（Brandom，1984；Field，1986，1994；Horwich，2005）换言之，收缩论者主张，那些语义概念的所有性质都可以穷尽性地展现于关于那些概念的日常语言使用当中，因此根本不必也不可能发展出各种真理理论、意义理论或指称理论来刻画它们。

何：以"真"这个语义概念为例。那些收缩论者认为符合论、融贯论、实用论等真理理论都是误入歧途的，因为"真"并不是一个实质性的概念。在他们看来，说"X是真的"与直接说"X"是一回事。收缩论者认为塔尔斯基的T－等式恰当地表达了对"真"概念的收缩论式的理解：说"'雪是白的'是真的"并不比说"雪是白的"多说了什么，因此"真"这个概念类似于某种去引号（disquotation）手段或新语句构造手段。如果"真"确实是一个非实质性的概念，那么试图以真值条件为基础来理解意义也就难以给出实质性的理论。

此外，收缩论者还主张把对真理的收缩论理解推广至对意义和指称的理解，认为可以构造某种类似于T－等式的模式来展示意义和指称概念的非实质性特征。

张：值得注意的是，收缩论者竟然将其源头追溯至弗雷格这位成真条件语义学的倡导者。他们认为，弗雷格首次指明了"真"这个概念并不为一个语句增加新的内容，因此"真"不是一个具有实质内容的概念。

诚然，弗雷格认为断定一个语句为真并不为那个语句增加新的内容，但其理由并不是说真理概念没有实质内容，而是因为"真"属于语句的指称领域，而不属于涵义领域。在弗雷格看来，只有涵义领域的东西才能为语句的内容（即表达的思想）做出贡献。他压根儿不会像收缩论者那样认为真理概念是一个无实质性作用的语义概念，无法为其他语义学概念奠定基础。相反，弗雷格认为，"真"作为某种独特的形而上学意义上的存在物，乃是逻辑学和哲学语义学真正的研究对象。

既然收缩论者反对针对真理、意义、指称等概念来构造相应的理论，则其基本主张不仅是反对成真条件语义学这个分析哲学基本纲领的，它在一定意义上也是对整个分析哲学传统的挑战。因为如前所述，分析哲学的核心工作恰恰是构造系统的哲学理论来对真理、意义、指称等基本语义概念给出实质性说明,并由此重述和重解那些形而上学问题和认识论问题。取消对这些基本概念的哲学解释,当然也就要取消以哲学分析来从事哲学事业的独特方式。因此,收缩论也是我们必须认真应对的强敌。

何:是的。老师,最后让我再引一段您的话来作为我们这次对话的结束语吧:"我坚信,在未来的岁月里,经过先验论证和柏拉图主义洗礼的分析哲学必将在哲学研究的各个领域尽显强大的威力和迷人的风采。"(张志林,2019:319)我觉得这话似乎恰好开启了对前述挑战的回应。

张:哦,谢谢你这么用心。好,且让我们暂停对话,步入新的探索之旅吧!

（与何朝安合作完成,原文发表于《哲学分析》2011 年第 6 期）

分析哲学中的意向性问题

在哲学领域，有这样一种流传甚广的说法，即意向性（intentionality）是一个区分现象学与分析哲学的简单而明显的标准。于是，如下见解应运而生：意向性是现象学的核心论题之一，却难以进入分析哲学的视野。

我认为此说实乃大谬。在此提出支持我这一断语的三点理由：

第一，正如达米特（Michael Dummett）在《分析哲学的起源》（*Origins of Analytical Philosophy*）一书中所说，从历史上看，导致分析哲学和现象学产生的根源是相同的。其中一个相同的根源，恰恰可以简略地表达为"意向性问题"。我们已知，弗兰茨·布伦塔诺（Franz Clemens Brentano）于 1874 年明确地把意向性作为心灵活动的规定性特征，从而使心理事件与物理事件区分开来。所谓意向性，指的是任何心灵活动都必须指向或涉及某个对象。据此，可把意向性问题表述为：心灵指向对象是如何可能的？下面我们将会看到，对这个问题的重述和解决，实际上也成为推进分析哲学研究的一个动力源。

第二，当今的研究动态有足够的文献资料显示，最近二十年来，关于意向性问题的直接讨论业已成为分析哲学的一个热门话题。甚至可以说，在各种各样关于语句意义、信念内容、命题态度、心理表征等问题的讨论中，意向性问题常常处于支配地位。

第三，更重要的是，我认为从学理上说，意向性问题甚至可以起到统摄**语言 – 心灵 – 世界**这个分析哲学中著名的语义三角关系的作用，进而可以揭示分析哲学传统中的语言哲学、心灵哲学和形而上学的关系。

现在我们可以做出一个反学界潮流的断言了：意向性问题不仅是现象学的一个核心论题，而且也是分析哲学的一个核心论题。看来这一断言还可表明，分析哲学和现象学的根本区别不在研究主题之不同，而在研究进路之不同。

分析哲学的研究进路，主要体现在上面所提及的语义三角概念构架及其所开辟的对问题的重述和解答的方法上。我们已知，语义三角涉及语言、心灵、世界三个要素的关系。在分析哲学内部，对这三者在分析上何者优先的问题,存在着不同的看法(请注意:这里所说的分析上的优先关系,不同于存在论或认识论上的优先关系,它指的是,概念 X 在分析上优先于概念 Y,当且仅当,对 Y 的分析必须依赖于 X,而对 X 的分析不必依赖于 Y)。在语义三角诸要素中,可以说,达米特等人主张语言在分析上具有优先性,因而语言哲学处于基础地位;格莱斯(Herbert Paul Grice)等人认为心灵在分析上优先,因而心灵哲学的地位才是基础性的;黑尔(John Heil)等人坚持世界在分析上的优先性,因而形而上学才是基础性的学科;戴维森(Donald Davidson)等人则并不认为在语言、心灵、世界之间存在分析上的优先关系,而是强调三者在人类理解和交流活动中的整体相关性,从而也认为在语言哲学、心灵哲学和形而上学中,不存在何者更加基础的问题。

根据语言优先性论题,意向性问题可以重述如下:语言表达式指称对象是如何可能的?由此便可说,在分析传统的语言哲学中,各种各样的指称理论都是在从不同的角度解答意向性问题,甚至对于那些并不主张语言优先性论题的指称理论,也可作如是观。这里出现的最恼人的问题,就是所谓空名的指称问题。亦即,如果在现实世界中并不存在与特定语言表达式相应的对象,那么该语言表达式如何可能指称"对象"?特别是,如果进一步坚持意义指称论,则那些并不指称实际对象的空名怎么可能被人们所理解?但事实上,人们的确能够理解"金山""飞马""当今法国国王""孙悟空"等没有实际所指对象的语言表达式!其实,对于这个难题,中世纪经院哲学家,以及早期的布伦塔诺(Franz Clemens Brentano)和麦农(Alexius von Meinong),就曾提出过一种轻巧的解决方案,即人们的心灵活动(当然在这里可以转化为语言行为)所指向的对象不一定是现实中存在的对象,而可以仅仅存在于心灵之中。人们还为这样一种有别于时空中存在的独特存在方式取了一个很别致的名字,叫作"潜存"(subsistence)或"隐存"(inexistence)。这与笛卡尔的心物二元论有密切关系,因为笛卡尔坚持认为,即使没有外在对象,心灵也能清楚明白地把握自身的内容。现在,所谓心灵所把握的自身的东西变成了潜存或隐存的"内在对象"!在分析哲学中,所谓的内在主义(internalism)与此一脉相承。

需要指出,目前在分析哲学领域关于意向性问题的讨论中,占主流地位的不是内在主义,而是外在主义(externalism)。造成这一局面的一个重要原因是,许多人认为,帕特南(Hilary Putnam)所设计的"孪生地球"

（Twin-Earth）的思想实验给了内在主义以致命一击。这个思想实验所得出的结论是：语言表达式的意义不在心灵之中，而在语言使用者与他所处的外在世界的因果关系中。还可以换为另一种表述方式：一个心灵的意向性状态之所以具有内容，其根源不在于心灵能够把握那些隐存的"内在对象"，而在于具有心灵的那个能动主体（agent）与外在世界的因果关系中。

根据外在主义的思路，所谓"潜存""隐存""内在对象"这些概念，统统应被锋利的"奥卡姆剃刀"砍掉。有趣的是，布伦塔诺这个以提出意向性问题而名垂哲坛的人，到了晚年（大约从 1905 年开始），竟然已经挥动大刀砍掉了那神秘莫测的"内在对象"。他举了一个例子来予以说明：如果我想娶一个女人，或者答应娶她，那么我想要娶或答应要娶的，恰恰就是那个女人本身，而不是我心灵内部关于那个女人的表象。由此可见，此时的布伦塔诺对那种借助将对象的存在方式一分为二来解决意向性问题的轻巧之举是相当不满意的。用罗素（Bertrand Russell）的话来说，这种轻巧之举会破坏人们关于实在的健全感。

可以说，正是在坚持对象只有一种存在方式的外在主义的前提下，罗素那著名的摹状词（描述语）理论对上面所说重述后的意向性问题给出了一种独具特色的解答。沿着这条思路，我们还可以说，后来斯特劳森（Peter Frederick Strawson）、唐纳兰（Keith Donnellan）等人围绕着罗素的解答方案所展开的一系列争论，都为解答意向性问题做出了贡献。

按心灵优先性论题，意向性问题可以改述为：心灵表征对象是如何可能的？这里所谓的"表征"（representation），指的是对心灵内容的表达。但是，起这种表达作用的，不是我们所使用的日常语言，也不是往常科学中的专用语言，而是一种类似于计算机编码的生物学层面的固定编码，福多（Jerry A. Fodor）称之为"思想语言"（language of thought）。按照现在对意向性问题的重述，我们可以说，在分析传统的心灵哲学中，各种关于心理表征、心理内容和思想语言的探讨，都在为解答意向性问题做出自己的贡献。

根据有关"思想语言"的假设，我们可以像霍格兰德（John Haugeland）那样，把心灵设想为这样一种独特的语义机（semantic engine），它只在句法层面处理思想语言的形式关系，而完全不用考虑其意义是什么。但奇特的是，这里所处理的句法关系恰恰反映了思想语言的语义关系。请注意：这里出现了一种巧妙的转换技巧，即心灵的意向性状态被转换成了思想语言的表征状态，进而转换成心理词汇的句法与日常语言的语义之间的反映关系。在分析哲学中，维特根斯坦（Ludwig Wittgenstein）在《逻辑哲学论》中所主张的语言、思想、世界三者同构的观点，为这里的问题转换提供了支持。但是，塞尔（John R. Searle）则对句法和语义之间的反映关系持批判态度。他那著名的"中文屋"（Chinese Room）思想实验便是为这一批判而设计的。这一思想实验在批驳心理表征理论所预设的心灵的计算机类比模型的基础上，同样得到了一个与帕特南的"孪生地球"思想实验相似的结论：思想语言中的表达式之所以会有意义，乃是因为那些表达式的使用者与其周围环境中的事件之间具有因果关系。

依循世界优先性论题，意向性问题的关键就成了如何从形而上学角度揭示心灵活动的独特性，进而合理地说明心灵与世界之间的关系。换言之，这里的意向性问题可简述为这样一个问题：心理事件是否具有不同于物理事件的属性？对此问题，二元论者的回答是肯定的，而同一论者的回答则是否定的。不过，在此需要提醒读者注意：在分析哲学中，笛卡尔式的心物实体二元论基本上已被抛弃了，洛伊（E. Jonathan Lowe）等人转而主张一种关于心物关系的属性二元论。这种非笛卡尔式的二元论认为，心灵和物质不是两种可以严格加以区分的实体，而是不同属性相互结合的表现形态。这种新型的二元论对被笛卡尔规定为心灵实体的自我做出了新的解释：一方面，心灵可被看作复杂的物理过程和社会过程的产物；但另一方面，心灵又不能被等同于自我所具有的身体或身体的一部分。这种二元论实际上与戴维森所主张的"异态一元论"（anomalous monism）有相似之处：任何心理事件都与物理事件具有因果关系，但都不能还原为物理事件。在分析哲学中，人们常用"随附性"（supervenience）和"突现"（emergence）这两个概念来说明这种关系：任何心理事件都随附于物理事件，但又突现出新的特征。目前，关于随附性与突现概念的研究已成为分析哲学中有关意向性问题讨论的热点话题之一。

同一论的基本主张是：意向性的基础就在物理世界中〔雅克布（Pierre Jacob）甚至有趣地表达为：意向性植根于非意向性的世界之中〕。其实，目前在分析哲学中颇为盛行的各种自然化的研究方案中，人们正是根据上述基本主张，着力探索意向性的物质基础。这种把意向性自然化的倾向甚至提出了这样的主张：即使细菌、青蛙、猫、狗之类的低级动物不能讲出人类的自然语言，也没有人类所具有的心灵状态，但它们仍能进入某种简单的意向性状态，即能够表征它们所处环境的某些状态。与此相比，人类特有的意向性状态不过是这种简单意向性状态高度发展的结果而已。根据科学研究从简单到复杂的原则，这些持有自然主义倾向的哲学家提出了研究意向性问题的"下－上"方案。

还须指出，如果我们把自然化的研究思路推向极端，就有可能走向一种取消主义的立场。取消主义者断定：压根儿就不存在什么意向性问题，因为所有用意向性术语表达的概念和命题，要么可以还原为神经生物学的术语，要么可以直接被神经生物学的术语所取代。要言之，取消主义者认为，所谓意向性问题，其实不过是一个过时的伪问题罢了。

最后，按照语言、心灵、世界三者无优先性的论题，意向性问题可以被改述为：在一个整体论的脉络中，怎样刻画心理事件与物理世界的区别？在这条思路上，戴维森提出的研究方案是一种"上－下"方案，因为他把心灵规定为命题态度的集合，认为只有使用语言能力的人类，才会处于特定的意向性状态。这一方案的整体论特征体现在层层扩展的三个方面：

首先，心理事件必须用命题态度来加以刻画，而命题态度却不能独立存在。在一个命题态度网络中，各个命题态度之间存在着一种逻辑上的制约关系：一个命题态度的内容可以导出另一个命题态度的内容，而且可以由别的命题态度的内容所导出。这就给命题态度的正确性（真理性）施加了一个规范性的限制条件，从而使一个人持有的命题态度集合一定会显示出高度的融贯性。

其次，只有在一个使用语言的诠释者和被诠释者所组成的共同体中，思想才有立足之地，意向性才有安身之所。这一特征的界定强化了主体间性对于意向性问题成立的必要性，彻底抛弃了哲学传统中研究意向性问题的所谓"第一人称进路"，而极力倡导一种公共的、可检测的"第三人称进路"。

最后，戴维森借助他自己发明的三角测量模式，在语言的诠释者和被诠释者之外加上了第三个因素：外部世界。可以说，这一由诠释者、被诠释者和外部世界所构成的三角关系，是对**语言－心灵－世界三角关系**的深化。在此，外部世界这一因素的引进揭示了这样的观念：一个语句的意义、一个信念的内容或一种心灵活动所指向的对象，必定与外部世界具有语义上的内在关系。由此，戴维森提出了这样一种不同于知觉外在主义和社会外在主义的新的语义外在主义，为刻画意向性状态的客观性奠定了语义学和形而上学的基础。

究竟应该怎样刻画心理事件和物理事件之间的区别？根据戴维森的异态一元论，这里有三个要点：①所有心理事件都与物理事件有因果关系；②如果两个事件之间有因果关系，那么它们必定服从一个严格的定律；③不存在把心理事件与物理事件联系起来的心理－物理定律。可以看出，要点①强调心理事件必与物理事件因果相关；要点③断言这种因果关系不可能由所谓的心理－物理定律来刻画；要点②则暗示只有物理定律才能刻画心理事件和物理事件之间的因果关系。这样，戴维森便以一种奇特的方式刻画了心理事件或意向性状态的特征：从描述角度看，用命题态度词项来表述的意向性状态，不能还原为物理词项所表达的东西；从定律角度看，也不能借助所谓心理－物理式的桥接定律，将心理事件还原为物理事件。当然，心理事件仍然在因果关系上依赖于物理事件，而揭示这种因果关系的定律只能是物理定律。上面提到的概念从一个独特的视角显示出这样一种关系：意向性状态既随附于特定的物理事件，但又从这种随附性关系中突现出了新的特征。

我认为，上面的论述足以表明意向性问题与分析哲学之间的密切关系。分析哲学和现象学面对意向性这样一个相同的主题，以不同的概念构架和研究方法展示了不同的风格。我们应当关注分析哲学和现象学关于同一主题的不同研究方式，展开批判性的比较和对话，如此方能对现代哲学中如此著名的两大流派有更好的理解。而且，通过这种比较和对话，我们还有可能在批判性地反思这两大流派不同研究风格的基础上，开辟出哲学研究的新方向和新方法。但愿我在此能为这种批判性的比较、对话和反思提供一种背景性的思路。

（原文发表于《学术月刊》2006 年第 6 期）

第二部分

哲学视域中的科学和技术

哲学家应怎样看科学？

——兼评《哲学·科学·常识》

陈嘉映在《哲学·科学·常识》一书的"自序"中说，其大作关心的"主题是哲学和科学的关系，以及两者各自和常识或曰自然理解的关系"（陈嘉映，2007，"自序"）。他还特别指出："这本小书大量借用了科学哲学的研究成果，但它并不是一本科学哲学方面的论著，对科学的内部理论结构无所发明。我关心的是哲学的命运，或者，思想的命运。"（同上）在"导言"部分，他进而做了这样的说明："本书要谈论的是科学怎样改变我们对世界的认识：科学在哪些方面促进了我们对世界的了解和理解，在哪些方面又给我们带来了新的困惑，为我们理解这个世界带来困难。"（陈嘉映，2007：1）在此，我与嘉映兄怀有同样的旨趣，也关心在科学改变我们对世界认识的背景下哲学的命运。正如本文标题所示，我在意的问题可以简约地表达为：哲学家应怎样看科学？

一、哲学该怎么做？

哲学究竟是什么？对此问题的回答，可谓众说纷纭。

先看三种典型的传统观点：

观点1：哲学是自然知识、社会知识、思维知识的概括和总结，它提供的是一种系统的世界观和方法论，显著特点是具有普遍性和抽象性（甚至具有党派性或阶级性）。

观点2：哲学是思维训练意义上的"沉思"。

观点3：哲学是心性修炼意义上的"静观"。

再看三种流行的新锐观点：

观点4：哲学就是理性沟通的艺术（如哈贝马斯）。

观点5：哲学就是对社会和文化的自由批判（如罗蒂）。

观点6：哲学是高超的解经功夫和显－隐的写作技艺，唯一关心的是政治问题。于是，哲学与城邦、哲人与民众乃是哲学的基本问题，或者干脆说，全部哲学就是"政治哲学"［如列奥·施特劳斯（Leo Strauss）］。

依我看，这些观点均未揭示哲学之为哲学的基本特征，因而是不可接受的（具体评论参见下文）。我认为，哲学的基本特征主要体现在三个方面：问题的基础性、学科的自觉性、方法的独特性。

关于哲学问题的基础性，不妨借用库恩的"范式"（paradigm）概念，将所有理智探索活动涉及的问题分为两大类：一类是常规问题（normal questions），就是那些在承认特定范式中基本的原理、规则、方法、模型、范例等前提下所研究的问题；另一类是基础问题（fundamental questions），即那些针对特定范式中基本的原理、规则、方法、模型、范例等本身所提出的问题。（参见 Kuhn，1970）据此便可说，哲学关注的是基础问题，而这些基础问题的显著特点如埃利奥特·索伯（Elliott Sober）所说（Sober，1991：7），集中体现在如下三个方面：哲学着意于探究理由（reason），这关乎辨明的基础问题（the fundamental questions of justification）；哲学关心的基础问题具有超乎寻常的普适性（great generality）；哲学对基础问题的研究集中于澄清概念的工作（the clarification of concepts）。

哲学学科的自觉性最显著的表现方式是，哲学本身竟然矢志不渝地反复追问这样一个看似简单的问题：哲学究竟是什么？由此看来，诚如艾兰·罗伯特·莱赛（Alan Robert Lacey）所说（Lacey，1982：11）：

> 哲学是一门极具自我意识的（self-conscious）学科。这不只是说哲学家总是担心自己正行进在何处，而是说他把对这一学科本性的探寻视为其本职工作的一部分，考察他所运用的是什么工具，以及用这些工具在做什么。用一句行话来说，哲学乃是哲学本身的元主题（meta-subject）。这里的"元"（meta）意味着"在……后"（after）。"形而上学"（metaphysics）是一个众所周知的术语，意指对物理学［按"physics"的原初含义，实为自然科学］中出现的概念的研究。例如，科学家问什么事引起什么事（what causes what）；形而上学家则问何为引起什么事（what it is to cause something）。同样，布鲁图是否刺杀了恺撒的问题属于历史学，但历史学是不是科学这一问题则属于元历史学（meta-history）。……上述关于哲学的问题属于元哲学（meta-philosophy）。虽然形而上学不是物理学（科学）的一部分，元历史学也不是历史学的一部分，但元哲学却是哲学的一部分，其他

"元"学科也是哲学的一部分。

哲学自己不断追问"哲学究竟是什么?"这也与它面临由科学突飞猛进的历史事实所引起的观念变革有关。的确,无论是从"哲学"的希腊词源(爱－智,philo-sophia)看,还是从哲学史和科学史的角度看,确如陈嘉映所说,"科学不仅是从哲学生长出来的,早先,哲学和科学本来就是一回事"(陈嘉映,2007:9)。可是,古希腊哲学家殷切关心的物理世界基本构成之类的问题,今日已属科学的基本问题,而不再属于哲学了。针对这种情况,陈嘉映颇有创意地倡导做出如下表达方式的转换:"为了突出 philosophia 中包含的强烈的科学意味,我个人有时就把古代的 philosophia 叫作哲学－科学,既用以表明哲学和科学是一个连续体,也用以表明哲学之为科学是哲学－科学,和近代实证科学有根本区别,与此相应,今天的哲学已不复是康德之前的哲学－科学。"(陈嘉映,2007:10)

我们可以尝试创设一条简洁的格言来表达哲学的自觉性:边做哲学边反思。这也显示了一种哲学方法的运用,这种哲学方法就是反思平衡(reflective equilibrium)。反思(reflection)作为一种哲学方法,其要义是关于思想的思想。约翰·罗尔斯(John Rawls)曾这样说明何谓反思平衡:"它之所以是一种平衡,乃是因为至少我们的原理和判断是彼此协调的;它之所以是反思,乃是因为我们知道我们的判断符合什么样的原理,而且也知道导出这些判断的前提条件是什么。"(Rawls,1999:18)罗尔斯在这里挑明了反思平衡方法的两个基本要求:我们据以思考的原理－判断的协调性(harmony)和推理前提的合理性(rationality)。我觉得还应加上一个要求,即有助于对**语言－思想－实在**关系理解的丰富性(plentifulness)。换言之,在我看来,对**语言－思想－实在**关系的理解乃是任何哲学探索活动据以施行的反思平台,其他哲学方法均可被视作对这关系的充实、深化和拓展。

依我看,除了反思平衡以外,还有两种基本的哲学方法:概念分析(conceptual analysis)和先验论证(transcendental argument)。概念分析的主旨明显地展示于两个方面:其一是阐明那些对描述思想有贡献的语言表达方式的结构、含义、指称及其相互关系;其二是揭示我们的思想何以可能的先在性的条件(a priori conditions)。相应地,可将概念分析方法区分为两类:阐明式分析(illuminative analysis)和先验式分析(transcendental analysis）。按我的用法，分析哲学传统中广泛使用的句法分析、语义分析、语用分析、预设分析等方法均可归入"概念分析"之列。

至于先验论证，当然它像普通论证一样，必须满足两个基本要求，即证据可靠，推理合理。然而，除此之外，先验论证还须满足更多的约束条件。关键是：想要为命题 q 给出一个先验论证，就要求它必须与对命题 p 的解释（explanation/interpretation）有关。正如罗伯特·诺齐克（Robert Nozick）所说："一个先验论证试图通过如下要求来证明 q：证明它是对 p 的一个正确解释，并且证明它是 p 得以可能的一个先决条件。"（Nozick, 1981：15）参照罗伯特·斯特恩（Robert Stern）的有关论述，可对先验论证的三个要点作出以下说明（Stern, 1999：3）：

（1）如上所述，先验论证包含一个明确的主张，即命题 q 是命题 p 得以可能的一个解释性的必要条件（explanatory necessary condition）。因此，若无 q，则 p 不能成立。

（2）这一主张必须得到形而上学的（metaphysical）和先在性的（a priori）支持，而不只是得到自然的（natural）和后天性的（a posteriori）支持。换言之，若无 q，则 p 不能成立，这不是某些自然规律或经验发现使然（例如，若无氧气，则无生命），而是经反思确立起来的形而上学条件使然（例如，存在是思想得以可能的先决条件）。

（3）这种形而上学的先在依赖性乃是先验论证的关键所在，它清楚地显示了哲学区别于科学的根本特征。

于是，从研究方法角度立论，我们就可以说：哲学是反思平衡之学、概念分析之学、先验论证之学。毋庸赘言，这三种方法不是彼此孤立的，而是相互关联的，其实这可由任何一项典型的哲学探索活动加以示例。①

依我看，创设反思平台与拟定概念分析齐头并进，方能真正展示所谓"显–隐关系"。就是说，在处理基础问题时，概念分析彰显了基于语言表述层面的"显白"向度，反思平台则展示了基于对**语言–思想–实在**关系直观理解的"隐微"向度。因此，我认为那种把哲学看作只是关心政治问题的经典诠释功夫和显–隐写作技艺的观点（即上述观点6），乃是浮浅

----

① 本文第二部分所述对科学模式的一种哲学探索即为一显例。限于篇幅，在此不再列举别的例子。

之见。再看所谓"沉思"和"静观"之说（观点 2 和观点 3）：如果它们是哲学式的沉思和静观，则必是对所提基础问题（当然也包括政治哲学问题）、所设反思平台、所拟概念分析和所建先验论证的沉思和静观。离开反思平衡、概念分析和先验论证，不着边际地奢谈什么哲学就是"沉思"或"静观"，实难避戏说之虞。至于所谓"普遍概括"（观点 1）、"沟通理性"（观点 4）或"社会 - 文化批判"（观点 5），若缺乏反思平衡、概念分析和先验论证之助，则易流于经验归纳、意见协调或情绪宣泄，离哲学研究远矣！

现在，我们有理由说，哲学研究的基本功是：提出基础问题，创设反思平衡，拟定概念分析，构造先验论证。必须强调：尽管哲学基础问题之定位、哲学学科之反省、哲学方法之更新的具体内容必随时代而变，但我认为这里揭示的要点适合于任何时代的哲学，无论是古代的哲学（即嘉映所谓的"哲学 - 科学"），还是现代的哲学。看来这个观点原则上能够得到嘉映兄的认可，因为他认为"哲学是理性的反省，这包括对哲学自身任务的反省，通过这一反省不断获得正当的自我理解。就此而言，并非科学割尽了哲学的地盘，只给哲学留下了经验反省和概念考察。经验反省和概念考察从来就是哲学的出发点"（陈嘉映，2007：250）。当然，不仅"经验反省"和"概念考察"从来就是哲学本性之体现，而且上文所述问题的基础性、学科的自觉性和方法的独特性也从来就是哲学本性之体现。诚然，从历史演变角度看，也许可以说"科学通过巨大的努力摆脱了形而上学的影响，哲学面临着相应的任务：哲学需要摆脱实证科学的思维方式"（同上：250）。"哲学工作和科学工作的确很不一样，如果你用科学的模式来理解哲学，要求哲学，你恐怕一开始便是在要求一个不可能存在的东西"。（同上：11）

二、哲学视域中的科学

什么是嘉映所说的"科学的模式"？还有，这种科学模式是怎样从古代的"哲学 - 科学"传统中脱颖而出的？这样的提问势必将我们引向对 16—17 世纪科学革命的关注。我注意到嘉映在其大作中借鉴了亚历山大·科瓦雷（Alexandre Koyré）和理查德·韦斯特福尔（Richard S. Westfall）的有关论述。科瓦雷（2003a，"前言"：1 - 2）曾自述道：

多少次，当我研究 16、17 世纪科学和哲学思想时——此时，科学和哲学紧密相连，以至于撇开任何一方它们都将变得不可理解——如同许多前人一样，我不得不承认，在此期间，人类、至少是欧洲人的心灵经历了一场深刻的革命，这场革命改变了我们思维的框架和模式；现代科学和哲学则是它的根源和成果。

我已经在我的《伽利略研究》（1939）中致力于确定新旧世界观的结构模式，以及确定由 17 世纪科学革命所带来的变化。在我看来，它们可以归结为两个基本而又密切相连的活动，我把它们表述为和谐整体宇宙（Cosmos）的打碎和空间的几何化，也就是说，将一个有限、有序整体，其中空间结构体现着完美与价值之等级的世界概念，代之以一个不确定的或无限的宇宙概念，这个宇宙不再由天然的从属关系连结，而仅仅由其基本部分和定律的同一性连结；也就是说，将亚里士多德的空间概念——世界内面被分化了的一系列处所，代之以欧几里得几何的空间概念——一个本质上无限且均匀的广延，它而今被等同于世界的实际空间。

其实，作为 17 世纪科学革命的标志，取代亚里士多德式世界概念的，除欧几里得几何式的空间概念外，还有机械论的自然概念。正如韦斯特福尔(2000，"导言"：1) 所说：

两个主题统治着 17 世纪的科学革命——柏拉图 - 毕达哥拉斯传统和机械论哲学。柏拉图 - 毕达哥拉斯传统以几何关系来看待自然界，确信宇宙是按照数学秩序原理建构的；机械论哲学则确信自然是一架巨大的机器，并寻求解释现象后面藏着的机制。这两种倾向并非总是融洽吻合。毕达哥拉斯传统用秩序处理现象，满足于发现某个精确的数学描述，并把这种描述理解为对宇宙终极结构的一种表达。相反，机械论哲学关心的则是诸个别现象的因果关系。科学革命的充分完成要求消除这两个主导倾向之间的张力。

可以说，伽利略展示的理想化方法、笛卡尔发明的解析几何、牛顿和莱布尼茨创建的微积分，堪称促成科学革命得以充分完成的关键举措，而定量化的受控实验和数学化的世界图景乃是其标志性的成果。显然，这正是嘉映所说"科学通过它所提供的世界图景改变我们对世界的认识"之显例，因为"恰恰从那时开始，哲学－科学的传统走到了尽头，哲学与科学开始分道扬镳"了。（陈嘉映，2007：2，111）看来，嘉映兄对此有清楚的认识，因为他说（同上：111）：

> 哲学一开始是要寻求真理，理解我们置身于其中的世界。我们所要理解的是我们所经验到的东西——无论是个人的经验，还是人类共同的经验；无论是对心理的体验，还是对世界的了解。……为这个经验到的世界提供解释，这是哲学－科学的事业。科学也要寻求真理，但它不满足于我们被动地经验到的世界的真相，它通过仪器和实验，拷问自然，迫使自然吐露出更深一层的秘密。要解释这些秘密，古代传下来的智慧和方式就逐渐显出其不足。从伽利略开始，科学家告诉我们，仪器和实验所揭示出来的现象证明了常识并不具有终极的说服力。常识理性不够用了，人们学会求助于数理式的理性。新的物理理论以数学作为科学的原理，与此相应，新概念以通向量化为特征，它们有助于把各种资料数量化。

哲学与科学分家固然更加凸显了"哲学是什么"这一问题的紧迫性，但"科学是什么"的问题同样紧迫。有趣的是，正如我们已提及的那样，"科学是什么"不属于科学本身的问题，而是一个地地道道的哲学问题，也就是如上所说的具有"元"（meta）特征的基础问题。既然如此，按我在前面所述对哲学方法的理解，只有凭借反思平衡、概念分析和先验论证的方法来探索这个问题的可能答案，方才是一个哲学家应当采取的进路。据此，也才真正可能明了何为"科学的模式"。

参照詹姆斯·费茨尔（James H. Fetzer）的有关论述，在此略述科学哲学中三种有关科学探究模式的典型观点（Fetzer，1993：169）①：

---

① 这里的表述作了如下修改：分别以"归纳－确证模式""演绎－证伪模式"和"溯因－解释模式"代替了原文中的"归纳主义"（inductivism）、"演绎主义"（deductivism）和"溯因主义"（abductivism）。

归纳－确证模式	演绎－证伪模式	溯因－解释模式
观察（observation）	猜想（conjecture）	疑难（puzzlement）
分类（classification）	衍推（derivation）	思索（speculation）
概括（generalization）	实验（experimentation）	调适（adaptation）
预测（predication）	消错（elimination）	解释（explanation）

可以说，这三种科学探究模式共享一个反思平台，它们都源自对科学理论、检验结构、知识基础及其关系的理解；而且，如上所说，这些理解均可被视为对语言－思想－实在关系的充实、深化和拓展。因此，它们所要求的反思平衡均集中体现为着力协调科学理论、检验结构、知识基础及其蕴含的基本原理和关键判断之间的关系。

按这里的图示程序，就科学的**归纳－确证模式**而言，观察陈述、属性分类、归纳概括和理论预测，以及它们之间的关系，将成为其概念分析的主要任务。同理，科学的**演绎－证伪模式**所要求的概念分析，则集中于澄清假说猜想、有效衍推、判决实验和反例消除，以及它们之间的关系。至于科学的**溯因－解释模式**，其概念分析的任务是着力弄清楚疑难问题、背景思索、要素调适、最佳解释的意义和关系。①

在此，要理解先验论证方法之运用，首先得注意，三种科学模式必须分别遵循如下相应的推理规则（Fetzer，1993：7－8，140－141）：

（1）**归纳－确证模式**："直接规则"（the straight rule，SR）。

（SR）假设在恰当的变化条件下已观察到一定数量的事例 As，则如果有 m/n 个已观察事例 As 都是事例 Bs，那么可归纳地推知有 m/n 个 As 是 Bs。其中有一种特殊情况，即若每个已被观察到的 As 都是 Bs（$m=n$），则可直接推知：所有的 As 都是 Bs。

（2）**演绎－证伪模式**："否定后件式"（modus tollens，MT）。

（MT）给定"如果 p 那么 q"和"$\neg q$"，则可演绎地推知"$\neg p$"，其中"p"代表某个表达特定科学假说或理论的命题，"q"代表某个观察－实验命题。

（3）**溯因－解释模式**："似然性规则"（the rule of likelihood，

---

① 限于篇幅，此处不再详述这些概念分析的具体内容。

RL)。

（RL-1）普通似然性规则：$L(h/e) = P(e/h)$。即在设想假说 h 为真的情况下，给定证据 e 时假说 h 为真的可能性 L 之值，等于给定假说 h 时证据 e 的概率 P 之值。可以说，"似然性"意指证据对假说的支持力，或假说对证据的解释力。

当将规则（RL-1）应用于统计式的假说时，我们需要一个更加特殊的推理模式，以适用于在设想假说为真的情况下，推知那些与科学定律相关的证据所显示的有规则的可预期性（nomic expectability），即：

（RL-2）规则似然性规则：$NL(h/e) = NE(e/h)$。即给定证据 e 时，假说 h 的规则似然性 NL 之值，等于给定假说 h 时证据 e 的规则式可预期性 NE 之值。

撇开技术性的细节，这里的要旨是，只有分别满足相应的归纳原理、演绎原理和似然性原理，科学的**归纳－确证模式**、**演绎－证伪模式**和**溯因－解释模式**才可能成立。简言之，三种推理规则及其预设的相关原理，乃是三种科学模式的先在的、解释性的必要条件；亦即说，此时先验论证方法之运用，旨在回答这样一个康德式的问题：科学模式是如何可能的？

显然，这已然彰显了以本文前一节所展示的哲学之眼看待"科学模式"所得出的可能图景，当然也就是对"科学是什么"这一问题的可能的哲学回答。至于对三种科学模式优劣的评价，固然也是一个哲学问题，同样要求运用哲学方法予以探究。限于篇幅，此不赘言。

三、科技时代，哲学何为？

通览《哲学·科学·常识》一书便知，最令作者忧心的正是在如今科技昌盛的时代，哲学的命运问题。忧心者深知科学之厉害，他在其大作的"导论"部分开篇就说："近代科学的出现，若不是人类史上无可相比的最大事情，至少也是几件最重要的事情之一。科学对人类的影响可以分成两个大的方面。一是改变了我们的生活现实，二是影响了我们对世界的认识。"（陈嘉映，2007：1）忧心者亦是有心者，他对"科学与技术相结合，生产出了无数的新东西"这事儿，只是彬彬有礼地甩出这样一句评语："单就这一点说，近代科学也一定是人类史上特大的事情了。"（同上）但是，关乎"科学通过它所提供的世界图景改变我们对世界的认识"之事，他却忧心忡忡，因为这可能会危及他殷殷关切的"哲学的命运，或者，思想的命运"（陈嘉映，2007，"自序"）。就此而论，我愿视嘉映兄为同道！此时，不禁想起科瓦雷的几段充满忧患的论述（科瓦雷，2003b：17）：

> 我总是说，近代科学打破了天与地的界限，把宇宙统一成了一个整体，这是正确的。然而我也说过，这样做是付出了一定代价的，即把一个我们生活、相爱并且消亡于其中的质的可感世界，替换成了一个量的、几何实体化了的世界，在这个世界里，任何一样事物都有自己的位置，唯独人失去了它。于是科学的世界——（所谓）真实的世界——变得与生活世界疏离了，最终则与之完全分开，那个世界是科学所无法解释的——甚至称之为"主观"也无法将其解释过去。
>
> 的确，这两个世界每天都——甚至是越来越——被实践（Praxis）连接着，然而在理论上，它们却为一条深渊所隔断。
>
> 两个世界：这意味着两种真理。或者根本没有真理。
>
> 这就是近代思想的悲剧所在，它"解决了宇宙之谜"，却只是代之以另一个谜：谜本身之谜。

看来嘉映对通常所谓"科学主义"的描述与此似有呼应关系。所谓"科学主义"断言："真实的世界就像是科学所描述的那个样子，至于自由意志、道德要求、爱情和友谊，所有这些，平常看到的或平常用来思考的东西都是幻象。科学是真理的代表，甚至科学等同于真理，是全部真理的代名词。"（陈嘉映，2007：2）设想科瓦雷面对如此描述的科学主义，可以肯定，他的忧患将更加深重，因为"两个真理"业已变成了人性尽失的唯我独尊的"科学真理"。

看来，科瓦雷更不会想到，有人竟然宣称："物理学、数学和逻辑各有它们的特定文化创造者的印记，殊不亚于人类学和历史学。"[①] 更有甚

---

① 桑德拉·哈丁语，转引自索卡尔等《"索卡尔事件"与科学大战》，蔡仲等译，南京大学出版社 2002 年版，第 112 页。

者，有人还宣称"要消除科学和小说之间的区分"①。这就是所谓"社会建构主义"的基本主张。乍一看，社会建构主义者似乎想要反对科学主义的霸权主义。然而，正如嘉映所说，具有讽刺意味的是："他们一面反对科学主义，一面眼睁睁企盼科学为他们提供最终的解决方案。"（陈嘉映，2007：7）

其实，无论是科学主义者，还是社会建构主义者，都视哲学为眼中钉、肉中刺，极欲置之死地而后快。从本文所揭示的哲学视角看，主要威胁来自科学主义或社会建构主义赖以可能成立的自然主义、经验主义、相对主义或怀疑主义的先在性预设。② 面对如此凶悍的强敌，我认为嘉映兄着力区分古今哲学，别出心裁地强调今日哲学不再是源自古希腊思想的哲学－科学，是可取的。但是，我认为他仅以退守于所谓"经验反省"和"概念考察"之域作为哲学的阵地，却是远远不够的。

看来，问题出在如何理解哲学与"理论－论证"及"自然－常识"的关系。嘉映兄的大作似乎显示出一种强烈的倾向，这就是心悦诚服地拱手将"理论－论证"交予科学，而悠然自得地展臂拥抱"自然－常识"。显然，他在引用上文所列科瓦雷的话时（参见陈嘉映，2007：111），故意略去了如下重要的语句："的确，这两个世界每天都——甚至是越来越——被实践（Praxis）连接着，然而在理论上，它们却为一条深渊所隔断。"殊不知，科瓦雷曾提及对 17 世纪科学革命的这样一种理解："那些主要对精神变革的社会意蕴感兴趣的历史学家强调这一革命是所谓的人类思想从静观（theoria）到实践（praxis），从静观的知识（scientia contemplativa）到行动和操作的知识（scientia active et operativa）的转变，这一转变使人类从一个自然的沉思者转变为自然的主人和主宰。"（科瓦雷，2003b，"前言"：1）然而，值得留意的是，科瓦雷明确声言（科瓦雷，2003b：3）：

　　　　然而我必须承认，我对这些解释并不满意。我看不出所谓"行动的科学"是怎样帮助微积分发展的，还有资产阶级的兴起是怎样服务

---

① 转引自杰拉尔德·霍耳顿《科学与反科学》，范岱年、陈养惠译，江西教育出版社1999年版，第 193 页。

② 限于篇幅，在此不再详述这些先在性预设的具体表现方式。

于哥白尼以及开普勒的天文学的。至于经验和实验——我们不仅需要把这两样东西区别开来，甚至还应把它们对立起来——我确信实验科学的兴起与发展，是那种对于自然的新的理论理解，即新的形而上学理解所导致的结果，而并非相反是它的原因。

把这一段论述与前面所引的那个重要语句联系起来思考，我们便可得出两个结论：第一，对待近代科学革命，应从其得以产生的对自然的新的理论的、形而上学的前提来加以把握，而这恰恰就是科瓦雷将这场科学革命归结为 Cosmos 瓦解和空间几何化的理由；第二，对近代科学所导致的两个世界分离的深渊，应从理论的、形而上学的角度予以解释，并尝试填平这个鸿沟。

据此审视嘉映的观点，我认为，尽管他尝试区分"经验"与"实验"、"日常概念"与"科学概念"，以及"自然哲学"与"实证科学"的努力值得肯定，但他让哲学主动交出追问形而上学原理和构造"理论－论证"的权利，却显得有些软弱。在我看来，理论不是科学的专利，科学自有科学的理论，哲学也有哲学的理论。当然，论证乃是构造理论的必需手段，而科学与哲学对论证的依赖关系正好明显展示为是否在根本上立足于先验论证。进而言之，如上所示，先验论证乃是哲学赖以可能的方法论前提之一，而其主要任务正是要揭示任何对基础问题的思考所必需的形而上学的、先在式的、解释性的必要条件。也如上文所示，对科学模式的探索也离不开这样的前提条件。因此，从根本上说，科学绝不可能摆脱形而上学的预设，所谓"科学通过巨大的努力摆脱了形而上学的影响"（陈嘉映，2007：250），只不过是一种追问不彻底的表面现象而已。由此立论，我当然不同意嘉映的如下断言："并不存在所谓的形而上学原理。所谓形而上学原理，无非是常识所蕴含的基本道理，它们由于能够诉诸我们人人共有的理解而具有普遍性。而所谓形而上学层面上的区别，则无非是自然概念的区别罢了。"（同上：247）

"罢了"？且慢！在我看来，即使形而上学层面的区别有赖所谓"自然概念"的区别，即使形而上学原理与"常识所蕴含的基本道理"息息相关，形而上学也不会仅仅局限于常识的狭小天地。试想想有关科学实在论的争论吧：那些牵涉"理论命题是否具有真值""理论词项是否具有指称物""理论实体是否存在"之类的问题，可不是依靠所谓"自然概念"

和"常识中所蕴含的基本道理"就能搞定的!

　　嘉映兄的大作第五章表明,他当然懂得"科学概念"既可以借助对"日常概念"的修改而获得,也可以是独创的"技术性概念"。然而,看来他不晓得哲学概念亦然。进而言之,即便我们尚且承认所有的哲学概念都要借助自然语言来表达,也得不出这样的结论:所有哲学概念都无非是"自然概念",而压根儿就没有哲学式的"技术性概念"。嘉映自己也提到了"哲学概念似乎人言人殊"(陈嘉映,2007:11)的现象,其实这可能恰恰就是哲学自有其"技术性概念"的铁证。现在,我不同意嘉映兄所表述的"哲学的自然理解本性不允许哲学成为普适理论"(陈嘉映,2007:249)这一主张的理由也就易于把握了。

　　与上面的讨论密切相关,在现代哲学思潮(无论是分析哲学思潮,还是现象学思潮)中,有一种十分流行的观点,即哲学只有批判性,而无创造性,因为哲学的宗旨是帮助人们如其所是地理解本已存在之事,而不像科学那样力图为人们提供关于世界的新知识。毫无疑义,囿于对所谓"自然概念"的执着,嘉映兄理所当然是持有这种时髦观点者之一。且看他的明确声言吧:"概念分析并不提供新知识,它明述包含在自然概念中的道理。"(陈嘉映,2007:244)以一个贝克莱式的哲学家为例,"他得出的结论可能古怪,但他会宣称,这个结论其实就是潜藏在平常理解之中,思想通过对平常理解作更深刻的反省达乎这些见解。……他(贝克莱)的非物质论是要'把人们唤回到常识'。罗素同样声称他的哲学有意维护'健全常识'"(同上)。

　　依我看来,此说不妥!看来此说的拥护者就像嘉映兄似愿拱手让出"形而上学""论证"和"理论"一样,现在"知识"又要被无情地出让了。且容我随意举些例子吧:柏拉图对"理型"概念的分析,亚里士多德对"实体"概念的分析,笛卡尔对"自我"概念的分析,莱布尼茨对"单子"概念的分析,休谟对"因果"概念的分析,康德对"经验"概念的分析,弗雷格对"意义"概念的分析,塔尔斯基对"真理"概念的分析,维特根斯坦对"世界"概念的分析,哥德尔对"实在"概念的分析,戴维森对"理解"概念的分析,达米特对"实在论"与"二值原则"关系的分析,以及嘉映提及的贝克莱对"存在"概念的分析,还有罗素对"知识"概念的分析和波普尔对"科学"概念的分析,诸如此类,不胜枚举。在我看来,在这些典型的概念分析中,实实在在地融汇着反思平衡和先验论证的因素，而且的确为我们提供了关于自我、他人、世界乃至上帝等的新知识。正因如此，我们才获得了对世界、自我、人性乃至神性等问题的新理解。至于这些分析是否合理，这些知识和理解是否正确，则是另外的问题。

再次声明：直面科学革命产生的后果，我和嘉映兄一样十分关心哲学的命运。嘉映就其大作自述道：

> 本书尝试表明，近代科学虽然继承了古代哲学为世界提供统一理论的雄心，但它从根本上改变了提供整体理论的方式。因此，思想发明出"科学"这个新称号而把"哲学"这个姓氏留给今天所称的哲学是完全恰当的。而我现在所要强调的倒是，科学的发展改变的不仅是科学，它也改变了哲学。所发生的改变，远远不止于"缩小了哲学的地盘"，改变的是哲学的性质：哲学不再为解释世界提供统一的理论，而专注于以概念考察为核心的经验反省。（陈嘉映，2007：241）

> 按照笛卡尔的看法，形而上学是学问体系的根基，各门科学都是从这个根基生长出来的。笛卡尔并不是说，从历史看，近代科学继承了哲学－科学的事业。他是说，哲学为科学提供了原理基础，不妨说，科学大厦尽可以高耸入云，但科学大厦的基础是哲学提供的。本书想表明，这个主张很可疑。近代科学毋宁是在不断摆脱、反对形而上学原理的努力中成长起来的。如普特南所断言，科学一直反对形而上学。到今天，这一点应当十分清楚，尽管还有个别弄哲学的人仍然妄想为科学奠基。有谁能相信连科学常识都不甚了了的人能为科学奠基呢？（陈嘉映，2007：225）

好家伙！听起来言之凿凿，但细思量，却觉无甚高论。当然，从嘉映所说的哲学－科学传统看，科学发展当然"改变的是哲学的性质"，而科学则接下了"为解释世界提供统一的理论"这一光荣任务。

必须挑明，催生出科学来分担任务，这不该是哲学的耻辱，而应是哲学的自豪！而且，正如科瓦雷的研究所表明的那样，形而上学的确对近代科学的产生和发展起着奠基作用，只不过如上所示，他为这个基础之不合理、不可靠而深感忧虑，切望并呼吁哲学后生们尽力从理论上填平由此造成的两个世界的深渊。可以说，"科学一直反对形而上学"这一历史事实在不断地加深着这个深渊。然而，我们切不可悠然自得甚至兴高采烈地接受这一事实，而对此缺乏深刻反思，更不可急匆匆地从这一事实陈述跃迁到"科学不该要形而上学"这一价值陈述。我坚持认为，对今日的哲学来说，为科学奠基仍是一项光荣而艰巨的任务，甚至可以说是一项十分紧迫的任务。当然，这种奠基任务绝非那些"连科学常识都不甚了了的人"所能担当的。不过，看来这任务也绝非那些无心奠基之事或仅凭"经验反省"和"概念考察"者所能承担的。

关键在于如何理解奠基一事。毋庸置疑，任何一个想要从事科学研究的人，必先理解科学，就看你愿不愿意自觉而为了。而正如上文分析科学模式时所显示的那样，任何人想要理解科学，无论他是科学家还是哲学家，都离不开特定形而上学的、先在的、解释性的前提条件，而这些条件端赖反思平衡、概念分析和先验论证的哲学方法，方才可能得到揭示。正是在这个意义上，哲学（尤其是其中的形而上学）确确实实起着为科学奠基的作用。就此而言，我认为，像笛卡尔那样强调形而上学是科学的根基，原则上是对的，这与是否需要成为一个科学领域的全才了无干系。

最后返回本文所提出的问题：哲学家应怎样看科学？我的回答是：首先得学会怎样做哲学，然后顺理成章地就可以做关于科学的哲学了。简言之，就是必须提出有关科学的基础问题，随之运用反思平衡、概念分析和先验论证的方法予以探索。诚然，"哲学和科学都是理性的思考方式"（陈嘉映，2007：21）。然而，二者之间的区别是十分明显的。进一步说，在上述哲学为科学奠基的特定意义上，哲学乃是比科学更加基本的理性思考方式。

（原文发表于《哲学分析》2012 年第 3 期）

科学哲学与批判－创新思维

引言：为何需要科学哲学？

从历史演变角度看，我们今日所处的"科技时代"依次来自 16—17 世纪的"科学革命"、18 世纪的"启蒙运动"和"工业革命"、19 世纪的"科技整合"和"科学社会化"，以及 20 世纪的"科学－技术－经济－政治－军事一体化"过程。其中，对科学方法的追寻和运用起着关键作用。特别是 20 世纪，出现了以交叉研究和综合研究为特点的"大科学"，而且导致了以科学方法为核心主题的科学哲学这门现代哲学分支学科的产生。[①]但是，两次世界大战使数千万人失去了生命，日益加剧的军备竞赛、大国霸权、恐怖主义、能源短缺、环境危机等等，使人们生活在恐惧之中。正因如此，到 20 世纪后期，西方世界出现了以怀疑主义和相对主义看待科学的两股声势浩大的潮流，这就是所谓的"后现代主义"和"新世纪运动"。

依我看，身处科技时代，我们之所以需要科学哲学，主要有两方面的理由：①科学哲学能够告诉我们，科学方法固有批判－创新思维的特征，因此可望引领我们加深对科学的理解（理论意义），进而使我们能更加合理有效地从事科学研究、科学教育、科学决策、科学管理和科学传播（实践意义）。②以下论述将表明，科学哲学本身的发展经历就是批判－创新思维不断涌现的过程。因此，科学哲学这门现代形态的哲学学科必能为我们正确地反思科学的合理性，批判各种错误思潮（如上面提及的怀疑主义和相对主义）提供坚实的理论基础（理论意义），也能为我们正确地实施科学发展战略提供有益的启发（实践意义）。

---

① 关于作为一门现代学科的科学哲学之产生，我认为应以逻辑实证主义的兴起为标志，对应于后文关于归纳－确证方法的系统阐述。

一、科学方法的三种典型模式

科学哲学研究表明，有三种典型的科学探究模式（Fetzer，1993：169）[①]：

归纳 – 确证模式	演绎 – 证伪模式	溯因 – 解释模式
观察（observation）	猜想（conjecture）	疑难（puzzlement）
分类（classification）	衍推（derivation）	思索（speculation）
概括（generalization）	实验（experimentation）	调适（adaptation）
预测（predication）	消错（elimination）	解释（explanation）

这三种科学研究的基本方法分别遵循着如下三条基本推理规则（Fetzer，1993：7 – 8，140 – 141）：

（1）归纳 – 确证方法遵循的基本推理规则是"直接规则"（the straight rule，SR）。

（SR）假设在恰当的变化条件下已观察到一定数量的事例 As，则如果有 m/n 个已观察事例 As 都是事例 Bs，那么可归纳地推知有 m/n 个 As 是 Bs。其中有一种特殊情况，即若每个已被观察到的 As 都是 Bs（即 $m = n$），则可直接推知：所有的 As 都是 Bs。

（2）演绎 – 证伪方法遵循的基本推理规则是"否定后件式"（modus tollens，MT）。

（MT）给定"如果 p 那么 q"和"非 q"，则可演绎地推知"非 p"，其中"p"代表某个特定的理论，"q"代表某种观察或实验操作的结果。

（3）溯因 – 解释方法遵循的基本推理规则是"似然性规则"（the principle of likelihood，RL）。

（RL – 1）普通似然性原则：$L(h/e) = P(e/h)$。即在设想假说 h 为真的情况下，给定证据 e 时假说 h 为真的可能性 L 之值，等于给定假说 h 时证据 e 的概率 P 之值。可以说，"似然性"意指证据对假说的支持力，或假说对证据的解释力。

当推理规则（RL – 1）一般性地应用于统计式的假说时，我们需要一个更加特殊的推理模式，以适用于在设想假说为真的情况下，推知那些与

---

① 本文中将分别以"归纳 – 确证模式""演绎 – 证伪模式"和"溯因 – 解释模式"替换原文中的"归纳主义"（inductivism）、"演绎主义"（deductivism）和"溯因主义"（abductivism）。

科学定律相关的证据所显示的有规则的可预期性（nomic expectability）：

（RL－2）规则似然性原则：$NL(h/e) = NE(e/h)$。即：给定证据 e 时，假说 h 的规则似然性 NL，等于给定假说 h 时证据 e 的规则式可预期性 NE。

二、归纳－确证方法论

我认为，在科学哲学中，逻辑实证主义的科学方法论集中体现了归纳－确证的思维方式，其基本要点如下。

1. 观察是科学的认识论基础

在现代哲学中的"语言转向"（the linguistic turn）的背景下，逻辑实证主义者对科学语言的意义分析展示出步步深入的三重特点。首先，他们根据认知意义性（cognitive meaningfulness）标准，将所有语句区分为描述性的语句和评价性的语句两类：前者因描述客观的世界状况而具有真值，从而具有认知意义；后者因仅仅表达主观心态而没有真值，因此也无认知意义。其次，根据语句真值的判定方式，进一步把描述性的语句区分为分析语句和综合语句：前者仅据语句构件的意义或逻辑关系就能确定其真值，后者则须参照世界状况或经验证据才能确定其真值。最后，根据有关实体、性质、过程、关系等可观察与不可观察的认识论区分标准，再将综合语句区分为观察语句和理论语句：前者的真值可独立于理论而直接由观察和实验结果得到确定，后者的真值则须依赖于相应观察语句的真值才能得到确定。

正是凭借这些区分，逻辑实证主义者为科学哲学研究确立了两个基本立场：①只有依据经验证据才能确定其真值，因而具有可证实性（verifiability）的语句，才是具有认知意义的语句，也才有可能被称为经验科学的语句。由此，可证实性的意义标准隐含着关于科学与非科学的划界标准。②观察和实验在经验上的客观性和可靠性独立于理论，观察语句的真理性在认识论上优先于理论语句的真理性。换言之，观察、实验及其记录语句（广义的"观察语句"）是经验科学的认识论基础。

2. 归纳推理规则（SR）的运用包括两个步骤

首先，以观察语句为基础，凭借一定的分析、辨别和判断能力做出适当分类，为相关的研究对象提供恰当定义。其次，根据推理、想象、协调等能力来概括或普遍化，其目的是提出科学定律，构造科学理论。基本的方法论要求是：已经观察到事例 As 是 Bs 的数量足够多，质量足够高。在此，无论是分类还是概括，都是创新思维的具体体现，因为分类能够提供新定义，界定新对象，而概括能够提出新定律，为构造新理论奠定基础。

3. 从认识论看，经验预测的主要目的是检验科学理论，提高科学理论的真理性或可靠性

依照逻辑实证主义的科学方法论，如果由科学理论 T 和辅助假说集 A 联合推出一系列可充当经验预测的观察语句 Oi，而且 Oi 与观察 – 实验结果相吻合，那么就可以说 T 经由 Oi 得到了确证（confirmation）。这种检验科学理论的方式实为批判思维之体现，因为它要求一个普遍性的假说：仅当其判断内容和推理程序受到严格的逻辑审查，而且其逻辑蕴涵得到经验证据支持时，方才可能成为科学理论。

进一步说，凭借概念分析、先验论证和反思平衡的哲学研究方法来批判逻辑实证主义，进而以新的科学方法论取而代之，也体现出科学哲学具有批判 – 创新思维的特色。以下即为这种批判的重点：

（1）观察和实验的理论负荷（theory-ladenness）。与以上所说观察、实验独立于理论，以及观察语句在认识论上优先于理论语句不同，有些哲学家认为观察和实验在语言的意义（meaning）方面和科学的认知（cognition）方面均依赖于特定的理论（参见 Bird，1998：114 – 115）。正如亚历山大·伯德（Alexander Bird）所说，在科学中，"有可能观察在认知方面依赖于一个理论，而在意义方面依赖于另一个理论。譬如说，如果我们使用射电望远镜来观察一颗中子星，这一观察就在认知方面依赖于有关射电望远镜的理论。如果我们使用'中子星'这一术语来说明我们的观察结果，那么相应的观察报告就在意义方面依赖于关于星球演化的理论"（Bird，1998：115），由此可见，逻辑实证主义以独立于理论的观察语句作为认知意义标准和科学认识论基础的观点面临着严峻的困难。

（2）归纳推理的非必然性。自休谟以来，归纳推理是否足以充当科学方法论基础的问题就一直困扰着哲学家们。现在，即使不考虑以上所说观察对理论的意义依赖和认知依赖，我们仍然面临休谟式的质疑。这就是说，既然从单称观察语句到全称理论语句的归纳推理不具有逻辑必然性，那么上述归纳 – 确证方法论中从分类到概括的过渡，在什么意义上具有合理性呢？由下文可见，正是针对这种质疑，卡尔·波普尔（Karl R. Popper）提出了科学研究的演绎－证伪方法论。

三、演绎－证伪方法论

在科学哲学中，以波普尔为代表的证伪主义是演绎－证伪方法论的集中体现。事实上，证伪主义正是试图作为逻辑实证主义的替代方案而登上历史舞台的，这本身就可以说是科学哲学中批判思维和创新思维的具体展示。与上文所示相合，波普尔对归纳－确证方法论的批判及其相应的创新集中体现在两个方面：第一，以观察－实验承载着理论的主张，取代逻辑实证主义关于观察－理论的语义学区分和认识论区分；第二，以演绎－证伪方法论取代归纳－确证方法论。波普尔本人把他所提倡的演绎－证伪方法论简称为"猜想与反驳"的方法论（Popper，1969，Chapter 1）。按上述推理程序，这种方法论的基本要点如下。

1. 猜想

波普尔认为科学研究始于问题，而非始于观察。何谓待解的"科学问题"，受制于相关的背景理论。正是针对科学问题，设想解决方案，才启动了科学研究。在科学中，这往往要求大胆想象，小心协调，创造性地猜想合适的假说 h，并使 h 与问题 p 之间具有 $h \rightarrow p$ 式的逻辑蕴涵关系，或使 h 能合理地解释 p 的出现。

2. 衍推

按上述要求所猜想的假说是否合理呢？回答此问题须运用规则（MT），借助相关的分析、判断和推理，设法达成"$((h \rightarrow q) \wedge \neg q) \rightarrow \neg h$"式的逻辑衍推关系（$q$ 是可由实验确定真值的"基本陈述"［basic statement］）。在此，q 的新颖性是一个重要指标，因为它提示假说 h 可能具有新颖的经验内容和预测新现象的能力。一言以蔽之，这里所谓"衍推"十分明显地体现了科学思维应该具有批判－创新的本性，而严格的批判和大胆的创新竟然不会违背具有逻辑必然性的推理规则（MT）！

3. 实验和消错

这是对科学假说 h 的实际检验，以确定是否确实存在 $\neg q$，同时也是批判思维的一种生动体现。具体地说，如果通过正确的实验设计和操作，确定了 $\neg q$ 确实存在，那么就表明 h 是假的（波普尔称之为"判决性检验"［crucial test］）。此时应设法做到：要么修改已有的假说 h，要么抛弃已有的假说 h 而重新猜想新的假说 h'。无论采取哪种协调策略，都要求新假说 h' 与 $\neg q$ 之间符合如下逻辑蕴涵关系：$h' \to \neg q$。这里的方法论要求是：对假说的调整应防止"特设性修改"（ad hoc revision），也就是其目的仅仅在于挽救面对反例的假说，却无任何新经验内容的那种修改。当然，如果实验表明 $\neg q$ 不存在，那么人们就应该暂时接受假说 h。

演绎 - 证伪方法论主要面临两个困难：首先是逻辑方面的困难，即衍推关系"$((h \to q) \wedge \neg q) \to \neg h$"未能准确地刻画科学思维的真实情况，因为实际上，科学中任何一个假说，只有与相关的背景知识和初始条件相结合，才能推出经验命题。我们可以假设背景知识集为 b，初始条件集为 i，则相应的逻辑关系是：$(((h \wedge b \wedge i) \to q) \wedge \neg q) \to \neg (h \wedge b \wedge i)$。这表明，即使实验确认了 $\neg q$ 存在，也未必能够判定就是假说 h 错了，因为可能是背景知识或初始条件中有错。因而，此时像波普尔那样要求科学研究者断言抛弃假说 h，就是不合理的了。其次是历史方面的错误。科学史表明：①归纳 - 确证方法在科学研究中具有广泛的适用性和许多成功的案例；②在实际的科学研究中，当科学家遇到反例时，他们确实不会轻易抛弃已有的假说；③实际的科学检验往往是多个相互竞争的假说面对着同样的经验证据，而不是单个假说接受经验证据的检验。

四、溯因 - 解释方法论

我认为，在科学哲学中，以托马斯·库恩（Thomas S. Kuhn）所代表的历史主义学派为基础，并经适当修正后所形成的"修正的历史主义"，可以作为体现溯因 - 解释方法论的典型。事实上，库恩等人正是在批判逻辑经验主义和证伪主义的基础上，试图提出一种新的科学哲学。历史主义科学方法论的基本要点是：

1. "范式"（paradigm）和"科学共同体"（scientific community）

这两个概念的出现标志着科学哲学中科学观的重要变化。逻辑实证主义者和证伪主义者把"科学"看成是命题的集合，他们注重的是对科学结构的逻辑分析。但是，历史主义者却把"科学"看成是科学家团体从事专业研究的社会活动，注重的是科学共同体的社会实践。有时，这种转变被人们称为科学哲学中的"社会学转向"（参见 Barnes et al.，1996，Chapter 5；Kukla，2000，Chapters 1 - 2）。

所谓"科学共同体"，就是在一个特定范式支配下从事科学研究的专业团体。至于"范式"，则可按库恩 1969 年为《科学革命的结构》（*The Structure of Scientific Revolutions*）再版写的"后记"（"Postscript——1969"），还有《再论范式》（*Second Reflection on Paradigm*）一文所提供的线索，从"范例"（exemplar）和"专业基质"（disciplinary matrix）两个方面来予以解说：范例是范式概念的基本义，专业基质是其扩展义，两者都是针对特定问题，并对科学共同体成员具有引导作用和示范效应的研究成果（Kuhn，1970，1977）。例如《自然哲学的数学原理》就是牛顿为物理学家提供的范例，其序言中明确宣称：该书所述的科学方法适用于所有关于自然的研究（牛顿，2006：7）。这里已经涉及范式中的一个重要因素，即用于评价科学理论应用范围的广泛性这个认知方面的价值（value）因素。另外，精确性、一致性、简单性、丰富性，甚至偏好定量表达、因果解释等，都是范式中的认知价值因素。此外，还有两个重要因素：一个是模型（model），即关于特定研究领域存在对象的本体论承诺和方法论示范，例如牛顿物理学中关于世界由物质微粒构成，而且物质微粒之间具有机械碰撞作用和引力－斥力关系的本体论承诺，以及相应的力学分析方法和技巧；另一个是符号概括（symbolic generalization），主要指用数学方程表达的科学定律式的陈述，例如牛顿物理学中的运动定律和万有引力定律。

依照库恩的观点，正是由范例和专业基质构成的范式规定了特定的研究对象、典型问题及其标准解答，引导着特定科学共同体成员的学习、训练和研究，从而将科学研究的专业活动与其他活动区分开来。

2. "常规科学"（normal science）与"难题解答"（puzzle-solving）

库恩把特定范式支配下的科学研究称为常规科学活动。此时，科学共同体成员对特定的范式没有丝毫怀疑，可以说他们的一切研究都是为了深化和扩展范式的内容，他们总是相信所研究的问题终将会有明确的答案。换言之，他们把自己从事的研究看作类似于猜谜式的"难题解答"，相信谜底一定存在。

3. "科学革命"（scientific revolution）及其典型特征："不可通约性"（incommensurability）

任何范式都会遇到反例，但从事常规研究的科学家一般不会认为这些反例会威胁他们所信赖的范式。只有当无法处理的反例积累到足够多，并显得足够严重时，才会有少数科学家开始怀疑旧范式而尝试提出新范式，进而引起科学革命。显然，科学革命就是范式的转换。1970 年以前库恩认为，就科学革命而言，由于世界观、基本概念的意义、方法论规则和价值标准方面的差异，我们无法按统一的标准来对新旧范式的优劣做出理性的比较和评价（Kuhn，1962），这就是著名的"不可通约性"论点。

以上述内容为基础，就不难理解库恩提出的科学变化的一般模式了：

常规科学 1→反例积累→危机→科学革命→常规科学 2。

依我看，历史主义造成的一个实际恶果是："不可通约性"与"社会学转向"联手，致使有些人极力否认存在着独立的"科学方法"，最终引出相对主义的思潮。我认为，克服相对主义思潮的关键在于充分论证科学方法的自主性，从而阐明科学中概念形成、理论选择和知识增长的合理性。

在起源于美国的"科学教育"（science education）中，有一个基本立场，就是科学方法乃是科学的本质。广义地说，"科学方法"这一术语具有两类所指：①适用于所有科学研究的普遍的基本原理、推理规则和思维程序，可称之为"一般的科学方法"，通常简称为"科学方法"；②适用于特殊科学分支的专门性的操作规则、操作程序和操作技巧，可称之为"特殊的科学方法"，通常被称为专业性的"技术"。显然，本文所论归纳－确证方法、演绎－证伪方法和溯因－解释方法均属①类范畴。依我看，在考奇（Huge G. Cauch）所著《科学方法实践》（*Scientific Method in Practice*）一书中，有如下一个示意图可以显示一般科学方法的自主性及其与科学哲学的关系：

技术

科学专业

科学方法

科学哲学

哲学

普通感知能力

据此，正如考奇所说，"科学方法的基础是由科学哲学提供的，更普遍地依赖于哲学，其最终的基础是普通感知能力。反过来，科学方法支持着科学专业和技术"（Cauch，2005：7）。

我认为，伊姆雷·拉卡托斯（Imre Lakatos）所说的"研究纲领"（research programme）是在坚持科学方法自主性的前提下，对库恩范式概念的修正。因此，可把拉卡托斯的研究纲领方法论看成是一种修正的历史主义学说。在我看来，其关键性的修正是：借助"正面助探法"（active heuristics）和"反面助探法"（negative heuristics），消除不可通约性论点可能造成的相对主义立场，为合理地评价和选择彼此竞争的科学理论提供一组公共标准。依此修改，假设有两个彼此竞争的科学理论 T_1 和 T_2，按研究纲领方法论，原则上[①]可以获得评判 T_2 优于 T_1 的判据（Lakatos，1977，Chapter 1）：① T_2 具有超出 T_1 的经验内容，亦即说，T_2 能够预测 T_1 不能预测的新颖的经验事实；② T_2 能够解释 T_1 已获得的成功，或者说能够包含 T_1 中那些经受住了经验证据检验的内容；③至少有一些 T_2 中超出 T_1 的经验内容得到了实验的验证。

以拉卡托斯的研究纲领方法论为基础，借助溯因推理（abductive reasoning）规则和最佳解释（the best explanation）要求，对其中的"正面助探法"再做适当的修正，便可得到符合溯因–解释程序的科学方法论。其基本程序如下：

（1）寻求似真性的最佳解释是人们接受一个科学假说的根本理由。换言之，我们之所以接受一个科学假说，是因为它能够对相关的疑难问题做出恰当的分析和判断，进而给出似真的最佳解释。

（2）基于溯因推理的似真性解释引导着对相关假说的猜测性沉思。具体地说，针对疑难问题 e，科学家创造性地想象和猜测假说 h 可能是对 e

---

① 我在此之所以说"原则上"，乃是因为拉卡托斯本人对"正面助探法"的论述显得含糊不清，但我认为他的大方向是对的。

的最佳解释，并设法按照经修正的正面助探法做出批判性的调适，以使 h 和 e 之间的关系满足规则（RL－1）和（RL－2）的要求。

（3）符合以上条件的 h 就构成了对 e 的似真性解释。如果针对疑难问题 e，有两个相互竞争的科学假说 h_1 和 h_2，那么更能符合规则（RL－1）和（RL－2）要求的假说（比如说，h_2）就是对 e 的最佳解释，从而也符合上述关于科学理论的三个评价标准。

由此亦可见，批判－创新思维在似真性最佳解释关于科学理论的评价和选择步骤中，也得到了具体运用。

五、批判－创新思维的理论基础和评价标准

据上所论，因为一般科学方法是由科学哲学提供的，所以既然科学方法具有批判－创新思维的特点，那么哲学方法当然也必定具有批判－创新思维的特点。实际上，在以上的讨论中，我已明确展示了三种典型的科学方法论（归纳－确证论、演绎－证伪论、溯因－解释论）的确具有批判－创新思维的特点，同时也尽力显示了科学哲学中三个典型流派所用的哲学方法（概念分析、先验论证、反思平衡）固有批判－创新思维的特点。当然，限于本文主题，这里对于典型的哲学方法，只是以科学哲学主要流派的演变为线索来予以显示的，而没有给出详细的说明。此外，在其他智力探索领域也有特定的批判－创新思维模式。然而，虽然批判－创新思维在不同的智力探索领域都有各自的特色，但每个领域也共享着所有批判－创新思维方式固有的理论基础、基本要求和评判标准。

通常，人们对"批判"一词的理解似乎偏重于其否定性的意义，即查明错误、指出缺点、分析原因、评判影响等。其实，正如康德的"批判哲学"（critical philosophy）所表明的那样，"批判"一词还有肯定性的意义，这就是关注基础、前提、界限，评判正确性、准确性、优越性等。一般说来，"批判思维"（critical thinking）强调的正是提出问题和解决问题的想象、洞察、辨别、分析、判断、推理、协调能力等，以及与此相应的那些基本的原理、规则、程序、技巧等。当然，"创新思维"（creative think-ing）同样也需要这些能力、原理、规则、程序和技巧，但更强调其结果相对于背景知识而言具有新贡献。其实，正是由于两种思维方式具有共同特征和密切关系，所以常被合称为"批判－创新思维"（critical-creative thinking）。

在大学的"科学教育"中，批判－创新思维之类课程的设置始于 20 世纪 70 年代末的美国，随后世界各国相继仿效，而且多数课程由哲学教师承担。据统计，目前美国开设此类课程的大学已占全国大学的 40% 以上。主要有三种不同风格的课程：第一种是具有逻辑风格的课程，第二种是具有修辞风格的课程，第三种是具有交际风格的课程（谷振诣、刘壮虎，2006：17－18）。从哲学史提供的理论基础来看，"亚里士多德的逻辑学思想、修辞学思想，还有苏格拉底与柏拉图对话哲学中的辩证思想，分别成为这三种课程设计的理论依据"（谷振诣、刘壮虎，2006：19）。

关于批判－创新思维，有五个指标具有以下两方面的作用：其一，这些指标是培养批判－创新思维能力在思维品质方面的基本要求；其二，这些指标是判断一个人是否具有批判－创新思维能力的评判标准。具体地说，五个指标的内容如下（谷振诣、刘壮虎，2006：3－13）[①]：

（1）清晰性：思考问题应力求做到层次分明、条理清楚、表达准确。

（2）相关性：思考问题应力求做到具有针对性（避免"牛头不对马嘴"的错误）和逻辑性（注重逻辑关联，而不是诉诸情绪宣泄式的"意气用事"）。

（3）一致性：思考问题应避免自相矛盾，力求做到逻辑方面的融贯和解释方面的协调。

（4）正当性：思考问题应力求做到证据真实可信、推理符合逻辑。

（5）可解释－预见性：一个人的信念应具有可解释性，行动具有可预见性。

以上各条要求的基本关系是：凡列于前面的要求都是后面所列要求的必要条件，而不是充分条件。比如说，可解释－预见性以清晰性、相关性、一致性和正当性为前提，但后四者尚不足以保证一个人的信念具有可解释性，也不足以保证这个人的行动具有可预见性。恰如上述典型科学方法论所表明的那样，"解释和预见的能力同样需要真实可信的理由和强有力的推理来做出保证。寻求对事物成因的最佳解释，并对所做出的解释不断地进行检验和修正，都离不开可靠的证据和符合逻辑的推理。在这方

[①] 这里在表述方面做了一些修改，并以"可解释－预见性"取代了原书中的"实用性"。

面，任何草率的断言和鲁莽的行动都是不可取的"（谷振诣、刘壮虎，2006：12－13）。

　　一言以蔽之，上述五个关于批判－创新思维的基本要求和评判标准，可以简略地统称为"合理性"（rationality）的要求和标准。依我看，最佳解释推理（the inference to the best explanation）是一切批判－创新思维方式满足合理性要求所必须遵循的基本规则。实际上，本文所论归纳－确证、演绎－证伪、溯因－解释三种典型的科学方法，还有科学哲学中三个流派都使用了的概念分析、先验论证、反思平衡三种典型的哲学方法，均可按最佳解释推理模式来予以分析、重构和评判。①

　　　　　　　　　　　　　（原文发表于《哲学研究》2011 年第 1 期）

---

　　① 这是我提出的一个初步设想，详论这一设想将是今后的任务。在前面对"修正的历史主义"的论述中，可以略微看出我对该设想的一点运用。

论科学解释

1998 年，是亨佩尔① （C. G. Hempel） 和欧本海姆② （P. Oppenheim）
合写的名文《解释的逻辑研究》（*Studies in the Logic of Explanation*） 发表
50 周年。自从该文于 1948 年问世以来，科学解释（scientific explanation）
一直是科学哲学领域长久不衰的热门话题。经过半个世纪的努力，关于这
一论题的研究已取得了辉煌的成果，同时也引出了一些诱人的难题。评析
已有的成果，解答遗留的难题，探索新颖的思路，提出合理的新见，乃是
本文的主旨。

一

正是在《解释的逻辑研究》一文中，作者提出了科学解释的恰当性条
件（Hempel and Oppenheim，1948；Hempel，1965：247 – 248）：

（R_1） 受释项（explanandum） 必须是施释项（explanans） 的一个
逻辑后承；
（R_2） 施释项必须包含普遍定律，而且这些定律必须实际满足对
受释项的衍推性要求；
（R_3） 施释项必须具有经验内容；就是说，它至少在原则上必须
能被实验或观察所检验；
（R_4） 构成施释项的语句必须是真的。

前三条表征的是科学解释的恰当性必须满足的逻辑条件，最后一条表
征的则是经验条件。1964 年，亨佩尔在准备重印他和欧本海姆合写的论
文时，加了这样一个注释："要求（R_4） 表征一个可称作正确的或真的解
释的条件。因此，在分析解释论证的逻辑结构时，这个要求可以不予考

---

① 另有译作"亨普尔""亨普耳"等，本书采用现常用译名"亨佩尔"。
② 也有译作"奥本海姆"。

虑。"（Hempel，1965：249）按这一提示，我们发现，关于科学解释逻辑结构的研究，主要由于亨佩尔从 20 世纪 40 年代末到 20 世纪 60 年代中期从事的一系列研究，"覆盖律模型"（the covering-law model）终于驰名当世。

仔细推敲上述科学解释恰当性的逻辑条件，就会发现，亨佩尔和欧本海姆开始关注科学解释问题时的注意力集中在两点上：第一点是施释项中必须含有科学定律；第二点是施释项与受释项之间必须具有衍推关系。历史表明，他们对这两点的思考首先引出了如下结论：在理想的科学解释中，施释项中的定律是全称形式的，施释项与受释项之间的关系是演绎推理的。他们称满足这两个条件的解释模型为"演绎－律则模型"（the deductive-nomological model），简称"D－N 模型"。事实上，上述四个条件就是从 D－N 模型提炼出来的。后来，当亨佩尔把眼光投向施释项中含有统计形式定律的情形时，他发现此时施释项与受释项之间的关系不是演绎的，而是归纳的。于是，他又提出了一种"归纳－统计模型"（the inductive-statistical model），简称"I－S 模型"。最后，在内格尔（E. Nagel）的启发下，亨佩尔终于认识到，即使在施释项含有统计形式的定律时，施释项与受释项之间也可能是演绎相关的，而对应的解释模型便是"演绎－统计模型"（the deductive-statistical model），简称"D－S 模型"。（Hempel，1965：380）根据内格尔的分析，I－S 模型与 D－S 模型的主要区别是：I－S 模型的受释项是关于施释项中统计定律所涉类中一给定个体成员的一个单称陈述，而 D－S 模型的受释项则是与施释项中统计定律密切相关的一类现象的概率陈述。（Nagel，1979：21－23）

在亨佩尔、内格尔等人看来，上述三个模型完整地展示了覆盖律模型的逻辑结构。参照这些解释模型，他们还分别考察了功能解释（functional explanation）、发生学解释（genetic explanation）和因果解释（causal explanation）的特点和作用。不过，由于他们认为这些解释类型均可构述为以上三个模型之一，所以我们不必细述他们对这些解释类型的论说。但是，有两点必须指出：第一，内格尔强调，功能解释和发生学解释都预设了因果作用。（Nagel，1979：24－25）。然而，一方面，内格尔和亨佩尔都认为发生学解释实为 I－S 模型的应用；另一方面，亨佩尔又认为因果解释乃是 D－N 模型的应用。这里的不协调是明摆着的。第二，为什么亨佩尔竟然没有发觉这种不协调呢？原来他认为，虽然发生学解释预设了因果作

用，但其施释项中的定律是统计形式的，而因果解释的特征是其施释项含有全为全称形式的因果定律。后文将会表明，此说难以成立。

亨佩尔自己发现，I–S模型遇到了一个解释的歧义性难题。请看一个故事：莎莉小姑娘染上了链球菌，但服用青霉素后很快就康复了。对此，可按 I–S 模型解释如下：

$$(\mathrm{I-S_1})\ (1)\quad P\ (A\ (x),\ R\ (x)\ \wedge G\ (x))\ =0.95$$

$$(2)\qquad R\ (s)\ \wedge G\ (s)$$

$$\underline{\qquad\qquad\qquad\qquad\qquad}\ (\mathrm{I})$$

$$(3)\qquad A\ (s)$$

其含义为：一个人 x 染上链球菌 R 并服用青霉素 G 以后，康复 A 的概率高达 95%；莎莉 s 染上了链球菌并服用了青霉素；所以，她康复了。式中 (I) 表示施释项 (1) (2) 与受释项 (3) 之间是归纳相关的。

现在改变一下故事情节：莎莉碰巧染上的是对青霉素有抗药性 F 的链球菌，结果服用青霉素以后不见康复。此事可用下式予以解释（为省篇幅，不再释义，因为容易理解）：

$$(\mathrm{I-S_2})\ (1)\quad P\ (\neg A\ (x),\ R\ (x)\ \wedge F\ (x)\ \wedge G\ (x))\ =0.65$$

$$(2)\qquad R\ (s)\ \wedge G\ (s)$$

$$\underline{\qquad\qquad\qquad\qquad\qquad}\ (\mathrm{I})$$

$$(3)\qquad \neg A\ (s)$$

比较 $(\mathrm{I-S_1})$ 和 $(\mathrm{I-S_2})$ 式便知，不管莎莉是否康复，均可按 I–S 模型予以解释。恰如亨佩尔本人所说，"I–S 解释的认知歧义性可表征如下：我们所接受的科学陈述总集 K 包含着不同的陈述子集，这些陈述能被用着刚才所考虑的概率形式论证的前提，并使逻辑上相互矛盾的结论都具有高的概率"（Hempel，1965：396）。

针对这一解释歧义性难题，亨佩尔曾尝试参照卡尔纳普（R. Carnap）所说的"全证据要求"，提出了"最全特征要求"来予以消解。由此得到的关键性断言是：最全特征要求陈述了将 I–S 模型合理地用于 K 的一个必要条件。但是，由于亨佩尔本人很快意识到此路不通，所以在此无须再究细节，应关注的倒是其最终结论："一个解释并不为被解释现象的出现提供证据，而是把它显示为普遍有效的可期望性。"（Hempel，1968）

不过，以上述故事为例，对于截然相反的受释项，只要均可按 I－S 模型予以解释，那么不管以高概率的证据关系，还是以高概率的期望关系来做解释，都无法消除解释的歧义性。究竟怎样才能消除这种歧义性呢？正是对这个要害问题的思索引出了两个新的科学解释模型：一个是以萨尔蒙（W. C. Salmon）为代表的"统计相关模型"（the statictical-relevence model），另一个是以费茨尔（J. H. Fetzer）为代表的"因果相关模型"（the causal-relevance model）。

一

萨尔蒙认为，亨佩尔之所以不能解决统计歧义性难题，是因为他固守认识论立场，而未采取本体论进路。在此，有必要提及"理论方阵"（theory square）的概念：

依据此图，费茨尔指出："一方面，一个关于合律假说（lawful hypothesis）的完备的理论，必须给性质 R 和 A 的本性的本体论问题提供恰当的回答；另一方面，它也必须给这些性质与其结果的经验关系的认识论问题提供恰当的回答。"（Fetzer，1993：24）由此看来，萨尔蒙认为亨佩尔的科学解释理论是不完备的，实际上是因为它只停留在认识论层次（E），而没有进到本体论层次（O）。

根据萨尔蒙的有关论著（Salmon，1970，1977，1984），我把他的基本思想概括为如下几个要点：

第一，分析亨佩尔所谓相对于知识境况 K 的最全特征要求，就会发现它实际上预设了一个"指称类齐一性"（homogeneity of reference class）概念，以确保该类中每个成员对于每个可能结果都跟其余成员一样具有相等

的概率。

萨尔蒙认为，只有把"指称类齐一性"看作一个本体论概念，每个成员对可能结果的同概率才能得到保证。换言之，指称类齐一性实为客观事物性质之间规律性联系的表征，而不仅仅是事物性质在经验或语言中的合律性联系。进一步说，指称类齐一性概念还是客观事物性质统计相关性的表征。明乎此，就容易理解萨尔蒙对科学解释恰当性提出的一个基本要求了：不能把事物在统计上不相关的性质当作解释相关项。反过来说，萨尔蒙认为亨佩尔正是不明此理，才在解释歧义性难题面前束手无策。因此，确立一个客观的指称类齐一性概念，乃是萨尔蒙解决歧义性难题的关键技巧。

第二，萨尔蒙的诀窍在于提出了两条解释相关性标准。一条是肯定性的标准：

（SR_1）仅当 $P(A, R \wedge F) = m$，$P(A, R \wedge \neg F) = n$，而且 $m \neq n$ 时，在指称类 R 中，性质 F 对于性质 A 的出现才是解释上相关的。

另一条是否定性的标准：

（SR_2）如果 $P(A, R \wedge F \wedge G) = P(A, R \wedge F \wedge \neg G) \neq P(A, R \wedge \neg F \wedge G)$，那么在指称类 R 中，性质 F 就把与性质 A 出现没有解释相关的性质 G 筛选出去了。

现在，让我们重温莎莉的故事。解释（$I - S_1$）符合标准（SR_1），这不必多说。但依据标准（SR_1）来解释（SR_2）时，F 应该把 G 筛选出去。可见，亨佩尔之所以陷于解释歧义性难题不能自拔，乃是因为他未找到一个（SR_2）式的筛选原则，以至于让那些本来与受释项无关的因素混进了施释项中。也可以说，亨佩尔实际上根本不理解由（SR_1）式表征的"解释相关性"概念。

第三，根据以上分析，萨尔蒙认为，一个恰当的科学解释应由三部分构成：①由受释项所述的事物的客观性质 A 的出现；②由施释项所陈述的特定指称类 R；③施释项包含的由 R 与若干同 A 出现在统计上相关的性

质 F 所构成的合取类，即 $R \wedge F_1 \wedge F_2 \wedge F_3 \wedge \cdots \wedge F_n$。因此，对 A 出现做出解释，实际上就是把它置于适当的合取类之中。萨尔蒙强调，用 R 和 F_i 的合取来解释 A 的出现，表征的是 R、F_i 和 A 之间的客观齐一性，而不像亨佩尔所设想的那样只是解释者的主观期望。

第四，依萨尔蒙看来，"统计相关模型"这一命名有两点理由：其一，他把施释项与受释项之间的解释相关性称为"统计相关性"，实际上是认为演绎推理不过是概率值为 1 的统计推理之特例而已；其二，就施释项含有的定律而言，他实际上认为全称定律不过是概率值为 1 的统计定律之特例罢了。

第五，由上可知，统计相关模型建立在两个关键原则的基础上：一个是指称类的客观齐一性原则，一个是以此为基础的统计相关性筛选原则。萨尔蒙日益意识到因果作用对筛选原则的制约，而且对此做过一些探讨。但因费茨尔吸取了这方面的成果，并提出了科学解释的因果相关模型，所以在此我们就不再详述萨尔蒙对因果作用的探讨了。

不过，可以追问：为什么萨尔蒙要探讨因果作用与筛选原则的关系呢？参照费茨尔的批评，我们来编一个故事：设想有王、李二位女士，她们在做母亲前都经历了多次流产，但王女士流产的频率要高些。现在问：对两个女士（R）来说，其姓氏（F）与流产（A）之间是否具有统计相关性？奇怪的是，按标准（SR_1），我们竟然会得到肯定的回答。正因如此，费茨尔认为，其实（SR_1）和（SR_2）都难以充当解释相关性的恰当标准，因为它们完全没有表征因果作用对科学解释的影响。（Fetzer，1993：70）事实上，这正是引起萨尔蒙后来考虑因果作用与筛选原则之间关系的原因之一。

费茨尔对萨尔蒙的另外两点批评也值得一提：第一，费茨尔认为萨尔蒙对指称类齐一性概念所做的形式化阐明并不成功，下文将说明理由何在。第二，他认为统计相关模型在直觉上可比与理论上不可比之间造成了紧张关系。也就是说，既然如亨佩尔所说，在世界历史上发生的每一个事件都对应着 $R \wedge F_1 \wedge F_2 \wedge F_3 \wedge \cdots$ 之类的描述，那么就根本不可能以任何一个 F_i 为终点来确保这一描述为真。不仅如此，费茨尔认为，实际上具有客观齐一性的指称类只能是这样：相对于它，任何一种性质 A 出现的概率值要么为 0，要么为 1。（Fetzer，1993：69 – 71）因此，萨尔蒙的解释模型就有点像一种中看不中用的"屠龙术"了。

三

依费茨尔之见，亨佩尔和萨尔蒙功亏一篑的症结出在他们的概率观上，因为他俩都接受了那种极限频率式的概率定义。但费茨尔主张，"概率可被看作机会结构的可能倾向，而不可看作极限频率"（Fetzer，1993：71）。必须注意，这里所谓"倾向"（disposition）一词表征的是"机会结构"（chance setup）或"实验安排"（experimental arrangement）的客观性质，而不是人的主观倾向。此说来自波普尔（K. R. Popper），正如费茨尔所说：

> 波普尔概念的基本观念是不把概率看作长期试验的频率，而看作产生长试频率的倾向。这一区别是根本性的。例如，长试频率是事件序列的性质，而仅当长试序列及其频率存在时，长试概率才能存在。与之相反，产生长试频率的倾向则是已知的"机会结构"（或"实验安排"）等固有条件的性质。如果这些实验条件能够永无止境地重复或试验，那么这些倾向就会使得（或者"导致"或者"引起"）各种试验结果以特定的极限频率出现。（Fetzer，1993：72）

现在有必要澄清几个关键词的含义。费茨尔用"产生"（produce）、"导致"（bring out）和"引起"（cause）这几个词想表达两个重要观点：第一，必须立足于因果作用，才能揭示概率之秘，从而为消除解释的歧义性奠定基础；第二，必须立足于因果作用，才能在理论方阵中的本体论层次上为解释相关性提供本体论根据。至于所谓"倾向"，费茨尔在不同的语境中选用过三个词来予以表达："tendency"表征实验条件的固有性质，"disposition"表征具有因果作用的 tendency，而"propensity"则进一步表征特定指称类中一个成员所具有的 disposition。由此就可明白费茨尔说萨尔蒙未能成功地对指称类齐一性概念给出形式化阐明的理由了，同时也就知道费茨尔采用"因果相关模型"这一命名方式的用意了。

根据费茨尔的有关论述（Fetzer，1974，1981，1993），我把他的主要观点概述如下：

（1）费茨尔认为，像亨佩尔、欧本海姆、内格尔和萨尔蒙那样，仅仅从外延角度看待科学定律是不够的，还须进而从内涵角度进行探讨。据此来看，引进"因果蕴涵"概念可谓费茨尔的关键技巧。若用符号"—$_c$→"表示因果蕴涵，那么它可分为两类：一类可用"—$_{uc}$→"表示，指一种普遍作用的因果倾向；另一类可用"—$_{pc}$→"表示，指一种概率变化的因果倾向。由此，我们可以引出一个结论：无论是全称定律还是统计定律，它们均可表述为全称形式的因果定律：$\forall x$（P（x）—$_{uc}$→Q（x））和$\forall x$（P（x）—$_{pc}$→Q（x））都是$\forall x$（P（x）—$_c$→Q（x））的表现形式。按此，以往所谓全称定律和统计定律的区别就不是多少成员具有特定性质的问题，而是每个成员具有这种性质的普遍作用或概率影响的问题。

（2）因果相关模型有两个关键性的规则。一条是"因果相关性判据"：

（CR_1）仅当有如下因果蕴涵关系：（$R \wedge F$）—$_{Cm}$→A，而（$R \wedge \neg F$）—$_{Cn}$→A，且$m \neq n$时，性质F在参考性质R中才与性质A的出现是因果相关的。

亦即说，只有当条件（$R \wedge F$）产生单例试验性质A的倾向之力不同于（$R \wedge \neg F$）产生A的倾向之力时，F与A才有因果相关性。另一条规则是"严格最全特征要求"：

（CR_2）仅当一个谓词F与受释语句描述的性质A的出现因果相关时，它才能出现在施释项的一个似律语句S的前件中。

容易看出，费茨尔试图用（CR_1）取代亨佩尔和萨尔蒙的解释相关标准，用（CR_2）补充或取代亨佩尔的最全特征要求和萨尔蒙的筛选原则。

（3）以亨佩尔所论科学解释的恰当性条件为参照，费茨尔也提出了一组科学解释的恰当性条件（Fetzer，1993：78）：

（R_1'）受释项必须是施释项的一个演绎推理的或概率推理的结果；

（R_2'）施释项必须至少包含一个似律语句，该语句确实能够满足从施释项演绎地或概率地推出受释项的要求；

（R_3'）对于其似律性的前提说，解释必须满足严格最全特征

要求；

（R₄′）构成解释的全部语句——施释项和受释项——都必须是真的。

同亨佩尔提出的科学解释恰当性条件相比，费茨尔提出的这些条件具有两个特点：第一，这里只提"似律语句"（lawlike sentences），而不提"普遍定律"（universal laws），要求稍有弱化。但是，第二，条件（R₃′）又表明，这里的要求更强，这才是费茨尔模型的显眼之处。

（4）关于科学解释的分类，费茨尔写道："萨尔蒙把演绎解释看作统计解释的一种特殊的极限情形：当指称类 R 中性质 A 的极限频率 = m/n = 1（即 m = n）时，演绎解释就会出现。然而，亨佩尔却把 D－N 解释和 I－S 解释区分为两种不同的类型，不但因为一种是本体论的，而另一种是认识论的，而且因为 D－N 解释可被构述为演绎论证形式，而 I－S 解释却不能这样做。因果相关模型坚持有两种 C－R 解释的观点，两种解释的区别在于其中的定律和形式化所要求的论证的种类不同。"（Fetzer，1993：78－79）这里所说的两种因果相关解释分别是 U－D 模型和 U－P 模型，即"全称－演绎模型"（the universal-deductive model）和"全称－概率模型"（the universal-probabilistic model）。

（5）以解释歧义性的分析为据，应特别注意 U－P 模型能否避免歧义的问题。对此，费茨尔有一段总结性的论述："或许应该强调指出，最全特征的认识论要求与严格最全特征要求相结合，对于演绎论证和概率论证，都能排除任何解释歧义的可能性，这样做就必须把全部解释相关的性质看作恰当的。［例如］如果莎莉已经传染上了对青霉素具有抗药性的链球菌（或者得了艾滋病等），就应该包含在一个恰当的施释项中。因此，相应的定律就决定了普遍有效可期望性的程度，因而结论之真就该被期望得自前提之真。这样，解释与期望之间的联系就建立起来了。"（Fetzer，1993：80）此说是否成立，留待下文评说。

四

上述各派一致同意，科学解释在组成方面有两个必要条件：①构成施释项和受释项的全部陈述均须具有经验内容；②施释项必须至少包含一条定律或似律语句式的概括陈述。由此，对科学定律的判据、类型、检验的研究，便成了科学解释研究必不可少的课题。

有一条著名的判据：一个陈述 L 是一条定律，当且仅当，L 是似律的（lawlike）并且是真的。关于似律概括，古德曼（N. Goodman）提出的两个论题最为人们所称道（Goodman，1947）：

（GT1）一个似律概括就是这样的概括，我们据此发现自己愿意断言虚拟的和反事实的条件句。

（GT2）我们愿意接受这一概括为真，而且在尚未穷尽其实例时设想未知的情形。

按科学哲学界的共识，似律概括和定律必为综合陈述。试问：分析陈述是否能满足古德曼论题的要求？须知，只有能有效地排除分析陈述，古德曼论题才适合于用作似律概括和定律的判据。现用"$—_{S/C}\rightarrow$"表示虚拟的/反事实的蕴涵，尝试把论题（GT1）表达如下：

（GT1 – I）若（1）$\Box \forall x (P(x) \rightarrow Q(x))$，

则（2）$P(a) —_{S/C}\rightarrow Q(a)$。

让我们来看一个典型的分析陈述："所有单身汉都是未婚的。"（S_1）容易看出 S_1 能够满足（GT1 – I）中的要求（1）。再看两个陈述，一个是虚拟条件句："若小王竟然是单身汉，则他就会是未婚的（实际上小王未必是单身）。"（S_2）另一个是反事实条件句："如果小王现在是单身汉，那么他现在就是未婚的（事实上小王现在不是单身汉）。"（S_3）也易看出 S_2 和 S_3 能够满足（GT1 – I）中的要求（2）。不仅如此，S_1 蕴涵 S_2 和 S_3。于是，根据古德曼论题，分析陈述 S_1 竟然可以被视为一个似律概括。可见，论题（GT1）不宜表达为（GT1 – I）。面临这般困境，可有两种选择：一是干脆承认古德曼论题也适用于分析陈述，二是设法使该论题能够排除分析陈述。亨佩尔曾做出第一种选择，我则力主第二种选择。[①] 按我的选

---

① Hempel 的选择参见 Hempel，1965：272。需要说明，亨佩尔后来放弃了这种选择。我的选择受到了费茨尔的启发，参见 Fetzer，1993：29 – 30。但是，费茨尔的思想有点含混，表达也欠周密。

择，论题（GT1）可改述为：

(GT1-2)　若（1）$\forall x\ (P\ (x) \to Q\ (x))$，
　　　　　　则（2）$P\ (a) \xrightarrow{\text{S/C}} Q\ (a)$，
　　　　　　且（3）$\Box \forall x\ (P\ (x) \to Q\ (x))$ 不成立。

这里借助一个限制条件（3），就把分析陈述挡在了似律概括和科学定律的门外。

关于科学定律的分类，我认为既须从外延着手，也须从内涵深化。从外延看，全称定律与统计定律的二分法是合理的。从内涵看，把定律分为因果式定律和关联式定律，最值得关注。依我看，亨佩尔、内格尔和萨尔蒙未抓住客体之间的作用这一因果关系的要害，所以他们所谓的"因果定律"是含混不清的。而费茨尔从实验条件的因果倾向入手探讨科学定律确有新意，但有把全部科学定律统统归入因果式定律的弊端，况且他也未对因果式定律的判据做出清晰的表述。

我愿在此重申我的如下观点："并非每一条自然律都能合理地归入因果律中，只有满足如下两个条件，一条自然律才是因果式的：（1）能恰当地把状态变化 α 和 β 翻译成事件 E_i 和 E_j；（2）能合理地把事件 E_i 和 E_j 解释成由客体 X_i 对 X_j 的作用 $A\ (X_i,\ X_j)$ 所引起的前后相随的两个事件。凡不能同时满足这两个条件的自然律，就不是因果式的自然律，而是关联式的自然律。"（张志林，1996）

至于对定律的检验，亨佩尔、内格尔和萨尔蒙强调"确证"（confirmation），波普尔和费茨尔则强调"证认"（corroboration）。从逻辑上看，确证立足于经验证据对定律的归纳支持，而证认立足于基础陈述之否定与定律的演绎相关。限于篇幅，不再细述，只提示一点：对于任一定律，都可做肯定性的检验和否定性的检验，而且检验既与证据的数量有关，也与证据的重要性有关。

从结构看，任一科学解释都涉及施释项与受释项之间的推理关系。就外延关系而言，亨佩尔、内格尔和费茨尔都承认演绎推理和归纳推理的独立性，但萨尔蒙强调演绎是统计（归纳）的极限特例。其实，在外延逻辑中，这两种推理的区别是明明白白的：演绎是逻辑必然的推理，归纳则不具有逻辑必然性。因此，我认为无须像萨尔蒙那样强用概率统演绎。就内涵关系而论，费茨尔认为演绎和归纳均为因果推理。但在我看来，并非任何解释都可按因果蕴涵予以阐明。比如说，用波义耳定律解释特定气体体积与压力在恒温下的关系时，就不必考虑因果作用。

还有一个问题需要澄清：当施释项含有概率陈述时，解释的推理形式是否一定是归纳的或概率的？我们已知，萨尔蒙和费茨尔对这问题的回答是肯定的，内格尔的回答则是否定的。至于亨佩尔，他开始和欧本海姆一起对此问题做出了肯定的回答，后来又像内格尔那样做了否定的回答。我赞同内格尔和亨佩尔后期的观点。由此看前述要点（4）（见88页），便可发现费茨尔对亨佩尔的评述有两处失实：第一，费茨尔只字不提 D–S 模型，对亨佩尔有欠公允；第二，费茨尔说亨佩尔区分 D–N 模型和 I–S 模型的根据之一在于前者基于本体论而后者基于认识论，这是缺乏根据的。实际上，亨佩尔做出区分的标准在于推理形式和定律形式的不同，而不在本体论与认识论的不同。

综上所述，我主张，对于科学解释的分类，可依两个层次进行：首先在外延层次分类，以揭示科学解释的形式结构；进而在内涵层次分类，着重阐明施释项中定律的含义。用分析哲学惯用的术语来表达，前者类似于"语义上升"，后者类似于"语义下降"。从语义上升看，覆盖律模型具有相当的合理性。但是，亨佩尔、欧本海姆和内格尔对此模型的论述却有三个缺点：第一，"覆盖"一词与条件（R_1）相呼应，开始只是表征 D–N 模型，后来才推广到 I–S 模型和 D–S 模型。于是，一种误解由此而生，即认为 D–N 模型是标准解释，其余两个模型似乎不够完备。第二，在讨论功能解释和发生学解释时，他们或者关心这两种解释能否纳入覆盖律模型，或者大谈这两种解释是否具有独立性，有内涵外延混淆、分类标准不清之嫌。第三，他们一方面认为因果作用与功能解释和发生学解释相关，另一方面又试图把因果解释归入 D–N 模型，却把功能解释和发生学解释归入 I–S 模型。其实，当我们考虑功能解释、发生学解释或因果解释时，已开始步入语义下降之路，其关键在于选择一个恰当的标准，以便对施释项中的定律做出分类。比如说，按上文所述我提出的标准，便可将定律分为因果式的与关联式的两类。含有因果式定律的解释（因果解释）既可以与 D–N 模型相应，也可以与 I–S 模型和 D–S 模型相应。依我看，亨佩尔在因果解释探讨方面的失误，正是在于他不懂得还有后两种情形。

现在来看恼人的解释歧义性难题。由于亨佩尔和萨尔蒙的解难之术已被公认不成功，所以无须在此多费笔墨，而值得关注的倒是这样一个问题：费茨尔的尝试是否成功？我对这个问题的回答有两个要点：首先，诚然，本体论和认识论相结合确能在解释与期望之间建立起联系，但这种联系未必是逻辑必然的，恰如理论方阵中两个层次之间的关系那样。其次，并非任何解释歧义性都可通过察明因果关系而得到消除（比如施释项中不含因果式定律时）。因此，我认为费茨尔试图以因果相关性消除一切解释歧义性，是不可能获得成功的。

当然，解释相关性标准的严格化的确有助于减少解释的歧义性。现在可以写出我规定的两个标准了：

（LR_1）仅当（1）$\forall x ((R(x) \wedge F(x)) \rightarrow A(x))$，且 $\forall x ((R(x) \wedge \neg F(x)) \rightarrow \neg A(x))$

或者（2）$P(A(x), R(x) \wedge F(x)) = m$

$P(A(x), R(x) \wedge \neg F(x)) = n$，且 $m \neq n$

在指称类 R 中，性质 F 与性质 A 的出现才是在解释上相关的。

（LR_2）仅当性质或谓词 F 与受释项中的性质或谓词 A 的出现是在解释上相关的，F 才能出现在施释项的定律或似律概括陈述的前件中。

容易看出，我的解释相关性标准主要是从两类定律（全称式和概率式）立论，这样既能避免萨尔蒙以概率式定律包打天下的弊端，又能避免费茨尔以因果相关性强治科学解释的不足。有了这两个标准，将（R_3'）改成（R_3''），同时保留（R_1'）（R_2'）（R_4'），就得到我认可的科学解释的恰当性条件了，其中（R_3''）是：施释项中定律或似律陈述前件中的谓词必须满足判据（LR_2）的要求。

最后还须指出，因果解释除必须满足上述四个条件外，还有两个要求：第一，施释项中必须至少含有一个因果式的定律或似律陈述；第二，施释项中因果式定律或似律陈述前件中的谓词所对应的事件，必须与受施项中某种性质出现对应的事件具有因果相关性。以满足判据（LR_1）和（LR_2）的 F 和 A 为基础，因果相关性的探讨应该完成三项任务：首先，

找出与 F 和 A 对应的事件 E_F 和 E_A；其次，确认 E_F 发生在 E_A 之前；最后，确认这种先后关系是由特定的作用引起的。从科学解释角度看，从非因果解释逐步深入到因果解释，这是科学进步的一种明显征象。

（为纪念《解释的逻辑研究》发表 50 周年而作，原文发表于《哲学研究》1999 年第 1 期）

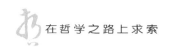

从科学与技术的划界看技术哲学研究纲领

一、从科学与技术的区别看技术哲学

什么是科学？可以说，科学乃是科学共同体采取经验和理性的方法而获得的有关自然界和社会的规律性和系统化的知识体系。什么是技术？可以说，技术也是一种特殊的知识体系，一种由特殊的社会共同体组织起来进行的特殊的社会活动。不过，技术这种知识体系指的是设计、制造、调整、运作和监控各种人工事物与人工过程的知识、方法与技能的体系。有时人们将各种人工制品也列入技术的范畴，这是因为这些人工制品，例如生产的设备和科学的仪器，被看作是物化了的知识或知识的（非语言的）物质的表达。

这样看来，科学与技术至少在目的、对象、语词、逻辑与社会规范上有着基本的区别，要点如下。

1. 科学的目的与技术的目的并不相同

通常来说，科学的目的在于探求真理，力图弄清自然界或现实世界的事实与规律，求得人类知识的增长。技术则要通过设计与制造各种人工物，以达到控制自然、改造世界、增长社会财富、提高人类社会福利的目的。当然，技术工作必须不断掌握和增长自己的技术知识，以及不断熟悉和运用科学的真理。但在技术活动中，知识不是作为目的来看的，而是作为达到设计、制造和控制人工物这个目标的手段来看的。

理解科学与技术在目标上的不同是十分重要的。社会只能要求科学去创造知识，而不必苛求科学家去创造财富。不能用狭隘观点看待科学的经济效益。就以宇宙起源、天体物理和基本粒子的研究来说，它们似乎永远不能为我们生产面包和奶油，但它们对于科学知识的增长来说，比许多物质利益都更有价值。所以，可以对技术进行成本与效益的分析，却不能对科学进行成本与效益的分析。

关于科学与技术在目的上不相同这个基本观念，早在古希腊时代就已确立。亚里士多德明确指出，科学，即研究自然实体和类的普遍性质与原因的知识，是为了自身的原因而存在（for its own sake），而技术，即"关于生产的知识"，其目的却在自身之外（exist for other's）。在亚里士多德那里，科学与技术不但相互区别，而且相互分离，似乎井水不犯河水，彼此没有什么联系。这大概对于古代的科学（自然哲学）与技术的关系来说是合适的，它们后来构成了近代科学和技术产生的学术传统与工匠传统。

但是，16、17世纪近代科学的出现，在相当大的程度上背离了亚里士多德和古代科学与技术的分立传统。从此以后，科学不单依靠思辨，而且依靠干预自然的实验手段和技术；科学也不单依靠亚里士多德所谓的"四因论"，而主要依靠数学的定量方法去认识自然。而技术又逐渐通过运用科学的成果而向前发展。不过，这种联系的加强并没有消除科学与技术的本质区别。

到了19世纪下半叶，欧洲的科技发展情况变得十分清楚。一方面，为了追求真理本身的纯科学，包括数学、物理、化学和生物学，有了极大的发展；另一方面，工程技术依靠科学，也大大发展起来，它形成了化工技术、电气技术、农业技术等，拥有自己独立的知识体系、教育体系以及技术社团，并足以与科学的知识体系、教育体系以及科学社团相抗衡。这些又进一步说明科学与技术是两种目的不同的人类活动形态，必须区分开来。这种区分时至今日也不能予以抹杀，或者说，亚里士多德的学术传统在相当大的程度上依然有效。如果完全否认亚里士多德那种为学术而学术的传统，就无异于对人性的歪曲和对科学精神的扼杀。

2. 科学的研究对象与技术的研究对象并不相同

科学的研究对象是自然界，是客观的独立于人类之外的自然系统，包括自然的物理系统、化学系统、生物系统、社会系统等，它要研究这些系统的结构、性能与规律，理解和解释各种自然现象。而技术的研究对象是人工系统，即被人类加工过的、为人类的目的而制造出来的人工物理系统、人工化学系统、人工生物系统、社会组织系统等。两者在存在的模式、产生与发展的原因以及与人的关系上，有着很大的区别：科学的研究对象是自己运动的、自发发展的和自然选择的，并无有意识的创造者进行设计与实施；而技术的研究对象则是他动的，依靠理性创造者而产生，依靠人工选择而进化发展。

自然物与人工物分属于不同的世界：天然的世界和人工的世界。天然的世界发展到一定阶段产生出精神状态的世界，而精神状态的世界在一定发展阶段上，又产生出人工的世界。而人工的世界一旦产生和发展，它便独立于天然的世界，并反作用于整个天然的自然界，影响甚至可能破坏自然界的生态循环。在讨论当代的科学与技术时，我们需要一个新的"世界3"（人工的世界）的本体论概念。① 科学与技术的研究对象不同，就在于它们分别研究两个不同的世界。

3. 科学与技术在处理问题和回答这些问题时使用的语词方面有很大的区别

赫伯特·西蒙（Hebert A. Simon）在《关于人工事物的科学》（*The Sciences of the Artificial*）一书中指出，"科学处理的问题是：事物是怎样的"（Simon，1981：5），而技术处理的问题，或者说，"工程师及更一般的设计师主要考虑的问题是：事物该怎么做，即为了达到目的和发挥效力，应当怎样做"（Simon，1981：132）。一个明显的例子是，英国某工厂为了解决人造皮革的问题，找来了科学家与工程师。其中的科学家，包括物理学家和化学家，他们关心的问题是知识，比如说，皮革的结构是怎样的？他们大谈天然皮革的三维空间分子结构如何复杂，目前为何不能给出精确描述，所以合成皮革是没有希望的。他们没有考虑人造皮革的目的，以及人造皮革应具有什么功能。可是，工程师和技术家却从不同角度提出问题：为了达到人们用皮革来做什么的目的，我们应该制造出一种什么样的材料，使其起到替代比较短缺的天然皮革的作用与功能。同一种人类的目的，以及为此要求人造物所具有的功能，可以用各种不同的结构来达到。这样考虑问题，就是一种技术思维方式，或者说是一种技术精神的体现。

由于科学和技术所关心的问题不同，因此产生了它们所使用的逻辑和语言有所区别。通常认为，在科学中只出现事实判断，从来不出现价值判

---

① Davis Baird 声言："I argue that Popper's third world should include instrument as well."（Baird，1998：1）波普尔的"世界3"本来是不包含工具作为其内容的（Popper，1972，Chapters 3 & 4）。不过，在他的进化认识论中，在比喻的意义上，可将蜘蛛网、生物器官及其功能列入"世界3"中。Baird 由此推论：作为人类外部器官的工具也应包括于"世界3"中。这一扩展使波普尔的"世界3"更接近于我们所说的"人工的世界"的概念。

断和规范判断；只出现因果解释、概率解释和规律解释，不大出现目的论解释以及与其相关的功能解释。于是，它只使用陈述逻辑。而技术回答问题不仅要使用事实判断，而且还要作价值判断和规范判断；不仅要用因果解释、概率解释和规律解释，而且要出现目的论解释以及与其相关的功能解释。因此，应该发展出一种决策逻辑、规范逻辑和技术解释逻辑，这就是技术哲学所讨论的"技术逻辑"有别于"科学逻辑"的地方。由于问题和回答问题的判断形式以及判断的逻辑有别，在技术中就会出现科学中不出现或很少出现的语词。例如，"目的""计划""设计""实施""机器""部件""装配""效用""耐用性""成本""效益"等等。这些语词都或多或少与人类的目的性概念相关，与科学语词的"价值中立"特征迥然不同。

4. 科学与技术在社会规范上不同

一般说来，科学共同体的基本规范，主要是罗伯特·默顿（Robert K. Merton）总结出来的，即普遍主义（世界主义）、知识公有、无私利与有条理的怀疑主义这四项基本原则（Merton，1973）。可是，这四项基本原则对于技术共同体并不完全适用。科学是无国界的，它的知识是公有的、共享的，属于全人类。可是，技术是有国界的，未经公司或政府的许可是不能输出的。技术的知识，在一定时期内（即在它的专利限期内）是私有的，属于个人或雇主。科学无专利，保密是不道德的；而技术有专利，有知识产权，泄漏技术秘密、侵犯他人的专利与知识产权是不道德的，甚至是违法的。当然，技术共同体与科学共同体也有一些共同的规范，例如怀疑精神与创新精神、竞争性的合作精神、为全人类造福的精神，即科学利益、企业利益与社会利益不能协调时，社会利益优先原则是当代的科学精神和科学规范，也是如今的技术精神和技术规范。

从以上分析可以看出，区别于科学哲学的技术哲学是可能的与必要的。科学哲学是对科学进行哲学的反思，而技术哲学则是对不同于科学的特殊对象，不同于科学的技术概念、判断和推理，不同于科学的技术规范和技术价值体系，进行哲学反思，因而随着人们觉察到技术知识领域应从科学知识领域分离出来，技术哲学从科学哲学中分化出来的时期便到来了。

二、从科学与技术的联系看技术哲学

以上所论科学与技术的划界问题，实际上是从科学与技术的连续统中截取了两极，用二分法来加以分析的。不用多说，这并不意味着在现实世界中我们能够对任何一种科技活动都做出非此即彼的划分：不是科学活动，就是技术活动。其实，科学与技术，科学家与技术家和工程师，本来就是一个交集，是相互区别又相互联系的。不过，值得注意的是，这个交集彼此都不能覆盖对方的核心部分，否则科学与技术便难以区分开来了。所以，在科学与技术的划界问题上，我们采取了张志林提出的"建构型非本质主义"立场。（参见张志林、陈少明，1995，第三章）

科学与技术，这两种相互区别的人类文化活动，时而密切相连，时而分离开来。前面讲到科学与技术在 19 世纪末出现两极分化的趋势。可是，到 20 世纪 40 年代和 50 年代，那些最抽象的理论取得了最实际的应用，如原子弹的爆炸和原子能的开发就是明显的例子。特别是，这时兴起了第二次工业革命，在下列三个方面使科学与技术更加密切地联系起来：①新的工业革命引进了以科学为基础的技术；②新的产业普遍建立起了工业实验室或研究与开发（R&D）实验室；③世界上有各种各样的大公司雇用了大批科学家为技术服务。这时，科学与技术的关系密切到这样的程度，以至于一些科学哲学家和科学社会学家开始建立起科学技术发展的线性模型。换言之，他们将技术仅仅看作是科学的应用或应用科学。他们认为，只要科学问题解决了，在技术上或迟或早总会得到应用，从而推动经济发展。这就是著名的"科学→技术→经济发展的线性模式"①。

与此线性模式相适应的是科技发展战略侧重于基础科学的投资，而忽略技术开发的风险投资。这一线性模式的主要缺点是：

第一，它忽略了现实生活中有许多技术上的发明与创新并不是来自科

---

① 曾任英国皇家学会会长的布拉克（P. M. S. Blackett）明确地提出了这个模型。他说："用一个精简的公式来表示，成功的技术创新可以设想为由下列相关的步骤序列组成：纯科学，应用科学，发明，开发，构造样品，生产，市场销售与赢利。"而曾任美国商业部长的霍洛蒙（J. H. Hollomon）则提出了另一种线性模型，他认为技术创新的序列是"需要，发明，（由政治、社会和经济因素制约的）革新，（由工业的组织特征和刺激决定的）传播与采用"。（转引自 Richards，1985：126）

学的新发现或科学理论的启示，而是来自经验性的或半经验性的发现，以及来自技术知识的积累。这种技术知识往往独立于科学，似乎有它自己的生命。在 X 射线被发现的三天之后，还不知道它是什么东西，在科学上它还是个未知的 X 时，就已经被美国医院用于透视了。大多数的中药，在科学上还没搞清楚它们的成分、结构与机理的情况下，早就用来治病了。这些都属于柯恩瓦奇斯（K. Kornwachs）所说"know how without know why"（Kornwachs，1998：54）的情况，但都不符合线性模式。在这里，我们看出自然科学理论是不是技术知识的核心这个问题本身都是值得研究的，科学是否总是技术的先导这个问题本身也值得怀疑。

第二，线性模式忽略了从发现（包括科学的发现）到技术上实现和经济上可行是一个极为复杂的过程。其中有许多中间的环节，对于技术的目的，即制造人工的事物（人工装置、人工过程和人工状态）以满足人类需要来说，很可能是关键的东西，比起科学发现来说更为重要。实际上，在科技投资中有 70% 的投资用在这里，而不是用于基础科学的探索和科学发现的研究。例如，我国要将人送上月球，所要解决的主要问题就不是科学问题，而是技术问题与经济问题。

到了 20 世纪 90 年代，技术史和技术哲学有了相当的发展，一些技术哲学家不满科技发展的线性模式，提出了科学发展和技术创新的多种模式，特别是非线性模式。限于本文篇幅，这里只讨论沃尔特·文森蒂（Walter A. Vincenti）关于技术开发过程的设计概念和阿利·里普（Arie Rip）关于科学技术发展的双分枝模型（the two-branched model），看看技术哲学是怎样从技术的认识论结构及其发展规律性的研究中成长起来的。如上所说，技术有自己区别于科学的独立性，因而技术活动的过程具有自己独特的范畴。比如说，在技术开发过程中，设计就是一个关键性的独特范畴。

文森蒂在其名著《工程师知道什么和他们怎样知道的》（*What Engineers Know and How They Know It*）中强调指出：常规设计是工程事业的主要部分，如此大量和广泛的活动，倘若没有认识论上的重要性，那将是很反常的。（Vincenti，1990）常规设计有两个基本的概念：

（1）操作原理，它说明"某个装置是怎样工作的"，即"它的特征部分怎样在组合成统一的操作中实现它的特别功能，以达到所追求的目标"。例如，飞机设计的操作原理，就是由燃料推动和空气阻力引起的上升力与这种运载工具的重力之间的平衡原理。

（2）常规型构，它说明"这个装置的形状与组织像什么"，什么样的构型才能最好地实现操作原理。例如，飞机的型构就是前方引擎、尾部方向盘，以及双翼或单翼等等。

作为常规设计的基本概念，"操作原理和常规型构提供了区别于科学知识的工程之最为清晰的实例。这种工程是可分析的，在某种情况下，它甚至是由科学发现所触发的，但这些科学发现绝不包含它，也不描述记录它。波罗尼说'科学的力学知识并不告诉我们机械是什么'。操作原理和常规型构通常是由发明家或工程师的洞察与经验的附加行动导致的"（Kroes & Bakker，1992：20-21）。当然，现代技术是以科学为基础的技术，对操作原理和常规型构，是应该并且可能根据相关的科学原理和科学规律给出解释的。但是，运用科学原理和科学规律对技术原理和技术功能所做的解释，决不符合亨佩尔和欧本海默的 D-N 模型，因为从 "know why" 是不能推出 "know how" 的。因此，必然有区别于科学解释的技术解释的模型、结构与逻辑。事实上，有许多技术哲学家进行过这方面的研究（例如，Kroes，1998；Kornwachs，1998）。文森蒂以及其他技术哲学家关于技术认识论不同于科学认识论、设计知识不同于科学知识、技术解释不同于科学解释之类的论述，可用我们在前面讨论的人工世界不同于天然世界，它们分属于两个世界的观念来加以解释和论证。

由于技术活动有自己的独立历程，因此，我们至少可以将科学发展和技术开发看作是研究过程的两个分支。前面已提及，阿利·里普提出了一种科技双分枝模型。他指出："这里我们将'发现'（finding）作为未被分析的范畴。"由这个源头出发，便可区分出两种不同的活动："①开发（技术开发、过程控制以及反馈等）。②探索。它旨在通过科学研究以增进理解。探索所得到的洞察，有时可以用以协助和改进开发（解难、理性化以及协作）'技术范式的转换'。"（Kroes & Bakker，1992：236）

对于阿利·里普提出科技双分枝模型，可以图示如下：

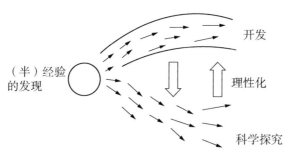

阿利·里普的双分枝科技发展模型

X射线的研究与开发，青霉素的研究与开发，中医药的研究与开发，等等，都大体符合这个模型。阿利·里普在此基础上讨论了科学与技术的协同进化机制，他称之为"科技共舞"。不过，科技共舞是有多种舞姿的，双分枝模型并未概括出共舞的不同花式。我们认为，单从技术这个"舞伴"的活动来看，它与科学共舞至少有四种舞姿：

（1）科学理论导向型：先有基础理论，然后才有应用的研究导致技术的开发。原子弹的研究就是这种形式。量子力学和核物理的研究解决了原子核的结构问题，放射性元素原子核辐射的应用研究解决了铀^{235}发出中子的链式反应问题，随后指导原子弹的技术开发。

（2）社会需要或技术需要导向型：蒸汽机的发明与改进就是这种形式。矿井抽水的需要推动了纽可门蒸汽机的出现，瓦特对纽可门机做了改进，热力学和热功效率的科学研究促成蒸汽机的进一步改进与发展。

（3）现象发现导向型：X射线的发现及其在医学上的应用，青霉素的发现，以及人工合成氨苄西林的技术开发，都属于这种类型。

（4）日常改进型：一些重要的产品，例如汽车、电脑或电视，每年从外观到结构上，都有一些修修改改。这些改进主要由技术自己进化的逻辑导引，可以无须科学的进步来加以促进，只需已有的一些科技知识就够用了。

科技共舞的分析为技术哲学的研究提供了重要课题。它说明技术的发展如同科学的发展一样，有其自身发展的独特内在逻辑，而科学与技术彼此之间又密切关联着。

三、技术哲学的研究纲领

除了关于技术的研究对象与研究方法之类的问题外，技术哲学至少应包含下列六个方面的内容。

1. 技术的定义和本体论问题

技术是人类的一种特殊的活动，还是人类的一种特殊的知识体系，抑或各种人造物的集合？是否可以同时是这三者？技术与自然和社会的关系如何？它是人们的一种工具，还是压倒所有传统与价值的自主的文化力量，抑或是一种并非价值中立的社会建构？我们应该用工具论的观点来看待技术，还是应该用实体论的观点看待它，抑或应该用批判主义的观点看待它？我们是否需要创造一个新的"世界3"的概念来说明技术及其人工事物的本体论地位？这些问题都属于技术的定义和本体论问题的研究内容。

2. 技术认识的程序问题

技术认识的程序可否设想为如下步骤？—— ① 技术问题的提出；② 设计方案的制订，包括设计与蓝图、比例模型、样机产品等等；③ 技术评价与检验；④ 计划、实施与改进。运用技术史来研究技术认识的程序时，我们认为，波普尔的知识增长模式（$P_1 \rightarrow TT \rightarrow EE \rightarrow P_2$）和霍尔（A. D. Hall）的系统工程方法论可供我们参考。我们研究技术认识的程序问题时，特别需要讨论的是：技术问题的产生和分类与科学问题的产生和分类有何异同？讲求功效（effectiveness）的技术评价标准与讲求真理（truth）的科学评价标准有何异同？

3. 技术知识的结构问题

主要研究内容有设计形成的机制，设计与经验和背景科学知识、背景工程知识的关系，设计的检验标准，设计与实施的等级层次，以及技术知识的逻辑推理结构等问题。这里有一个关键问题，就是在技术知识中，从技术客体的功能描述中不能推出其物理结构的科学描述，反之亦然。因此，必定存在一种区别于 D－N 模型和 I－S 模型的"技术的解释逻辑"有待研究。在讨论此类问题时，逻辑经验主义关于科学理论的结构和解释模型的研究可供参考，西蒙在《关于人工事物的科学》中所提出的设计方法论和逻辑也有借鉴价值。特别是近年来彼得·克罗斯（Peter Kroes）提出了技术解释的结构功能模型（Kroes，1998），克劳斯·柯恩瓦奇斯（Klaus Kornwachs）提出了技术推理的形式理论（Kornwachs，1998），使技术知识逻辑结构的研究有了很大进展。我们可以在此基础上向前推进，尝试构建一种技术知识结构论。

4. 常规技术与技术革命

这一课题主要研究常规技术的范式及其转变。例如，技术的操作原理、常规型构，以及技术创新和技术革命的认识机制与规律。在讨论这些问题时，库恩关于科学革命结构的论述，还有拉卡托斯关于科学研究纲领方法论的有关论述，可能都有参考价值。

5. 技术与文化

此项研究特别侧重于考察科学文化与技术文化之间的关系，以及它们是怎样协同进化的。

6. 技术价值论与技术伦理学

这是我国科学哲学和技术哲学研究者讨论较多的问题。我国的许多科学哲学工作者近年来的兴趣中心，从科学认识论和科学逻辑更多地转向了科学伦理学或科学技术伦理学。

就科学哲学理论体系本身来说，科学逻辑和科学认识论已有很多学派做了许多研究，因而有可能使研究重点从学科的核心转移到学科的外围。但是，技术哲学的情况却很不一样。直言之，我们认为，技术哲学的核心问题，当然是技术认识论问题和技术推理的逻辑问题。不过，这个问题目前研究得不多，而这正是如今技术哲学研究的前沿问题。不以这一点为核心的技术哲学，将可能与 STS 的研究融合在一起，而失掉技术哲学的特殊性。

因此，当人们正在热衷于技术伦理学的研究，热衷于人文主义的技术哲学研究，热衷于技术的社会批判研究时，我们却想用自己微弱的声音，发出一种呼唤：就我国的技术哲学研究现状而言，我们认为首先应加强技术知识论和技术逻辑问题的研究，唯此方可在学理上为其他技术哲学问题的研究奠定坚实基础。

（与张华夏合作完成，原文发表于《自然辩证法研究》2001 年第 2 期）

第三部分

实在论与反实在论

真理、逼真性和实在论

在语义学层面，有两个论题对科学哲学的实在论具有典型意义（Harmon，1983；MacKinnon，1979；Leplin，1984）：

　　R1：科学理论的命题具有真值。
　　R2：科学理论的术语具有指称。

据此，我把科学哲学中侧重于研究 R1 的实在论称为"真值实在论"，把侧重于研究 R2 的实在论称为"指称实在论"。由于许多实在论者强调 R2 是 R1 的必要条件（Laudan，1984：120）或 R1 是 R2 的证据（Newton-Smith，1981：43），所以研究科学理论的真理性是两类实在论共同的基本任务之一。鉴于断定科学理论真理性的严重困难，实在论者往往以对逼真性的探讨作为补救之策。

　　本文有选择地分析了一些科学哲学家对真理、逼真性和实在论的探讨。分析结果表明，他们的探讨存在着逻辑上的循环、理论上的不严谨和应用上的困难。因此，本文基本上是批判性的。至于怎样提出建设性的主张，乃是我希望今后从事的一个研究课题。

一、波普尔：科学目的的规定

卡尔·波普尔（Karl R. Popper）曾用三种不同的表述来规定科学的目的（波普尔，1986a：327；1987：42 - 61）：

　　A1：科学的目的是描述和解释实在。
　　A2：科学的目的是追求真理。
　　A3：科学的目的是增加逼真性。

波普尔曾声称："我是个实在论者，其义有二：第一，我相信物理世界的实在性；第二，我相信理论实体的世界是真实的。"（波普尔，1987：

334）在他看来，实在论必须在实在和理论（或事实命题）之间做出分界，并坚持理论和命题是对实在和事实的真实描述和解释。他认为常识的客观性、语言的描述性和科学理论的真理性都蕴涵着实在论观念。就科学而言，他认为"正是寻求符合事实的理论这个规范性理想使科学传统成为一种实在论的传统：它把我们的理论世界和理论所属的事实世界区分开来"（波普尔，1987：301）。他还强调这一分界是实在论的关键，同时也是二值逻辑的本体论基础。（波普尔，1987：316，327）

逻辑被波普尔规定为演绎推理。因此，在论证科学中，逻辑主要用于真理的传递：真理从前提传递到结论；在经验科学中，逻辑主要用于谬误的传递：谬误从结论传递到前提。换言之，逻辑在论证科学中主要体现在证明上，在经验科学中主要体现在证伪上。鉴于此，波普尔强调，在经验科学中必须坚持二值逻辑。（波普尔，1987：316）从真值角度看，二值逻辑有三个特点：每一个命题变项至少在真假二值中取其一；每一个命题变项至多在真假二值中取其一；公式的真值取决于其中变项的真值。R1 实际上就是对这三个特点的简要表述，而且事实上许多真值实在论者都像波普尔那样，信奉二值逻辑，并认为一个命题的真值取决于它是否与事实相符合。

既然真理被规定为对事实或实在的符合，那么 A1 就可等价地转换为 A2。但要解释这样的真理观，就必须分析"实在"和"符合"的意义。事实上，波普尔把真理和实在分别定义为真命题集和真事实集，进而认为真理和实在可相互定义：真理可定义为对实在的符合，实在可定义为对真理的符合。（波普尔，1987：340）于是，关键问题就变成了对"符合"做出合理的规定。

据波普尔自己讲，在 1935 年以前，尽管他坚持真理符合论，但心里忐忑不安，因为他尚不能解答下述两个问题：

Q1：什么是命题符合事实？

Q2：如果不能给出一个普遍的真理标准，我们怎能有效地谈论真理？

在 1935 年接触阿尔弗雷德·塔尔斯基（Alfred Tarski）的真理论之后，波普尔的不安变成了喜悦，因为他认为从塔尔斯基那里找到了解决问题的钥匙。他认为塔尔斯基的真理论表明：Tp1——真理概念可用毋庸置疑的逻辑词项来定义，因而在逻辑上是合法的；Tp2——在任何特定的语言中，真理概念可用于每个封闭的命题，因而不是空洞的；Tp3——虽然从真命题衍推出的每个命题都可证明为真，但真理无须普遍标准；Tp4——真命题集是一个演绎系统；Tp5——只要所论语言足够丰富，它所形成的演绎系统就是不可决定的。（波普尔，1987：333）波普尔认为塔尔斯基在达到 Tp1 和 Tp2 的过程中所用的技巧为解决问题 Q1 提供了思路。依波普尔看，塔尔斯基的真理论表明，为了能够有效地谈论命题符合事实，我们需要满足三个最低要求的"语义学的元语言"：①为了谈论命题，必须有命题名称（引语名称或摹状名称）。这表明真理符合论须用元语言来阐述。②要使谈论命题符合事实，须能以元语言来描述那些用对象语言所描述的事实。这表明元语言中须有对象语言命题的翻译句。③须有表示上述两类基本表述句的谓词和关系的术语，如"符合事实"和"符合事实当且仅当"。在满足这三个要求的元语言中，就可把塔尔斯基规约 - T（Convention-T）中"是真的"换成"符合事实"，从而提出真理符合论的断语模式：S 符合事实当且仅当 P。其中，S 满足要求①，P 满足要求②，而"符合当且仅当"这一表达式满足要求③。（波普尔，1987：335 - 337）由此，波普尔宣称："我认为，塔尔斯基的最大成就，以及他对经验科学哲学理论的真正意义，是重建了关于绝对真理和客观真理的符合论，这种真理论说明我们可以随意地把直观的真理观念作为同事实的符合来运用。"（波普尔，1986a：319 - 320）

波普尔认为 Tp3 和 Tp5 足以消除 Q2 所表达的疑虑。就是说，我们可以有效地谈论真理，而不受无普遍真理标准的影响。他指出："一个真理标准意味着一种作出决定的方法：它通过一个有穷序列的步骤（如检验），一般地或至少在某类特定情况下，导致对所论陈述的真假做出决断。"（Schlipp，1974：1105）一个科学理论总是包含着全称命题，这表明它涉及对无限域的量化，因而我们不能通过有穷步骤对无穷基础命题的真值做出决断。波普尔否认有普遍标准来保证我们对观察陈述的真值做出决断。他反观察 - 理论分界以及反归纳的立场使得他进而否认观察陈述的特优地位，而强调基本陈述（有关某有限域的单称存在性论断及其合取式）对检验理论的特殊作用。在波普尔看来，如果一个理论是科学的，那么它就必须具有经验内容，就必须禁止用基本陈述表达某种东西，因为基本陈述构成了科学理论的潜在证伪类。这就是波普尔强调证伪表征了理论与实在的接触点之理由。基本陈述还有这样的优点：我们不能期望依靠普遍标准来断定拥有真理，却能根据基本陈述对理论的检验来比较不同理论经验内容的多少和逼真性（verisimilitude）的大小。因此，波普尔认为 A3 比 A2 更准确地表述了科学的目的。（波普尔，1987：372）

波普尔说他的逼真性概念来源于这一事实：塔尔斯基曾谈及演绎系统的大小（波普尔，1987：342）。的确，波普尔的逼真性概念是塔尔斯基的真理概念和演绎系统概念的某种结合物。根据波普尔的观点，一个科学理论 T 的内容 $C(T)$ 可定义为 T 的全部后承集，其中如果真假后承集可分别表示为 q_t 和 q_f，则 T 的真内容为 $C_t(T) = C(T) \cap q_t$，T 的假内容为 $C_f(T) = C(T) \cap q_f$。于是，T 的逼真性就可定义为：

$$V(T) = C_t(T) - C_f(T)$$

由于波普尔引进逼真性概念的主旨在于允许我们对两个理论（尤其是其真值为假的理论）进行比较、评价和选择，所以重要的是如下所述的相对逼真性定义（波普尔，1987：55）：设理论 T_1 和 T_2 是可比的，即 $C(T_1) \leqslant C(T_2)$ 或 $C(T_2) \leqslant C(T_1)$。于是，有：

$V(T_1) < V(T_2)$，当且仅当
（a）$C_t(T_1) < C_t(T_2)$ 且 $C_f(T_2) \leqslant C_f(T_1)$
或 （b）$C_t(T_1) \leqslant C_t(T_2)$ 且 $C_f(T_2) < C_f(T_1)$

波普尔曾列出六条判据来说明这一定义的应用，以表明 T_2 比 T_1 具有更大的逼真性或更符合实在（波普尔，1986a：332）。其中关键是 T_2 比 T_1 具有更多的经验内容。正因如此，波普尔强调证认度（the degree of corroboration）是逼真性的主要指标。

二、牛顿－史密斯：实在论和逼真性的重新规定

为了消除理论不完全由资料确定给实在论造成的困难，牛顿－史密斯（W. H. Newton-Smith）用四个论题来规定实在论的原则（Newton-Smith，1981：43）：

N1：科学理论的命题具有真值，并且是根据世界怎样独立于理论而决定的。

N2：科学理论为真或似真的证据是保证理论为真或似真所必须存在的实体存在的逻辑根据。

N3：原则上可能有好的理由认为两个竞争的理论中有一个可能是更似真的。

N4：历史上出现的科学理论序列就是越来越逼真的理论序列。

可见，N1 实际上是对 R1 的重述，N2 以较弱的方式断言 R1 和 R2 有逻辑关联。对此，牛顿－史密斯相信他的见解和波普尔的基本一致（Newton-Smith，1981：46），但他认为波普尔的强演绎主义立场和逼真性概念却使他的实在论观点不能满足 N3 和 N4 所陈述的要求（Newton-Smith，1981：47，70）。因此，除了为归纳作实用辩护外，牛顿－史密斯还为自己确定了发展真值实在论的两个彼此相关的任务：重新规定逼真性概念，并据此分析在理论比较、评价和选择中判别逼真性的主要指标。

米勒（D. Miller）、蒂奇（P. Tichy）等人的分析表明，波普尔的逼真性定义不能达到他自己预期的目的：对两个为假的理论的经验内容进行比较。（Miller，1974，Tichy，1974）设 T_1 和 T_2 是两个可比的其真值为假的理论，则可做如下简要的证明：

（1）令 $p \in C_f(T_1)$ 且 $q \in C_f(T_2)$，则 $p \vee q$ 是假的，$(p \vee q) \in C(T_1)$ 且 $(p \vee q) \in C(T_2)$。

（2）取上述波普尔相对逼真性定义中的条件（a），并且令 $r \in C_t(T_2)$ 且 $r \notin C_t(T_1)$，则
$(r \wedge (p \vee q)) \in C_f(T_2)$。如果 $(r \wedge (p \vee q)) \in C_f(T_1)$，则 $r \in C_f(T_1)$。但 r 为真，所以 $(r \wedge (p \vee q)) \notin C_f(T_1)$，这就不能满足 $C_f(T_2) \leqslant C_f(T_1)$，因而与条件（a）相矛盾。

（3）取上述波普尔相对逼真性定义中的条件（b），并且令 $S \in C_f(T_1)$ 且 $S \notin C_f(T_2)$，
则 $(S \vee \neg (p \vee q)) \in C_t(T_1)$，于是 $(p \vee q) \to S \in C_t(T_1)$。如果 $(p \vee q) \to S \in C_t(T_2)$，那么 $S \in C_f(T_2)$。但是，$S \notin C_f(T_2)$，所以 $(p \vee q) \to S \notin C_t(T_2)$，这就不能满足 $C_t(T_1) \leqslant C_t(T_2)$，因而

与条件（b）相矛盾。

（4）结论：任何两个假的理论，按波普尔的相对逼真性定义，都是不可比的。即无法满足 $C_t(T_1) < C_t(T_2)$ 且 $C_f(T_2) \leqslant C_f(T_1)$ 或 $C_t(T_1) \leqslant C_t(T_2)$ 且 $C_f(T_2) < C_f(T_1)$ 的要求，因而也无法对 $V(T_1) < V(T_2)$ 做出判定。因此，波普尔的实在论观点难以满足 N3 和 N4 的要求。

实际上，这也是牛顿 – 史密斯要重新规定逼真性概念的重要原因之一。他给出的逼真性概念是通过规定理论的相对内容和相对真理来重新加以定义的（Newton-Smith, 1981：198f）。现在令 T_1 和 T_2 是两个一阶递归可公理化的科学理论，并假设它们具有同样的词汇，或一个理论的词汇包含另一个理论的词汇。为了着重考察理论的经验内容，对 T_1 和 T_2 中的逻辑真命题不予考虑。又令 t_1 和 t_2 分别为 T_1 和 T_2 后承的可枚举系列，并假定：如果公式 A 出现在这样的序列中，则不考虑 A 之后的逻辑等值式。于是，只要 T_2 比 T_1 决定了更多的命题，或 T_2 包含的命题 P 或 $\neg P$ 比 T_1 包含的多，我们就说 T_2 比 T_1 具有更多的经验内容。现设 t_1 中有的项可由 T_2 决定，则对 t_1 中的任何项数 n，存在着一个真 – 假命题数的比率。再令 r_1 表示该比率的无穷系列。同样，设 t_2 中有的项可由 T_1 决定，则可得相应的比率系列 r_2。现在就可以通过考察符合项之间的差值来比较 r_1 和 r_2 了。对于充分大的 n，如果该差的绝对值趋向于小而稳定，则 T_1 和 T_2 的经验内容大体相等；如果 r_1 的项趋向于比 r_2 的符合项大，则 T_2 比 T_1 具有更多的经验内容。因此，牛顿 – 史密斯主张，对于充分大的 n，如果 r_1 和 r_2 的符合比率差值趋向于稳定，那么就可以断定其值表征了对 T_1 和 T_2 经验内容差别的测量。（Newton-Smith, 1981：203）

牛顿 – 史密斯进一步把真理比率系列定义为第 n 项给出的 t_1 中前 n 项的真命题数与 t_2 中前 n 项的真命题数的比率系列。例如，如果 t_1^1、t_1^2、t_1^3 是真的，t_1^4、t_1^5 是假的，而且 t_2^1、t_2^2、t_2^3、t_2^5 是真的，但 t_2^4 是假的，那么第 5 项的真理比率是 3/4。为了避免超验的真理预设（Newton-Smith, 1981：53 – 54），牛顿 – 史密斯以另一理论 T_3（比如说科学中某个流行的理论）为参照来定义 T_1 和 T_2 的相对真理性："相对于 T_3，T_2 比 T_1 具有更多的真理，当且仅当，给定 T_1 的真理与以 T_3 为参照所断言的 T_2 的真理的比率的无穷序列的极限小于 1，并且这一极限不受合理的位置选择所影响。"

（Newton-Smith，1981：204）现在可以提出相对逼真性的定义了（同上）：

> T_2 比 T_1 具有更大的逼真性，当且仅当同时满足：（1）T_2 的相对内容大于或等于 T_1 的相对内容；（2）相对于 T_3，T_2 比 T_1 具有更多的真理。

牛顿-史密斯认为，"由此定义可知，如果一个理论比另一个理论具有较大的逼真性，它就可能具有较大的观察上的成功。因为 T_2 的较多的相对真理意味着 T_2 的任何随机后承比 T_1 的任何随机后承更可能是真的"（Newton-Smith，1981：205）。因此，他强调逼真性与观察上的成功之间的蕴涵关系：前者蕴涵后者。换言之，牛顿-史密斯认为从他的逼真性定义可以衍推出两个论点："（1）T_2 在观察上把 T_1 纳入自身之中。（2）T_2 展示了超过 T_1 的内容增强了预测上的成功。"（Newton-Smith，1981：207）因此，在把逼真性概念用于对科学理论的比较、评价和选择时，牛顿-史密斯不像波普尔那样关注对理论过去状况的检验（证认或长期抵抗住了证伪），而把目光更多地转向关注理论预测未来的能力。就是说，一个科学理论在预测上的成功取代了它在检验上的成功，而成为判别其逼真性的主要指征。（Newton-Smith，1981：226）牛顿-史密斯认为他对逼真性概念的这种解释，加上他对归纳方法的实用辩护，就能使他的实在论满足 N3 和 N4 的要求。

三、欧迪、蒂奇和尼尼洛托：可能世界构架中的逼真性

这条探索途径主要是在坚持 R1 的前提下力图在测量方面来发展 N4。探讨的立足点是拓展波普尔关于理论与实在或命题与事实之间的分界，而主张在概念化的世界与现实世界之间做出区分。因此，科学理论被视为一种概念化的世界，它所描述的实在世界基本状态的每一种组合被定义为一个可能世界，由此又从一个不同于牛顿-史密斯的角度，企图消除理论不完全由资料决定给实在论造成的困难。

按大卫·刘易斯（David Lewis）的实在论定义，可能世界就是由"事物可能具有的存在方式"的实体所组成的世界（Lewis，1973：85）。他强调，这些独立于语言的抽象实体就像现实世界中的实体一样，是客观存在的。他认为，"我们的现实世界是诸多世界之一。我们之所以只把这个世

界称为现实世界，并不是因为它在性质上不同于所有其他世界，只是因为它是我们所居住的世界"（Lewis，1973：184）。如果一个科学理论从所有的可能世界集中挑选出来的一个子集碰巧是现实世界，它就被定义为真的，否则就被定义为假的。但是，一个假的理论也包含着真理，其多少取决于所体现出来的可能世界与现实世界之间的距离。用欧迪（G. Oddie）所举的一个例子来说（Oddie，1986），设宇宙中只有炎热（h）、下雨（r）、刮风（w）三种基本状态，按真值组合，就有几个可能世界：W_1（TTT）［现实世界］，W_2（TTF），W_3（TFT），W_4（TFF），W_5（FTT），W_6（FTF），W_7（FFT），W_8（FFF）。蒂奇和欧迪规定：一个命题的逼真性由它挑选出来的可能世界与现实世界之间的平均距离来测量（Tichy，1976，Oddie，1986）。例如，命题（$h \wedge \neg r$）挑选出来的可能世界 W_3 和 W_4 与现实世界 W_1 之间的平均距离就是对该命题逼真性的量度：

$$V(h \wedge \neg r) = 1/2\left[(3/3 - 2/3) + (3/3 - 1/3)\right] = 0.5$$

一般地说，命题的逼真性是宇宙中基本状态的函项。蒂奇和欧迪所列出的下述表格就揭示了这种观点：

	$V(h)$	$V(\neg h)$	$V(\neg h \wedge r)$	$V(h \vee r)$	$V(h \vee \neg r)$	$V(\neg h \wedge \neg r)$
$n = 2$	0.25	0.75	0.5	0.5	0.5	0.5
$n = 3$	0.33	0.67	0.5	0.39	0.5	0.5
$n = 4$	0.375	0.625	0.5	0.41	0.5	0.5
$n = 5$	0.4	0.6	0.5	0.433	0.5	0.5
…						

尼尼洛托（I. Niiniluoto）曾以可能世界的全部真理 $S*$ 为参照，定义了一个理论 T 的逼真性 $V(T, S*)$。（Niiniluoto，1984）现在令 $D(T, S)$ 表示 T 与 $S*$ 之间的距离函数，则有：$V(T, S*) = 1 - D(T, S)$。据此，如果理论 T_1 和 T_2 是两个可比的理论，并且 T_2 比 T_1 在逻辑上更强，那么 $V(T_1, S*) < V(T_2, S*)$。于是，N4 可重述为：

N4′：当 $i = 1, 2, 3, \cdots$ 时，$V(T_i, S*) \rightarrow 1$。

为了克服通常无法确知 $S*$ 的困难（这与波普尔否认存在着普遍真理标准的基本精神相一致），尼尼洛托又以证据为参照，提出了估计逼真性的定义：$V(T/e) = \sum P(C_i/e)M(T,C_i)$。（Niiniluoto，1984）其中，$P(C_i/e)$ 表示命题 C_i 对证据 e 的归纳概率，$M(T,C_i)$ 表示理论 T 与 C_i 之间的距离函数。因此，估计逼真性在无须知道 $S*$ 的情况下，为判定理论的相对逼真性提供了一种判据：如果 $V(T_1/e) < V(T_2/e)$，那么 $V(T_1,S*) < V(T_2,S*)$。于是，N4 又可改述为：

N4″：当 $i = 1,2,3,\cdots$ 时，$V(T_i/e) \to 1$。

上述两个表达 N4 的逼近式实际上在可能世界构架内，为真理符合论做了一种极限式的规定。也就是说，理论对实在的符合在此体现为理论序列收敛的极限。尼尼洛托后来又用极大值－极小值函数来作为对距离函数的改进（Niiniluoto，1987）。由于其基本精神和度量结果与上述欧迪和蒂奇的观点没有实质性的区别，所以在此就不再赘述了。

四、哈瑞、阿伦森和韦：有序自然类构架中的实在论、逼真性和真理（指称实在论）

罗姆·哈瑞（Rom Harré）曾用三个论题来规定实在论的基本原则（Harré，1985：99）：

H1：有些科学理论的术语指称假设的实体。
H2：有些假设的实体是存在的候选者。
H3：有些存在的候选者是存在的。

我们发现，这三个递进式的论题以极弱的方式重述了 R2，而不涉及R1。事实上，哈瑞等指称实在论者曾批判二值逻辑，甚至主张把"真理"主要作为道德宣传的词汇来加以使用（Harré，1986）。可是，最近哈瑞在与我的讨论中说，他的观点已经发生了变化，主要是他现在认识到了"真理"和"逼真性"概念对实在论的必要性，并坚持指称实在论应该以自然的方式对这两个概念做出新的规定。

上述几个真值实在论者有一个共同点：他们都把特定的科学理论构述为可公理化的命题集。在此框架内，逼真性的比较就被限制在真假命题集中了。哈瑞、阿伦森（J. Aronson）、韦（E. Way）等指称实在论者则主张把科学理论构述为对自然类及其有序结构的表征。这样，逼真性便体现为模型与模型之间和模型与世界之间的相似关系。

为了说明科学理论的内容只能通过指称自然类系统才能得到恰当的说明，他们吸收了人工智能研究中有关类型等级的观点。根据人工智能的研究成果，一个类型等级是有关概念的一个语义网，其中网节间的关联表示超类型、类型和子类型之间的关系。一个类型等级中某一类型与子类型之间具有传递性和可转移性。例如，哺乳动物是一个等级类型，鲸、狗、象等是其子类型，而巨头鲸和座头鲸又是鲸的子类型。因为狗是哺乳动物的子类型，而哺乳动物有给后代喂奶的特性，所以狗要给后代喂奶。同样，因为巨头鲸是鲸的子类型，鲸又是哺乳动物的子类型，所以巨头鲸和哺乳动物处于同一类型等级，属于同一自然类。受此启发，哈瑞等人认为判别一个断言的逼真性，关键是看它的谓词表达式从一个等级类型中挑选出什么样的超类型来。

哈瑞等人还吸收了认知科学的研究成果来说明模型与模型之间或模型与世界之间的相似性。他们把相似性分为三类：类型相似性、属性相似性、数量相似性。可用哈瑞在和我的讨论中举的一个例子来说明：一个盒子里装有一支重 2 盎司的红钢笔，现有两个猜测性的断言，即①盒子里有一支重 2.5 盎司的蓝钢笔，以及②盒子里有一支重 2 盎司的红香蕉。根据哈瑞的观点，断言①比②具有更大的逼真性，尽管它在颜色和重量方面猜错了。用模型术语来表达，可以说，由于断言①所代表的模型在类型上比断言②所代表的模型更相似于目标客体，所以①比②具有更大的逼真性。

特雷斯基（A. Tversky）曾经提出过一个测量相似性的公式（Tversky, 1977）：

$$S(a,b) = Of(AB) - f(A - B) - f(B - A)$$

这个公式表明，类型 a、b 间的相似性是它们共有特性和差异特性的函数。哈瑞等人认为，公式中的函数参数 O，以及特性参数 A 和 B，可通过经验步骤加以确定，因而此公式为逼真性的经验研究提供了线索。现设

a 表示某个断言者从一个自然类类型等级中挑选出来的客体或事态类型，b 表示实际的客体或事态类型。根据哈瑞等人的观点，我们就有了一个新的真理定义：a 是真的当且仅当 $S(a,b) = S(b,a)$。也就是说，当某个模型指称的客体或事态类型等同于断言者在类型等级中挑选出来的客体或事态类型时，这个模型就做出了一个真的断言。因此，哈瑞等人在有序自然类框架内，对真理是逼真性的极限这一主张做出了新的解释。

我们看到，哈瑞、阿伦森和韦所做分析中的初始概念是自然类及其有序结构，他们认为这才是实在论的立论根据，因为它似乎可以为指称、真理、逼真性这些实在论的核心概念奠定本体论基础。正是在此意义上，他们强调应该用基于自然类的实在论来定义真理概念，而不该像真值实在论者那样舍本逐末，用真理概念来定义实在论。（Harré，1986：108f）

五、对上述实在论者的几点批判

尽管波普尔声称他对定义不感兴趣，但不能否认这一事实：当他主张真理和实在可相互定义时，他确实在逻辑上犯了循环定义的错误。相比之下，哈瑞等人通过自然类来定义实在论，然后通过自然类的有关相似性来定义逼真性，最后用逼真性的极限来定义真理，就避免了循环定义的错误。可是，哈瑞一方面通过 H1、H2 和 H3 来规定实在论并批判二值逻辑，另一方面又主张真理概念对实在论是必不可少的，这就造成了一个逻辑矛盾。我在同哈瑞的讨论中曾向他指出这一点。他承认这一缺陷，并尝试提出如下较为弱化的主张来加以纠正：实在论应该能够容纳真理概念（而上述他和同仁们对真理和逼真性概念的重新界定正是这种尝试的结果）。

我们已知，波普尔真理论的立足点是塔尔斯基的真理语义学。波普尔断言塔尔斯基的真理语义学实质上就是真理符合论。诚然，塔尔斯基本人曾声称他的真理定义使真理符合论变得更加清楚了（Tarski，1956：155）。但与此矛盾的是，他又强调真理概念的中立性，并说朴素实在论者、批判实在论者、观念论者、经验论者都可以接受他的真理概念，而不必改变自己的立场（Tarski，1949：71）。这一事实至少表明波普尔的断言并未从塔尔斯基那里得到强有力的支持。从理论上说，真理符合论要运用规约 – T，就必须把其中"当且仅当"的左边解释为语言事项（如语句），而把右边解释为实在事项（如事实）。但是，波普尔所分析的语义学元语言中的三个条件均属语言事项，因而并未如他所期望的那样表征了真理符合论。其实，塔尔斯基的规约－T规定了在特定语言中谈论"是真的"这一表达式的恰当性条件，甚至真理冗余论者的断言"（∀P）（P是真的，当且仅当P)"也能满足规约－T。（Haack，1976）波普尔认为，根据元语言的条件，可把规约－T中"是真的"换成"符合事实"。但是，正如苏珊·哈克（Susan Haack）所说："塔尔斯基的理论不仅包容综合真理，而且包容分析真理。可是，假定分析真理在于'符合事实'确实不如假定综合真理符合事实那样看起来更合乎情理。"（Haack，1976）因此，波普尔对真理符合论的解释在理论上是不严谨的。

真值实在论者的逼真性概念无一例外地会受到无限性的困扰。因为从逻辑上看，任一假命题具有同样数量的真后承和假后承，所以如上已证明的那样，波普尔的逼真性定义不能有效地用于对两个假命题进行比较。如欧迪所说，人们可以通过多种方式重建两个理论真－假比率的无穷序列，使其不符合牛顿－史密斯的相对逼真性定义（Oddie，1986）。然而，不幸的是，欧迪等人在可能世界构架中提出的逼真性定义也面临着类似的困难，因为他们的逼真性量度过分依赖宇宙中的基本状态数，而从理论上讲，设想宇宙中有无限多的基本状态是与他们的可能世界构想相容的。

哈瑞等指称实在论者认为上述困难的症结在于真值实在论者把科学理论规定为命题集，因为命题的无穷后承必然导致无限性困难。我们已知，哈瑞等人建议把科学理论规定为自然类有序结构的模型簇。值得一提的是，哈瑞曾借助质料类比和行为类比的平衡来说明这一理论观（Harré，1986：205f）。他认为，理论发展从根本上说是对未知过程类比物的揭示。实际上，这一理论观隐含着一个先验的预设：可能经验的领域与不能经验的领域必定存在着经验领域客体或事态的类似物。从前面的论述可知，这一未得合理说明的预设，实际上也是指称实在论者定义逼真性概念的基础（尤其是类似物在类型上的相似性）。指称实在论者的逼真性概念不仅在理论上有这一基本性的缺陷，而且在实践上也有困难。他们所谓的"类型相似"和真值实在论者的"相对内容"一样，在实用上是难以确定的。例如，电子在类型上更相似于波还是粒子，就是一个难以确定的问题。

真值实在论者往往认为真理或逼真性概念是科学理论在解释上的成功（如尼尼洛托）、检验上的成功（如波普尔）或预测上的成功（如牛顿－史密斯）的逻辑解释项。可是，燃素学说、以太学说、光的波动说和微粒说等理论曾被认为在解释、检验或预测上是高度成功的。如果我们承认这样的历史事实，就难以按真值实在论者的观点对此做出合理的说明。进一步说，因为"燃素"和"以太"都是无指称的术语，所以指称实在论者也不能期望通过理论术语的真实指称来合理地说明科学理论在解释、检验或预测上的成功。因此，看来 R1 和 R2 不能像众多实在论者宣称的那样，有资格充当科学成功的合理的（甚至是唯一的）解释性假说。

［原文发表于《自然辩证法通讯》1993 年第 5 期，获第二届金岳霖学术奖（1995 年）。牛津大学 Rom Harré 先生两次与我讨论本文内容，并提供资料讯息，谨此致谢！］

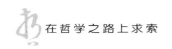

真值实在论及其困难

一、真值实在论的界定

任何实在论都是关于特定题材的，如关于数学命题的实在论（数学实在论），关于道德判断的实在论（道德实在论），关于语言表达式的实在论（语言实在论），关于科学理论的实在论（科学实在论），等等。本文所论及的实在论是关于科学理论的。

从语义学表述来看，科学实在论有两个核心论点（Harmon，1983）：

R1：科学理论的命题具有真值。
R2：科学理论的术语具有指称。

一般来说，科学实在论者还认为有这样一个蕴涵关系：R1→R2。按牛顿－史密斯（W. H. Newton-Smith）的表述，还可列出另一论点（Newton-Smith，1981：43）：

R3：在科学理论中，一个命题为真是其中术语指称实体存在的逻辑根据。

由此，我把那些坚持认为论点 R1 是科学实在论最基本原则的实在论者称为"真值实在论者"，而把那些认为只需用 R2 而无须用 R1 来刻画科学理论的实在论者称为"指称实在论者"。在真值实在论中，外在论者坚持从命题符合事实的角度对 R1 做出诠释，而内在论者则认为应从有根据的可断定性或可辨明性角度来诠释 R1。

真值实在论者还认为 R1 和 R2 是合理地解释科学成功的根据。他们认为，如果放弃 R1 和 R2，那么科学成功就会是令人困惑的或令人惊奇的。（Putnam，1978：20－22；Newton-Smith，1981：226－227）反过来说，他们实际上主张反实在论者拉里·劳丹（Larry Laudan）所概括的这样一个论点（Laudan，1984：107）：

　　R4：科学成功是科学理论的命题具有真理性和科学术语具有指称的经验证据。

　　对这一论点，真值实在论者基本上未做详细论证，而几乎只是作为一个公设认定下来。因此，本文有选择性地分析了外在真值实在论者波普尔（Karl R. Popper）和牛顿 – 史密斯，以及内在真值实在论者塞拉斯（Wilfrid Sellars）和帕特南（Hilary Putnam）关于 R1、R2 和 R3 的观点。分析结果表明，真值实在论在逻辑上、理论上和实践上都存在严重的困难。

二、外在真值实在论举要

　　根据牛顿 – 史密斯的表述，外在真值实在论主要坚持如下四个论点（Newton-Smith，1981：43）：

　　ER1：科学理论的命题具有真值，并且是根据世界是怎样独立于理论而决定的。
　　ER2：科学理论为真或似真的证据是保证理论为真或似真所必须存在的实体存在的逻辑根据。
　　ER3：原则上可能有好的理由认为两个竞争的理论中有一个可能是更似真的。
　　ER4：历史上出现的科学理论序列就是越来越逼真的理论序列。

　　可见，论点 ER1 实际上在经典二值逻辑框架内对 R1 作了真理符合论的诠释。从真值角度看，经典二值逻辑的基本原则是：每一个命题变项至少且至多在真假二值中取其一，而且每一公式的真值完全取决于其中命题变项的真值。波普尔认为二值原则是科学实在论的逻辑基础。他把逻辑规定为演绎推理。因此，他认为，逻辑在论证科学中主要体现在证明上（传递真理），在经验科学中则主要体现在证伪上（传递谬误）。尽管牛顿 – 史密斯不像波普尔那样否认归纳逻辑，但仍像波普尔一样坚持把 R1 纳入二值逻辑框架之内。
　　对 R1 的符合论诠释涉及"符合"及"实在"的意义问题。波普尔将真理和实在分别定义为真命题集和真事实集，进而认为真理可定义为对实在的符合，而实在又可定义为对真理的符合（波普尔，1987：340）。由此，只要弄清了命题符合实在的意义，真理和实在的意义就昭然若揭了。波普尔认为，塔尔斯基（Alfred Tarski）的真理语义学表明，为了有效地谈论命题符合实在，必须满足三个最低要求：①谈论命题，须有命题的引语名称或摹状名称，这表明真理符合论须用元语言来阐述。②谈论事实，须用元语言能描述对象语言所描述的事实，这表明元语言中须有对象语言的翻译句。③讨论命题符合实在，须有表示上述两类基本表述句的谓词和关系的术语，即"符合（事实）"及"当且仅当（符合事实）"。波普尔认为，在满足这三个要求的元语言中，就可把塔尔斯基所说的规约－T（Convention-T）中"是真的"等价地转换成"符合事实"，从而得出真理符合论的断言模式：P 符合事实当且仅当 p。其中命题 P 和 p 分别满足要求①和②，而"符合事实当且仅当"这一关系表达式满足要求③。因此，波普尔宣称："我认为，塔尔斯基的最大成就，以及他对经验科学哲学理论的真正意义，是重建了关于绝对真理和客观真理的符合论，这种真理论说明我们可以随意地把直观的真理观念作为同事实的符合来运用。"（波普尔，1986a：319－320）

在波普尔看来，科学命题涉及无穷域量化的特征使我们不能根据普适性的真理标准，通过有穷可枚举的步骤（如检验）来判定其真值。（Schilpp，1974：1105）他强调基本陈述（某有穷域的所有单称存在陈述）对检验理论的特殊作用，因为基本陈述构成科学理论的潜在证伪类，保证了理论具有经验内容，表征了理论与实在的接触。因此，波普尔认为，我们虽不能依靠普适标准来说明我们是否拥有真理，但可根据基本陈述类对理论的检验来比较不同理论的逼真性。

根据波普尔的观点，可把一个科学理论 T 的内容 $C(T)$ 定义为 T 的全部后承集，若将其中的真假后承分别表示为 q_t 和 q_f，则 T 的真假内容可分别定义为：$C_t(T) = C(T) \cap q_t, C_f(T) = C(T) \cap q_f$。于是，理论 T 的绝对逼真性可简单地定义为：$V(T) = C_t(T) - C_f(T)$。现在设理论 T_1 和 T_2 是可比的，即 $C(T_1) \leq C(T_2)$ 或 $C(T_2) \leq C(T_1)$。至此，便可给出相对逼真性的定义了（波普尔，1987：55）：

$$V(T_1) < V(T_2)，当且仅当$$

(a) $C_t(T_1) < C_t(T_2)$ 且 $C_f(T_2) \leqslant C_f(T_1)$

或

(b) $C_t(T_1) \leqslant C_t(T_2)$ 且 $C_f(T_2) < C_f(T_1)$

波普尔曾列出六条判据来说明这一定义的可应用性，其中关键是 T_2 比 T_1 具有更多的经验内容，并据此强调证认度是逼真性的主要指征（波普尔，1986a：332）。

ER2 实际上是对 R3 的一种弱化式的解释。对于 ER1 和 ER2，牛顿－史密斯认为他和波普尔的见解基本一致，但又认为波普尔的强演绎主义立场和逼真性概念不能使他的实在论满足 ER3 和 ER4 的要求。（Newton-Smith，1981：46，70）正因如此，除了为归纳作实用辩护外，牛顿－史密斯主要想通过发展逼真性概念来推进真值实在论。

首先，牛顿－史密斯提议通过真－假命题比率来定义科学理论的相对内容。按此思路，可以设 t_1 和 t_2 分别是理论 T_1 和 T_2 的后承可枚举系列，并假定：若公式 A 出现在 t_1 或 t_2 中，则不考虑 A 之后的逻辑等值式。只要 T_2 比 T_1 决定了 t_1 或 t_2 中更多的命题，就可以说 T_2 比 T_1 具有更多的经验内容。（Newton-Smith，1981：203）

其次，牛顿－史密斯进而给出了一个真理比率序列的定义：任何项数 n 给出的 t_1 中前 n 项真命题数与 t_2 中前 n 项真命题数的比率所构成的序列，就是一个真理比率序列。例如，如果 t_1^1、t_1^2、t_1^3 是真的，t_1^4 和 t_1^5 是假的，并且 t_2^1、t_2^2、t_2^3 和 t_2^5 是真的，t_2^4 是假的，那么第 5 项给出的真理比率是 3/4。据此，相对于理论 T_3（例如科学中某个公认的理论），只要 T_1 和 T_2 的真理比率序列的极限小于 1，就可以说 T_2 比 T_1 具有更多真理。现在，我们应该可以理解牛顿－史密斯给出的相对逼真性定义了（Newton-Smith，1981：204）：

T_2 比 T_1 具有更大的逼真性，当且仅当同时满足：

（1） T_2 的相对内容大于或等于 T_1 的相对内容；

（2） 相对于 T_3，T_2 比 T_1 具有更多的真理。

牛顿－史密斯认为由此定义可衍推出两个结论："（1） T_2 在观察上把

T_1 纳入自身之中。（2）T_2 展示了超过 T_1 的内容增强了预测上的成功。"（Newton-Smith，1981：207）因此，他对 R4 的解释不像波普尔那样强调科学理论在检验上的成功（证认）是逼真性的主要指征。

三、内在真值实在论举要

内在和外在真值实在论的主要区别可以概括为三点：第一，内在论者不同意外在论者在二值逻辑框架内对论点 R1 所做的真理符合论诠释；第二，内在论者不同意外在论者通过揭示理论命题的真值条件来保证理论术语指称的确定性而对 R3 做出诠释；第三，内在论者不同意外在论者对 R2 独立性的忽视，进而提出了自己的指称论来诠释 R2。为了论证内在真值实在论，帕特南主张把 R1 和 R2 修改为如下限制性的论点：成熟科学中的理论定律典型地是似真的；成熟科学中的理论术语典型地具有指称。（Putnam，1984）

根据帕特南的观点，可将外在真值实在论的哲学观表述为如下三个论点（Putnam，1981：49）：

M1：世界是由独立于心灵的对象所构成的。
M2：只存在一种对世界存在方式的真实而完备的描述。
M3：真理是语言或思维记号与外部事物集之间的关系。

对 M1，帕特南针锋相对地提出了一个相反的论点（Putnam，1981：49）：

IR1：世界由什么构成的问题只有在一个理论内部提出时才有意义。

帕特南在他设计的"缸中之脑"（brains in a vat）思想实验中所设想的自相矛盾的证明，就是对 M1 的否定和对 IR1 的支持。根据他的论证，如果你是一个缸中之脑，那么你既不能想也不能说自己是缸中之脑；如果你不是缸中之脑，那么缸中之脑的设想就预设了一个不依赖于观察者的神目真理观或无目真理观。（Putnam，1981：17，50）帕特南本人在 20 世纪 70 年代中期以前也持这种真理观，但此后他提出了一种相反的真理观：

真理是一种依赖于观察者的理想化的辨明，也就是在最佳条件下的辨明，而所谓最佳条件会随特定论题、语境和兴趣而发生变化。（Putnam，1983：280）换言之，说得具体一点，真理就是理想化的理性上的可接受性，也是我们的信念之间以及信念与经验之间的一种理想的融贯状态。（Putnam，1981：50）这与塞拉斯早已提出的真理观有类似之处。塞拉斯认为，"'真的'一词意指它在语义学上是可断定的，并且真理的多样性与语义学规则的多样性相对应"（Sellars，1968：280）。因此，相对于 M3，现在有一个相反的论点：

IR2：真理是一种理性的可接受性。

从逻辑上看，既然辨明和断定的条件随论题、语境和兴趣而变，一个命题就不可能具有绝对而唯一的真值，也就是说 M2 不成立。帕特南认为 Löwenheim-Skolem 定理为此提供了逻辑根据。（Putnam，1981：40 – 41）该定理的要点是：如果有一阶公式集中 Φ 是可数的，并且是可满足的，那么它被一个可数的解释 I 所满足。由此可得一推论（其证明过程可参见 Putnam，1981：217 – 218）：令 I 是语言 L 中的一个解释，它给 L 的每一个谓词指派一个内涵。如果 I 是非平凡的，至少在一个可能世界中，起码有一个谓词具备一个非空且非全体的外延，那么存在着一个与 I 不一致的解释 J，而且 I 和 J 在每一个可能世界中，使得同样的语句为真。据此，帕特南提出了一个与 M2 相反的论点（Putnam，1981：49）：

IR3：不止有一种关于世界真实而完备的描述。

既然如此，我们就不能像外在真值实在论者那样，在经典二值逻辑框架内对 R1 作真理符合论的解释，也不能把 R3 解释为通过给出整个命题集的真值条件来确定理论术语的指称。因此，内在真值实在论必须具有自己的指称理论来解释 R2。帕特南明确指出："指称是语词和世界的关系。"（Putnam，1975：283）按塞拉斯的说法，指称的要害在于理论对象的实在性问题。他强调，"理论术语的意义和理论对象的实在性问题与对应规则的地位如此紧密相关，以至于弄清楚后者几乎就会自然地解决前者的问题"（Sellars，1961）。在塞拉斯看来，对应规则是理论框架、观察框架和客观实在的联系之桥，它表明了语言与实在之间相互过渡的关系，因而是解决指称问题的关键。他认为有这样一个对应规则："只有这样一些存在量化的陈述具有存在陈述的力量，其中的量化变项把对象的名称作为它的代替者。"（Sellars，1961）根据这条规则，知道实体 x 存在，就是知道 $\exists x$（x 是 ψ_1，ψ_2，ψ_3，$\cdots$，ψ_n），其中 ψ_1，ψ_2，ψ_3，$\cdots$，ψ_n 是 x 在一个理论框架中满足表达 x 的概念"X"的充分条件。在此，可参照范弗拉森（Bas van Fraassen）的有关分析（van Fraassen，1980：7），把塞拉斯的观点表述为：

IR4（Sellars）：（1）如果有充分理由接受一个理论 T，那么就有充分理由断定 T 预设了理论实体 x 的存在；（2）的确有充分理由接受 T；（3）所以，有充分理由断定 x 存在。或简单地表示为：$((T \rightarrow X) \wedge T) \rightarrow X$。

但是，帕特南不同意按这种理论描述的观点来解释 R2，而主张由克里普克（Saul Kripke）首先提出的历史－因果理论来加以解释。按此理论，一个理论术语不是由于我们预先用理论规定的某些充分条件才会具有指称，而是因为它处于由"最初命名仪式"所引起的一系列"历史－因果链"上才具有指称。因果链使得某种实体能够满足我们历史地把握的某种陈规（stereotype），才成为某个术语的指称物。这里所谓的陈规实际上是语词指称的对象类本质属性的集合，它表征着由对象本质属性所决定的对象的隐结构。随着时间的推移，对象的一些特征可能会发生变化，但只要其本质属性不变，我们就仍可使用同一术语来指称该对象。（Putnam，1975：232，269）借用帕特南举的一个例子来说，无论在地球上还是在别的星球上发现一种液体，只要它的本质属性满足 H_2O 这一隐结构，我们就可以用"水"这一术语来指称它。类似地，"电子""原子""分子"等理论术语也具有跨理论的特征，它们在前后相继的科学理论中具有共同的指称对象，而且一般说来，同一术语在后继理论中比在前任理论中更加符合其指称对象的本质属性。现在，我们可以把帕特南对 R2 的解释概括为如下论点：

IR4（Putnam）：科学理论术语的首次使用形成引入事件，由此类引入事件历史地形成的因果链使得人们能够掌握有关对象的某种陈规，而某一术语正是由于满足这一陈规才具有真实的指称对象。

上述指称论连同真理论，还可以引出一个收敛性论点（Putnam，1978：20，123）：

> IR5：设 T_1 和 T_2 是前后相继的两个理论，则 T_2 在真理和指称方面典型地包容了 T_1。

这就从一个独特的角度提出了类似 ER4 的主张。

四、真值实在论的困难

帕特南曾这样宣称："'真理'和'指称'在认识论中是具有因果解释作用的概念。"（Putnam，1978：20）其实，R4 就是这种观点的一种体现。具体地说，科学理论命题的真理性和科学理论术语的指称性（或理论实体的实在性）的预设能够解释科学成功，而科学成功又可反过来保证预设的可靠性。可是，首先，什么是科学成功呢？令人遗憾的是，真值实在论者对此却语焉不详。从波普尔看重证认和牛顿－史密斯强调预测来看，他们在很大程度上是从实用角度来看待科学成功的。正如劳丹所说，按实在论的用法，"如果一个理论作了正确的预测，如果它导致了对自然秩序的有效干预，如果它能通过一套标准的检验，那么我们就可以说该理论是成功的"（Laudan，1984：109）。从逻辑上看，只要能举出不真或无指称的理论曾经是成功的，就可驳倒上述主张（R4）。实际上，我们可以举出许多例子，如以太说、燃素说、精气说、地质灾变说、体液说等等。这些公认其基本命题为假、核心术语无指称的理论，在科学史上曾经是相当成功的。

对于 R1，波普尔的诠释至少有三点困难：第一，尽管他本人声称不看重定义，但他无法否认这一事实——当他宣称"真理"和"实在"可以相互定义时，他在逻辑上犯了循环定义的错误。第二，他认为根据元语言的三个要求，可将塔尔斯基规约－T 中"是真的"这一表达式等价地换成"符合事实"，进而认为塔尔斯基的真理语义论实际上就是真理符合论。可是，我们可以列出三条证据来表明这一观点不成立：其一，规约－T 只是确立起了真理定义在语言上的适当性条件，而不涉及语言项与非语言项（如事实）之间的关系；其二，不仅符合论意义上的真理断言可以满足规约－T，连冗余论的真理断言"∀P（P是真的当且仅当p）"也能满足规约－T；其三，塔尔斯基的真理论不仅能包容综合真理，而且能包容分析真理，而用"符合事实"来说明分析真理显得有些勉强（参见Haack，1976）。波普尔面临的第三个困难出在逼真性概念上。在实践上，我们无法确定一个理论的全部后承，因而难以确定这个理论的逼真性，也很难比较不同理论的逼真性。在逻辑上，我们可以证明波普尔的逼真性概念不能用于对两个假的理论进行比较（Miller，1974；Tichy，1974）。欧迪（G. Oddie）的分析表明，牛顿－史密斯的逼真性概念也会面临无限性困境，因为人们可以按多种不同的方式重建真－假比率的无穷序列，使得两个理论的逼真性大小发生变化而有别于原先的关系（Oddie，1986）。

对于IR4（Sellars），我们可以提出这样的质疑：正如范弗拉森所说，如果接受一个理论T等价于相信T是真的，那么IR4中的要点（1）成立（即R3），但（2）不成立，因为没有充分理由相信T是真的，甚至连实在论者有时也承认简单、方便、有用均可成为接受理论的理由。如果接受T不等价于相信T是真的，那么（2）成立，但（1）不成立。举例来说，如果我们根据方便、有用之类的充分理由接受T，那么我们不能由此断言T预设了实体x的存在。简言之，因为（1）和（2）不能同时成立，所以IR4（Sellars）不成立。退一步说，即使我们承认IR4（Sellars），按帕特南对R3的诠释，R1在两个不一致的解释下同样为真的事实也不能保证R2的确定性。

依我看，IR4（Putnam）亦不能令人信服。在特定历史阶段，"燃素""以太"等语词均有一个引入事件（或命名仪式），而且人们在长时间里对它们的使用方式也形成了相应的因果链，这些因果链还使得人们掌握了相应的陈规。按当时的理解，这些语词似乎也能表征各自的"本质属性"。因此，根据IR4（Putnam），这些语词应当具有真实的指称物。然而，这与公认它们没有指称的观点相违背。此外，不能排除这样的可能性：在历史演变过程中，有时因果链会发生断裂，并使人们掌握的确定术语指称的陈规不能正确地表征指称物的"本质属性"。况且，按帕特南的观点，所谓"本质属性"也是历史的产物。既然如此，在化学尚未揭示"水"的"本质属性"是H_2O时，我们不知道怎样按IR4（Putnam）来确定"水"

的指称。

我们已知帕特南通过"成熟的"和"典型地"两个限制词来重新定义 R1 和 R2，但他并未对此做出清楚的说明。如果遵从他所强调的历史观点，那么应该说，以太说、燃素说等都曾经是相当成熟的科学理论。相反，以相对论和量子力学为参照系，牛顿力学倒是不太成熟的科学理论了。我认为，帕特南的限制策略既是含混的，又是特设性的。

ER4 和 IR5 从不同角度强调科学理论发展的收敛性特征。帕特南甚至曾表达过一个极端的说法：先驱理论是后继理论的极限特例（Putnam，1978：20）。可是，我们发现，托勒密地心说不是哥白尼日心说的极限特例，甚至对牛顿力学是不是相对论和量子力学的极限特例，也还是众说纷纭。因此，ER4 和 IR5 至少是意义含混的。

综上所述，真值实在论因其主要论点在逻辑上、理论上和实践上都存在着严重困难，所以它迄今仍是难以令人信服的。

［原文发表于《中山大学学报》（社会科学版）1995 年第 1 期。在本文写作过程中与 Rom Harré 先生有过多次讨论，谨此致谢！］

指称实在论评析

一、指称实在论及其基本原则

科学实在论（scientific realism）与反实在论（antirealism）的争论是当前科学哲学研究中的一个热点课题。此课题关注的核心问题是知识与实在的关系。简要地说，科学实在论主张，科学理论依据其所陈述的事实必定有真假可言，而正确的理论词汇必定指称真实存在的实体。

按牛顿－史密斯（W. H. Newton-Smith）的分析，科学实在论实际上涉及科学合理性中的三种成分（Newton-Smith，1978）：①本体论成分（ontological ingredient），即科学理论非真必假，而且其真假取决于理论所描述的世界的真相；②因果成分（causal ingredient），即若一理论为真，则其理论词项所指称的实体在因果关系上造成可观察的现象；③认识论成分（epistemological ingredient），即至少在原则上我们有理由相信科学理论或理论实体的真实性。根据这三种成分，哈金（I. Hacking）把科学实在论分为两类（Hacking，1983：29）：第一类强调成分①和③，他称之为理论实在论（realism about theory）；第二类强调成分②和③，他称之为实体实在论（realism about entity）。这里的分类大体上对应着哈瑞（R. Harré）从语义学角度提出的另一种分类（Harré，1986：65，97）：哈金的理论实体相当于哈瑞所说的真值实在论或真理实在论（truth realism），而哈金所说的实体实在论相当于哈瑞所说的指称实在论（referential realism）。

为叙述之便，本文采用哈瑞的命名方式。这种命名方式的优点是便于从语义学入手，揭示科学实在论的本体论地位。从语义学层面看，真值实在论的中心论题是：（R_1）科学理论中的命题具有真值，而一个命题的真值取决于它与其所表述的事实之间的关系。指称实在论的中心论题是：（R_2）科学理论中的词项具有指称对象，而且这所指对象必定存在。（Leplin，1984：1，41，142）一般说来，科学实在论者还断言两个论题之间存在着如下蕴涵关系：$R_1 \rightarrow R_2$。真值实在论者主张 R_1 是科学实在论的关键，而指称实在论者认为 R_2 才是科学实在论的关键。关于真值实在论，我已写专文加以评析（参见张志林，1995b）。本文拟对指称实在论做出评析。

哈金和哈瑞就是指称实在论的主要代表人物。作为对论题 R$_2$ 的详述，哈瑞提出了如下指称实在论的基本原则："（i）有些理论词项指称着设想的实体；（ii）有些设想的实体是存在的候选者；（iii）有些存在的候选者是存在的。"（Harré，1985：95）可以看出，这三条基本原则对论题 R$_2$ 的弱化诠释确实不必涉及论题 R$_1$。正因如此，哈瑞和哈金既反对科学哲学重视理论而轻视实验的倾向，而且认为科学哲学迷恋"真理"是误入歧途。哈瑞甚至在《各种实在论》（*Varieties of Realism*）一书中说"真理"一词的主要功能是道德说教，而不是科学认识。正因如此，他主张用"理论族的似真性"（plausibility of theory-family）来取代理论或命题的真理性概念，而且认为理论族的似真性概念能为我们提供解决科学理论词项的指称以及所指对象存在的问题，因而有资格充任论题 R$_2$ 的概念基础。

根据论题 R$_2$ 以及哈瑞对它做出的弱化诠释，我们可以看出，指称实在论着力解决的问题有两个：一是理论词项的指称问题；二是理论实体的存在问题。

二、理论族、似真性和指称

哈瑞反对把科学理论看作命题公理集的传统观点，提出了基于各种类比结构的"理论族"（theory - family）概念。他认为一个理论族在结构特征方面包含着两种类比物：一种是分析类比物（analytical analogue，简称 AA），如波义耳关于"空气弹簧"与金属弹簧的类比，巴斯德关于细菌与酵母的类比；另一种是来源类比物（source analogue，简称 SA），如巴斯德关于致病与发酵的类比，达尔文关于自然选择与人工选择的类比。分析类比的目的是凭借人们熟悉的经验现象，帮助人们识别普通经验的特征。来源类比的目的是借助人们熟悉的过程及其机理，以期揭示未知的过程及其机理。

揭示未知过程及其机理涉及理论族的动力学特征。就此而论，一个理论族又包含着两种类比：质料类比（material analogy，MA）和行为类比（behavioural analogy，BA）。前者是来源类比物（SA）与想象生产过程（imagined productive process，IPP）的类比，后者是观察模式（observed pattern，OP）与想象模式（imagined pattern，IP）的类比。哈瑞认为，根据这些类比，一方面，在经验层面，我们可以通过科学实验来研究自然过程，进而用经验定律来描述分析类比物的结果；另一方面，在理论层面，我们可以通过质料类比和行为类比来考察自然过程的变化机理，从而合理地解释来源类比物的结果。

哈瑞认为，分析上述各种类比的动态平衡，便可为理论族的似真性找到判据。为此，他设计了下述图式（Harré，1986：206）：

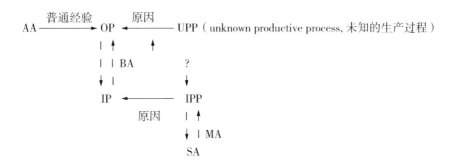

具体分析如下：

第一，一个理论族（TF）处于 BA 和 MA 相互平衡的状态时，它是似真的（plausible）。如果 BA 的变化未得到 MA 变化的补偿，那么 TF 就不是似真的。例如，阿玛伽特（E. J. Amagat）发现在高压下气体的行为偏离波义耳定律，但却未把气体分子体积因子计入定律中加以校正，便属于这种情况。同样，如果 MA 的变化未得到 BA 变化的补偿，那么 TF 也是非似真的。这种情况的一个实例是狄拉克预言正电子存在，但却未建构起一个描述正电子行为的模型。

第二，若 TF 处于类比平衡态，且 SA 与研究对象之间的相似性超过差异性，则 TF 的似真性增强，这种关系可被称为"强类比"。反之，若 SA 与研究对象之间的差异性超过相似性，则 TF 的似真性减弱，这种关系可被称为"弱类比"。如果 SA 与研究对象之间的同异关系尚未被探讨，那么 TF 的似真性就会大大减弱，早期的大陆漂移学说就处于这种情况。

第三，处于类比平衡态，而且具有强类比的 TF，其 MA 保持自然类法则时，似真性进一步增强。比如说，巴斯德关于致病与发酵的类比就保持了自然类法则，因为他运用自然类守恒原理做出了如下推论：如果致病机理与发酵机理相类似的话，那么细菌的作用与酵母的作用就会相类似。

第四，一个满足上述三个条件的 TF，当其 AA 与 SA 的关系越协调时，其似真性就越强。原子结构模型从卢瑟福阶段发展到玻尔阶段的历史过程便为此提供了一个实例。

第五，对于一个满足上述四个条件的 TF，若它在时间上愈处于晚期，则其似真性愈强。原子结构学说、气体分子运动论、生物进化论的现代发展都显示了这种情形。

上述分析旨在说明两种观点：一是科学中理论族的变化以其相对的似真性作为判据。理论族在时间上不断发展，在深度上不断进步，而无须终极真理作参照。可以说，这正是指称实在论者批评真值实在论固守论题 R_1 的一个理由。二是似真性判据能够解释理论族从现实经验领域（r_1）到可能经验领域（r_2），再到超越经验领域（r_3）的深化过程，从而为澄清论题 R_2 提供依据。具体地说，对于 r_1，我们可以明确地断定相应理论族中单称陈述的正误，也能确定其中理论词项的指称对象。例如，"在时刻 t 和地点 p 有一杯牛奶显示出炭疽病症状"这一单称陈述，就可由观察来判定其正误。至于 r_2，有些词项通过与 r_1 中的实体或现象相类比而形成，它们指称设想的实体或现象。例如，通过同酵母发酵作类比，人们提出了"炭疽病细菌引起炭疽病"的猜测，其中"炭疽病细菌"这一表达式就指称着人们所设想的实体。光学显微镜观察导致炭疽病细菌的发现，表明原来设想的实体确实存在。就 r_3 而言，借助 r_1 与 r_2 的类比，我们可以说"病毒是致病的原因"，其中的词项"病毒"指称一类设想的实体，它们的存在已为电子显微镜所确认。

综上所述，可得结论：

（1）科学理论族中有些词项在现实经验领域、可能经验领域和超越经验领域都可能真实地指称对象。这三个领域的划分依赖于日益发展的科学实践，因而具有相对性。

（2）科学实践使上述三个领域的分界线不断移动，这恰恰显示了理论族似真性不断增强的过程。哈瑞认为这种移动过程符合列宁关于人类认识从已知领域不断过渡到未知领域的思想，因此他提出了有趣的"列宁规则"（Lenin's rule）：$r_1/r_2 = (r_1 + r_2)/r_3$。（Harré，1986：240）

（3）理论族的似真性判据和理论词项的指称功能体现了科学的可检验性特征，同时也是科学定律可接受性的根据。

（4）指称（referring）在根本上是科学实践活动，其主要目的是确保科学研究具有真实的对象，即确保理论实体的存在。

三、理论实体的存在

指称实在论者主张，科学研究的根本任务是提出存在性的假说，并通过特定的变换规则把存在假说与经验定律联系起来，从而使人们对经验现象的认识奠基于实在论之上。例如，"温度是分子平均动能的度量"这一变换规则，就把"存在着分子"这一假说与波义耳定律联系起来了，而且使宏观的波义耳定律获得了微观的分子论基础。因此，对指称实在论者来说，存在假说的确认是一个关键问题。

怎样确认一个存在假说呢？最理想的情况是所欲寻找的那类实体的识别标准能够得到满足。换言之，这些实体均能满足所选定的那些描述性谓词。门捷列夫根据元素周期律预言镓、钪、锗的存在，就属于这种情况，上述正电子和病毒的最终发现亦然。然而，有时设想的实体不能满足识别标准，将会导致存在假说消失。例如，盖伦提出过心肌隔膜存在着供血液流过的细孔这一假说，但在使用显微镜发现心肌结构的连续性以后，这个假说就被人们舍弃了。不过，更常见的情形是，设想的实体不满足识别标准将会导致对存在假说的修正。例如，在 18 世纪，热被设想为一种名叫"热质"的不可观察的流体，但它在做机械功的过程中却奇怪地消失了。后来人们把热重新设想为一种性质：物质组成微粒的平均动能。这一修改的关键是引入了一种因果观念，即微粒的运动引起热的现象。

哈金提出理论实体的存在性判据，正是以因果观念为基础的。他提出的判据是：如果我们借助实验仪器，设想用理论实体 E 去干涉（intervening）某物 M，从而引起可观察的效应 O，那么便可说 E 存在，因为这表明 E 是引起 O 的原因。这里的关键是有效地发挥"干涉"的作用，其要旨在于充分了解 E 的因果特性（causal properties），进而设计相应的仪器并借此对 M 进行干涉，以获得可观察的效应 O。可用哈金举的一个特别的例子来加以说明：20 世纪 70 年代，普利斯柯特（C. Y. Prescott）等人根据砷化镓晶体受到右频率圆形极化光照射时会放出许多极化电子的性质，研制成功一种编号为 PEGGY II 的极化电子枪。1978 年，这种电子枪被用于干涉氘和微弱中性电流，均得到宇称不守恒的实验结果。（Hacking，1983：266）对此，哈金评论说："当我们有规律地（而且常常足以成功地）制造各种新的装置，而这些装置利用电子的各种熟知的因果特性，干涉自然界其他假设的部分时，我们就会完全相信电子的实在性。"（Hacking，1983：265）更一般地说，"对于一种设想的或推论的实体，其实在性的最佳证据是我们可以开始测量它或了解它的因果力（causal power）。反过来说，我们有这种理解的最好证据是我们能够从头开始，利用某种因果关联（causal nexus），制造出运作良好的仪器。因此，实体的科学实在论的最佳证明不是推理，而是操作"（Hacking，1983：274）。

强调操作优于推理，实验优于理论，正是指称实在论（或实体实在论）有别于真值实在论（或理论实在论）的一大特点。同样关注科学合理性中的因果成分，但哈金和牛顿－史密斯之间有如下的区别：作为一个真值实在论者（理论实在论者），牛顿－史密斯认为，如果一个理论是真的，那么其词项所指称的实体在因果关系上就能产生可观察的现象，亦即说，相信实体存在乃是由于相信有关该实体的理论是真的。但是，作为一个指称实在论者（实体实在论者），哈金认为，我们相信实体存在乃是由于它们足以充当我们从事实验操作的原因，而不必在意有关它们的任何理论是否为真。由此，对真值实在论者（理论实在论者）常用的"最佳解释推理"（the inference to the best explanation）能否作为科学实在论的证明方式，哈金和哈瑞均持否定态度。

说来有趣，哈金曾宣称他关于理论实体的存在判据与马克思的如下著名观点不谋而合：重要的事情不在于解释世界，而在于改造世界。（Hacking，1983：274）哈金和哈瑞强调，科学实验具有改造世界的作用，这使其成为科学实在论得以成立的真正基石。他们对论题 R_2 的理解便以此为根据，他们不看重论题 R_1 也以此为根据。前面已提及，哈瑞由于轻视论题 R_1，曾把"真理"当作道德说教的口号。无独有偶，哈金也说过这样的话："以真理作为目标是关于不确定的未来的事情，而瞄准一束电子却是在使用现有的电子。"（Hacking，1983：274）

四、几点批判性的评论

真值实在论者之所以偏好论题 R_1，从逻辑上看是因为根据 $R_1 \rightarrow R_2$ 这一蕴涵关系，只要 R_1 为真，则 R_2 必为真。但是，他们在研究过程中遇到了不少难以克服的困难。对此，我已有专文讨论（张志林，1993），在此不再复述。另外，即使从逻辑上看，R_2 为真也可以不需要 R_1 为真作担保。因此，指称实在论者以 R_2 为核心，着力解决理论词项的指称问题和理论实体的存在问题，具有研究的必要性和逻辑的合理性。

　　指称实在论的另一合理之处在于强调科学实践对于科学认识的重要性。哈瑞区分作为科学实践活动的"指称"（referring）与作为词项与所指对象之间关系的"指称"（reference），根本意图正是凸显理论词项的指称功能离不开人们对它们的使用。哈瑞本人告诉我，他的这一看法直接得自维特根斯坦（Ludwig Wittgenstein）有关语言的意义存在于具体使用中的观点，同时也吸收了马克思关于实践是认识论立足点的观点。据此，我曾建议哈瑞将他表述指称实在论的基本原则（i）改为"有些理论词项可被人们用来指称设想的实体"，他表示赞同。他强调指出，正是科学实践使 r_1、r_2 和 r_3 这三个领域的分界线逐步移动，从而使不可观察的现象逐步转化成可观察的现象。他提出所谓"列宁规则"就是为了表达这一主张。由此，长期困扰科学实在论的理论与观察的二分法（大体对应于不可观察领域与可观察领域的二分法）得到了一种新的诠释。同样，哈金对科学实践的重视也是一目了然的：他所提出的理论实体的存在性判据，十分强调科学实验对自然界的干涉和改造。

　　指称实在论根据类比平衡和科学实验来说明科学的进步，为探讨理论词项指称关系的连续性和不同理论的可比性提供了一条新思路。按照哈瑞提出的理论族的似真性判据，有可能建构成功一种既是连续又是非累积式的科学进步观。与此相应，哈瑞和哈金都认为，他们主张的实在论能够有效地消除库恩（Thomas S. Kuhn）所说的不同范式（paradigms）之间具有"不可通约性"（incommensurability）的难题。这里的关键问题是：在不同的理论中，同样的理论词项是否可以指称相同的对象？对此，库恩的回答是否定的，而哈瑞和哈金的回答是肯定的。哈瑞和哈金注重科学实验分析，旨在说明：理论实体可以独立于特定的理论而存在；同样，相应理论词项的所指对象也不必受特定理论的支配。他们是否达到了预期的目标呢？看来还值得追问。

　　我曾当面向哈瑞提出过这样的批评：他提出的指称实在论的三个基本原则完全忽视了科学实在论与真理观之间的关系。从上文可知，哈瑞和哈金都曾表露出对"真理"一词的蔑视态度。我认为，尽管从逻辑上看，科学实在论（特别是指称实在论或实体实在论）的基本原则似乎可以不涉及真理概念，但从认识论看，科学实在论必须具有自己的真理观。哈瑞本人表示接受我的批评，并已从自然类的有序结构出发，提出了一种真理观。对此，我已有专文加以介绍（张志林，1993），于此不再赘述。

　　哈瑞把类比作为讨论科学理论结构和进化的中心概念，对于克服逻辑经验主义者所倡导的命题公理集理论观面临的困难（如理论与观察的区分标准）具有一定的启发性。但是，正如我曾向哈瑞指出的那样，类比往往相当于一种隐喻，其歧义性可能会削弱科学实在论的论证力量。怎样为类比平衡的表述和论证规定恰当的约束条件，这是指称实在论应当深入研究的一个课题。

　　哈瑞和哈金都对牛顿－史密斯提出的科学合理性中的因果成分做出了新的诠释，其要旨在于反对牛顿－史密斯从 R_1 推出 R_2 的思路，而强调在科学实验中了解理论实体的因果力或因果特性对于确认存在假说的重要性。至于"因果力"或"因果特性"究竟是什么，哈瑞和哈金似乎并未给出足够清晰的说明。因此，以此作为确认理论实体存在假说的基础，显得有点乏力。

　　从总体上看，指称实在论目前的发展势头很热，但似乎还远未达到令人信服的地步。

　　（原文发表于《哲学研究》1997 年第 5 期。写作得到 Rom Harré 先生的指教，特此致谢！）

意义的分析：实在论与反实在论的争论

一、争论的背景和焦点

毫无疑问，分析哲学的出现是 20 世纪哲学的一个显著特点。那么，什么是分析哲学呢？当代著名分析哲学家塞尔（John R. Searle）以简洁的表述做了这样的界定："对分析哲学的最简单的表征是它主要致力于意义的分析。"（塞尔，1993）对意义的分析主要涉及语言、思想和世界之间的关系。由于分析哲学家普遍地把对思想的探索化归为对语言的探索，所以语言与世界的关系问题就成了意义分析的核心问题。众多分析哲学家持有一个基本信念，即语言的基本特征显示了世界的基本特征，因而研究语言的基本特征是揭示世界的基本特征的有效途径。本文所论实在论者与反实在论者均持有这一基本信念。

1. 任何一种语言都由一些语词及由这些语词按特定句法所构成的语句组成，因此，对语言意义的分析涉及对语词和语句意义的分析

分析哲学的先驱弗雷格（Gottlob Frege）提出的如下纲领性原则已为不少分析哲学家所接受："决不孤立地寻问一个词的意义，而只在一个命题的语境中寻问一个词的意义。"（Frege，1965：x）分析哲学家通常称此原则为"语境原则"（the principle of context）。本文所论实在论者与反实在论者均接受这一原则。

弗雷格按上述原则别出心裁地把一个语句看作一个复合名称。他认为，作为复合名称的任何语句必以真或假作为其所指。换言之，他主张在分析语言的意义时，在逻辑上必须坚持排中律（the law of excluded middle）：就命题逻辑而言，任一语句表达的命题 P 非真必假，二者必居其一，没有第三种可能，即 $P \vee \neg P$；就一阶谓词逻辑而言，对于任何变项表达的个体 x 要么具有性质 Q，要么不具有性质 Q，没有第三种可能，即 $\forall x(Q(x) \vee \neg Q(x))$。采用另一等价的说法，弗雷格主张，在分析语言的意义时，在语义学上必须坚持二值原则（the principle of bivalence）。本文所论实在论者接受弗雷格的这一主张，而反实在论者拒斥这一主张。

弗雷格还主张一个语句的意义取决于它据以指定为真的那些条件，因为语句作为复合名称，指的就是这些成真条件付诸实现的意思。卡尔纳普（Rudolf Carnap）对这一主张做了更明确的表述："了解一个语句的意义就是了解这个语句在哪种可能的情形下是真的，在哪种可能的情形下是假的。"（Carnap，1956：10）本文所论实在论者遵循这一研究途径，反实在论者却反对这一研究途径。

2. 戴维森（Donald Davidson）对一个系统地分析语言意义的理论必须具有的恰当性条件做了深入的探讨

他认为，一个恰当的意义理论必须具备如下条件（Davidson，1984：17，25，93；Grayling，1982：222；张志林，1994）：

A. 赋义性条件：一个恰当的意义理论必须能够为自然语言 L 中的任何语句 S 提供意义的解释。

B. 构成性条件：一个恰当的意义理论必须能够说明 S 是怎样根据 L 的有限语词和规则组合而成的。

C. 证明性条件：一个恰当的意义理论必须能够证明可由有限的公理合乎逻辑地衍推出 L 中的无穷语句。

D. 检验性条件：一个恰当的意义理论必须具有可检验性。

对这四个条件本身，本文所论实在论者和反实在论者没有太大的争议，但对什么样的意义理论才能满足这些条件则各执一端。争论的焦点可归结为三个问题：

Q1：以真理概念作为意义理论的中心概念是不是合适的选择？或者说，成真条件语义是否合理？

Q2：一个恰当的意义理论是否必须承认客观事实的存在？或者说，真理符合论是否合理？

Q3：一个恰当的意义理论是否必须承认语句的真值存在？或者说，排中律或二值原则是否普遍有效？

本文所论实在论者对这三个问题做出了肯定的回答，而反实在论者则做出了否定的回答。

二、实在论：真理－意义分析

以戴维森为代表的实在论者在分析语言的意义时，采取了三大策略。

1. 戴维森的第一个策略：在阐明语言的意义时，把内涵表达式逻辑地转换成外延表达式

按蒯因（W. V. O. Quine）的说法，该策略是一种独特的"语义上升法"（semantic ascent）。

戴维森认为，根据语境原则，对任一语词 W 的意义分析，都必须以对 W 和别的语词合适地构成的语句 S 意义的分析作为先决条件。一个恰当的意义理论凭借所论语言 L 中特定的形成规则，能够说明由 W 和别的语词构成 S 的合适性。由此，构成性条件便得到满足。进而言之，用语句 S 取代构成 S 的语词 W，用语句 P 取代表达 W 意义的任意语词 M，便可将"W 意谓 M"之类的表达形式转换成下述语句类型：

（1）S 意谓 P。（S means that P.）

从结构方面看，S 是表征一个语句合适形式的描述句，而 P 是 S 所描述的语句，that 便是其标记。从意义方面看，P 是对 S 的意义的表达。但是，戴维森认为这里的"意谓"（means）一词不能恰当地表征"语句意义"这一概念，因为它是一个语义模糊的、多义的内涵表达式。为了把它变成一个语义明晰的、单义的外延表达式，戴维森主张代之以"是 f 当且仅当"（is f if and only if）这一表达式，其中 f 可以是任何形式的谓词。这样，式（1）就可转换成如下双蕴涵形式的外延表达式：

（2）S 是 f 当且仅当 P。（S is f if and only if P.）

至此，"语义上升"已经完成。由于戴维森对问题 Q1 做了肯定的回答，所以他认为，根据自然语言 L 中任意谓词"是 f"和初始谓词"是真的"在塔尔斯基（Alfred Tarski）的规约－T（Convention-T）限制下，对

L 中任何语句都满足相同的条件，可以断定二者具有相同的外延。因此，式（2）可以逻辑等值地转换成塔尔斯基的规约 – T：

（3）S 是真的当且仅当 P。（S is true if and only if P.）

在戴维森看来，根据式（3），赋义性条件能够得到满足。因为只要陈述一个语句的成真条件，就等于解释了这个语句的意义。此外，因为任何语句均可化归为式（3）类型的语句，亦即说式（3）具有公理性质，所以证明性条件也能得到满足。

2. 戴维森的第二个策略：反用和扩展塔尔斯基的真理论

所谓"反用"是说，塔尔斯基认为真理概念须用"满足"这一初始概念来定义，而戴维森认为真理概念本身就是一个初始概念。"满足"表达的是一个对象序列与一个语句函项的关系。例如，3 和 2 构成一个对象序列 3 > 2，若 $x=3$，$y=2$，则该对象序列满足语句函项 $x>y$。由此，便可得到一个式（3）的语句："'3 > 2'是真的当且仅当 3 > 2。"它是规约 – T "'$x>y$'是真的当且仅当 $x>y$"的一个实例。戴维森在批评塔尔斯基时指出："满足概念与谓词的指称概念极为相似——实际上，我们可能会将一个谓词的指称定义为这个谓词的那类实体。困难在于一种绝对的真理理论没有真正说明满足关系。例如，当这种理论最终表征'x 飞翔'这个谓词的特征时，它仅仅告诉我们说，有一个实体满足'x 飞翔'当且仅当那个实体飞翔。"（Davidson，1984：217）戴维森认为真理概念是一个初始概念，它不必依赖指称或满足概念来定义，倒是后两者必须依赖真理概念才能得到解释。因此，戴维森实际上认为塔尔斯基犯了本末倒置的错误。由此出发，戴维森力主在解释语言与世界的关系时应取消指称或满足概念的作用。（参见张志林，1994）

所谓戴维森对塔尔斯基理论的"扩展"，是说塔尔斯基把规约 – T 的运用范围限制于形式语言系统，而戴维森将它扩展到自然语言系统。塔尔斯基反对扩展的理由在于他认为这样做有两大困难：第一，自然语言在语义方面的封闭性容易导致悖论（例如著名的"说谎者悖论"）；第二，自然语言在语义方面的模糊性容易导致语言形式的不可规定性（例如著名的"索引性难题"）。对第一个问题，戴维森的回答是：悖论主要产生于自然语言中量词的辖域过宽。例如，一个克里特岛的人宣称"所有克里特岛的人都在说谎话"，如果其中所说的"所有克里特岛的人"宽松到包括宣称者本人，那么就会造成悖论。戴维森认为，首先，这一事实并未表明不能提出一个关于自然语言中语句为真的明确界定，比如限制量词的辖域就是一条可行的途径；其次，我们至少可以先把注意力集中于那些不易产生悖论的部分，然后再逐步扩展到整个自然语言系统。实际上，戴维森的回答是：意义理论的目的不是要改造自然语言，而是要阐明其意义。至于自然语言的语义模糊性，戴维森认为借助上述语义上升法就有可能得到消除。例如，对于自然语言牵涉到使用者（u）和时间（t）的"索引性难题"，就可做这样的处理：将作为语句谓词的"真理"概念之运用延伸至话语（utterance）。于是，式（3）便可扩展为：

$$(4)\ (u)\ (t)\ S\ 是真的当且仅当\ P。$$

据此，只要结合说话者（u）及其说出某一语句的时间（t）进行语境分析，该语句的意义就仍能按规约－T进行分析和解释。依戴维森看来，这样就能使上述检验性条件得到满足。

3. 戴维森的第三个策略："宽容原则"（the principle of charity）

戴维森认为，一般说来，对于独立于语言的客观事实，那些理性的说话者会取得一致的意见。他在贯彻这一原则时，实际上是以对问题 Q1 和 Q2 的肯定回答作为先决条件。在他的一系列论证中，有三点值得注意：

首先，戴维森多次重申蒯因大力倡导的认识论的整体论观点（并将此观点推广至语义学领域）：从根本上说，语言所表达的信念是作为整体与经验世界发生关系的。因此，"一切充当一个信念的证据或对该信念作出辨明的东西都必须来自该信念所从属的同一个信念整体"（Davidson，1983）。

其次，戴维森既反对传统的对照式的真理符合论，又反对传统的割裂语言与世界间纽带的纯粹的融贯论。他试图在二者之间辟出一条重建真理符合论的新路，别出心裁地提出了两个口号："无对照的符合"和"融贯导致符合"。（Davidson，1983）他明确地宣称："我极力主张，对一个人的言语、信念、欲望、意义以及其他命题态度的正确理解导致这样一个结论：一个人的大多数信念必定是真的，因而可以做出一个合理的推论，即只要一个人的任何一个信念与其余的大多数信念是相融贯的，它就是真的。"（Davidson，1983）

最后，戴维森反对在语言与世界之间插入感觉、印象、所与之类的中介，极力主张摈弃图式－实在二元论。他认为，"给定图式和实在的二元论这个教条，我们就有概念的相对性以及相对于一个图式的真理。没有这个教条，这种相对性就会荡然无存。当然，语句的真理性仍然是相对于语言的，但它是尽可能客观的。在抛弃图式和世界的二元论时，我们并未抛弃世界，而是重建了我们与熟悉的对象的无中介的接触"（Davidson，1984：217）。

三、反实在论：证实－意义分析

1. "反实在论"（antirealism）的命名方式表明它是针对"实在论"（realism）而提出来的。因此，反实在论的建树必定会通过对实在论的评判显示出来

对于问题 Q2，达米特（Michael Dummett）认为，正确地理解和使用语言所需要的事实不是独立自在的，而必须是能够被人发现、接近、研究和证实的。他认为任何形式的真理符合论都立足于如下原则："如果一个陈述是真的，那么就必须具有使其为真的根据。"（Dummett，1976）尽管乍看起来这是无可争议的，但达米特强调，实在论者宣称独立自在的"客观事实"是语句真理性的根据，是武断的。他提醒我们，只要看看那些实在论者怎样运用上述原则就可见其荒唐所在了：他们首先选择不同语句类的真理概念，然后由此反推实在的性质；换言之，所谓"客观事实"的性质原来是真理概念的衍生物。况且，我们知道有这样的情形：人们并不认为反事实语句（counter-factual sentence）为真有什么"客观事实"作根据，却又往往接受它们为真。虚拟语句和描述无限领域中对象的语句也有类似情形。正是基于这些分析，达米特对问题 Q2 做出了否定的回答。

关于问题 Q3，达米特指出，自然语言中存在着大量无真值而有意义的语句（比如宣布、允诺、命令等语句），所以排中律或二值原则不是绝对普遍有效的。为了在理论上揭示排中律或二值原则的局限性，达米特的关键策略是把数学直觉主义创始人布劳威尔（Luitzen E. J. Brouwer）关于数学的直觉主义观点推广到自然语言。布劳威尔对数学提出了三点原则性的看法：①不存在实际的无穷总体（实无穷），无穷只是一种变化和生成着的东西（潜无穷）；②排中律只适用于有穷集，而不适用于无穷集；③只有具体给出一种构造某一数学对象的方法（证明），该对象才有存在的理由。在达米特看来，自然语言涉及的无限域中的对象也是潜在的，其存在的理由也在于具体给出构造它们的方法（证实），二值原则在此丧失了有效性。注意，这里的"证实"（verification）类似于布劳威尔所说的"证明"（proof）或"构造"（construction），其要旨在于强调语句真假的实际可断定性，而反对语句真值独立自在的主张。

现在，根据对问题 Q2 和 Q3 的否定性回答，达米特便可进而对问题 Q1 做出否定回答：既然不能根据独立自在的"客观事实"来判定独立自在的语句真值，戴维森派主张的成真条件语义学当然就难以成立了。依达米特看来，合乎逻辑的结论是：成真条件语义学不能满足戴维森本人提出的关于意义理论的四个恰当性条件。

2. 达米特认为，成真条件语义学失败的根本原因在于它预设了一个享有时间豁免权的神目观察者和判定者，提出了一种超越的真理观，忽视了人们的语言实践

达米特反复强调，我们只有置身于时间之中，从人们对语言表达式的实际能行的可判定性（effective decidability）入手，才可能提出一种恰当的意义理论。

然而，必须注意，证实论语义学并不承诺这样的观点：每一个可理解的语句必定是实际地加以判定的。正如葛瑞林（A. C. Grayling）所说："根据证实论的观点，理解一个陈述就在于能够识别什么是对它的证实，也就是说，就在于能够识别什么最终确定它为真。这并不意味着我们在每一种情况下都必须具有判定陈述真值的方法；它只是意味着一旦碰巧具有确定一个陈述真理性的方法时，我们必须能够识别出来。"（Grayling，1982：245）在达米特看来，实际的判定（decision）或证实（verification）与可判定性（decidability）或可证实性（verifiability）分别揭示出理解语言的两个要求：前者有助于解释人们是怎样获得语言的（获得性要求），后者除此之外还有助于解释语言使用者关于所用语言的隐含知识是怎样的（显示性要求）。

3. 达米特从语句真值的可判定性来界定真理概念，因而有时把真理说成是一种"辨明"（justification）

从一个实在论者逐步转变成反实在论者的帕特南（Hilary Putnam）干脆径直把真理定义为"理想的辨明"（ideal justification）。用他本人的话来说，"真的东西就是在最佳条件下能得到辨明的东西，而最佳条件通过许多错综复杂的方式随特定的论断、语境和兴趣而转移"（Putnam，1983：280）。

经过如此修正，真理概念势必在意义理论中发挥重要作用。这就是达米特仍然主张保留真理概念的理由。具体地说，他认为真理概念对于一个恰当的意义理论有两点重要作用（Dummett，1979）：第一，它有助于间接地证实所需演绎推理保真性的解释；第二，它有助于解释语句的涵义（sense）、语力（force）和寓意（point）的区分，从而说明人们对语言中断定性话语的意义的理解。这里所谓"涵义"主要是指语句的成真条件，"语力"指语句的特定使用（如断定、命令、质疑等），而"寓意"指语句使用者的意向或目的。

鉴于上述情况，葛瑞林认为达米特对成真条件语义学的否定是不彻底的。他认为"真理"不是一个直截了当的证实论概念，并提议代之以"保证"（warrant）概念，以显示具有可证实性或可断定性的正当理由。简言之，葛瑞林认为，对于一个恰当的意义理论来说，"真理"是一个多余的概念。他指出："为了说明为何如此，让我们对正当理由作一个最低限度的表征：它是某种依赖于说话者在特定场合有根据地断定（或者说依赖语力来使用）一个语句时对该语句的使用的东西，而说话者做出断定的根据产生于一种赋予他的语句涵义的证实程序。"（Grayling，1982：289）由此，间接证实概念便可无须"真理"而归结如下：对某个陈述的间接证实仅仅通过证实其他陈述而满足其证实条件。如果陈述之间有一种推断关系，那么便可成功地获得"保值的"（value-preserving）演绎推理。这里用"保值"而不用"保真"，表明具有"保证"的正当理由及其否定不同于真值。实际上，正当理由意义上的"保证"及其否定相当于直觉主义逻辑中的可证性及其否定。同样，还可无须"真理"概念而对涵义、语力和寓意做出区分：理解一个语句的涵义就是理解在什么条件下有正当理由使用它，理解其语力就是理解在特定场合是否有正当理由保证断定、命令、质疑等用法的有效性，而理解其寓意就是理解在什么正当理由保证下说话者恰当地说出的语句恰好能实现其意图。根据这些分析，葛瑞林认为，证实的目的是要获得有正当理由的保证，而不是得到真理。因此，在他看来，以真理概念为基础的成真条件语义学不是恰当的意义理论，只有以证实、保证或正当理由概念为基础的辨明条件语义学才是恰当的意义理论。

简略地说，反实在论者认为，实在论的成真条件语义学由于预设了超越真理的存在，所以它宣称能够满足意义理论的四个恰当性条件乃是空洞的说辞，而只有用可证实性或可辨明性的"真理"概念（达米特、帕特南）或"保证"概念（葛瑞林）取代那种超越的真理观，才能建构起真正能满足上述四个恰当性条件的意义理论。至于反实在论者对实在论者成真条件语义学不能满足意义理论四个恰当性条件的逐条批判，皆可由对超越真理观的批判加以说明。限于篇幅，此不详述。

四、评论和建议

1. 本文所论两派的争论至少反映了分析哲学发展的三点主要新动向

第一，早期分析哲学家大多认为自然语言本身的语义模糊和句法粗糙使它难以有效地准确表达思想，因而试图凭借数理逻辑来构造严密的"理想语言"，并以此对自然语言加以改造。罗素（Bertrand Russell）和卡尔纳普就是典型代表。但是，至少从维特根斯坦（Ludwig Wittgenstein）——尤其以他后期哲学为代表——开始，越来越多的分析哲学家认为自然语言本身是完善有序的，哲学中的混乱不是来自自然语言本身，而是来自哲学家们对自然语言的误用。因此，意义分析的目的不是改造自然语言，而是准确地描述语言。如果说戴维森的观念中还多少带有试图改造自然语言的痕迹，那么达米特就更加明确地表示他的目的只是如实地描述人们对自然语言的合理使用罢了。简言之，本文所述的争论加强了分析哲学从注重人工语言向注重自然语言研究的转向。

第二，早期分析哲学家偏向于从句法和语义角度来探讨语言，也即是说，他们主要从语言内部结构和语言表达式所指对象之间的关系角度进行探讨，而对语言使用者这一因素有所忽视。至少从维特根斯坦提出"语言游戏"（language game）概念以及奥斯丁（John L. Austin）提出"言语行为"（speech act）概念开始，越来越多的分析哲学家认为意义分析必须考虑人对语言的使用情况，由此开辟出了语用研究的进路。实际上，这可看成是对弗雷格语境原则的扩展。戴维森认为可将"真理"谓词拓展至话语，达米特强调涵义、语力和寓意之间的关系，都是这一趋势的具体表现。

第三，早期分析哲学家以逻辑实证主义为代表，他们极力拒斥形而上学，但至少在蒯因对逻辑实证主义的批判，特别是斯特劳森（Peter F. Strawson）对"描述的形而上学"与"修正的形而上学"的区分以后，越来越多的分析哲学家开始认识到形而上学对意义分析的重要性。本文显示，问题 Q1 和 Q3 成为争论的焦点，表明争论双方具有不同的形而上学立场。就实在论而言，如普拉茨（Mark Platts）所说，"实在论体现了一幅关于独立存在的、可用我们的语言加以描述的、有些难以对付的世界的图景，而我们是以一些（至少）超越我们目前确定那些描述是否为真的能力的方式来描述世界的"（Platts，1979：237）。这里揭示了实在论的两个形而上学观点：其一，意义理论必须预设独立自在的客观事实或世界存在；其二，意义理论必须预设独立自在的语句真值或超越的真理概念。可以看出，这些正是对问题 Q2 和 Q3 的肯定性回答。另一方面，反实在论恰恰是从批驳这两个要点入手来反对实在论的。既然如此，反实在论蕴涵的形而上学立场是什么呢？达米特有时似乎倾向于接受一种类似于相对主义的观点（Dummett，1978：373f），而葛瑞林则力主一种观念论（Grayling，1982：280f）。应该注意，这里的"相对主义"强调的是可理解的世界不是独立于语言描述者的，而观念论则强调可理解的世界不是独立于经验主体的。其实，正因如此，反实在论者才倾向于对问题 Q2 和 Q3 做出否定性的回答。

2．戴维森在论证其成真条件语义学时，表现出两点严重的缺陷

（1）如上所述，他的立足点是反用和扩展塔尔斯基的真理论来解释意义概念，更准确地说，他是用真理概念来吸纳意义概念。关键在于他断定：在自然语言 L 中，根据初始谓词"是真的"对任一谓词"是 f"的逻辑等值代换，便可衍推出 L 中无穷的语句。这里的基本预设是：排中律或二值原则对可数有穷集和无穷集是普遍适用的。当然，对于一个可数有穷语句集，如果我们想要依次考察其中所有语句的真值情况，这在原则上是可能的。但是，对于一个可数无穷语句集，我们就不能这么做了，因为很可能我们无法识别且证明其中的一些语句为真或为假的能行方法。可是，戴维森完全没有考虑到这种情况。因此，在此问题上，达米特对戴维森的批评是合理的。

（2）戴维森宣称塔尔斯基的真理论支持了他那种无对照式的真理符合论或意义实在论。可是，塔尔斯基本人却说过："我们可以接受真理的语义学概念，而不必放弃我们可能已经持有的任何一种认识论态度；我们依然可以是朴素的实在论者、批判的实在论者、观念论者、经验论者或玄学家，也就是说，我们仍然可以坚持我们以前所持有的任何一种哲学立场。"（Tarski，1949）因此，塔尔斯基真理论的中立性并不特别支持戴维森的立场。

以达米特为代表的反实在论者在其论述过程中也有两点不足：其一，他们批判实在论时无视戴维森关于真理可以是话语的谓词这一见解。其实，戴维森也像达米特一样，试图结合语言使用者的因素来分析语言的意义，只是他们的哲学立场不同罢了。其二，葛瑞林主张消去真理概念，而代之以具有正当理由的保证概念来分析语言的意义，我认为这样做似乎无助于揭示真理与意义之间的密切关系。

3. 意义分析必须考虑四个相关因素：语言使用者（U）借助语言（L）来表达思想（T）和描述世界（W）

对语言意义的分析和判定应该具有客观的标准。由此出发，我尝试提出如下建议性的思路：

首先，U可以用L来表达自己的主观意愿，而当这意愿能被辨明时，它就是L的一种意义。例如，在婚礼上，当主持人问新郎是否愿意娶新娘时，新郎答道："我愿意。"此时，新郎用这句话有效地完成了一种言语行为，其具有意义的判别标准是"恰当性"。

其次，U可以用L来表达一种客观思想T，当T能被辨明时，它就是L的另一种意义。我们用一个陈述语句来表征一个科学定律，便属于这种情况。在这种情况下，意义的判别标准是"真理性"。

最后，U可以用L来描述世界W的状况，而当这种描述能被辨明时，它就是L的又一种意义。比如在日常生活中，我们常常向别人讲述一件事情。此时，意义的判别标准是"指实性"。

不用说，这里的"恰当性""真理性"和"指实性"及其相互关系是关键。对它们的解释需要占用大量的篇幅，本文只是为了大致勾画出我的思路，在此就不打算详加论述了。可以说明一句：我的建议能够有效地克服实在论和反实在论的不足之处，同时又吸收了它们的一些合理观点。

［原文发表于《中山大学学报》（社会科学版）1996 年第 1 期］

第四部分

因果观念与休谟问题

因果律、自然律与自然科学

一、本文的基础及任务

（1）在《因果关系的状态空间模型》一文中（张志林，1996a），我揭示了因果关系的五个语义学特征及四个本体论承诺，并借助状态空间模型方法提出了一个因果关系的新定义：事件 E_1 是事件 E_2 的原因，当且仅当①客体 x_1 对客体 x_2 有作用 A（x_1，x_2），并且②A（x_1，x_2）使得在事件 E_1 出现之后，事件 E_2 也出现了。用状态空间模型符号表达为：$R(E_1, E_2) = Df : (A(x_1, x_2) > 0) \wedge (A(x_1, x_2) \models \gg <E_1, E_2>)$。（$\models \gg$ 表示前面所说"使得"，为表达因果作用的语词。）这里的对偶 $<E_1, E_2>$ 被赋予了时序意义，其理由参见本文第二部分。

（2）在《金岳霖因果论评析》一文中（张志林，1995a），我分析了金岳霖在《知识论》一书中提到的几种典型因果表述。就这里讨论的问题而言，金岳霖的如下观点具有启发性：第一，因果观念是求知的预设（assumption），而不是尚待检验的假说（hypothesis）。第二，"致"（cause）的概念是因果观念的要旨。第三，因果关系受时空观念限制，而且时空彼此限制。第四，就因果及其实现的关系而论，"理有固然，势无必至"。

（3）本文以上述研究成果为基础，试图从语义学、本体论、认识论三个方面分析因果律（law of causation）和自然律（law of Nature），以揭示它们各自的特点及其相互关系，进而考察它们与自然科学的关系。

二、因果律分析

1. 采用金岳霖的表述，因果律是："一切各有其因果关系。"

严格说来，金岳霖的表述（金岳霖，1983：638）指如下定律：对于任何事件 E_i，总存在另一事件 E_j，并使得 $Rc <E_i, E_j>$ 成立。转换成逻辑符号表达形式，因果律即为：

$$(\forall E_i)(\exists E_j)\, Rc < E_i, E_j > \qquad\qquad (\text{Lc})$$

这里的 $\forall$ 是全称量词，表示"所有"；$\exists$ 是存在量词，表示"至少有一个"。正如金岳霖所说，就上述因果律表述而言，"这只是说没有无因无果的事体①，而不是说一切都彼此有因果关系"（同上）。如果坚持一切都彼此有因果关系，则会陷入内在关系困境。对此，我在《金岳霖因果论评析》一文中有分析，有兴趣的读者可以参考。

2. 从语义学看，因果律分析涉及四个语词的意义，即"所有"（$\forall$）、"存在"（$\exists$）、"因果关系"（Rc）及"事件"（E）

"所有"表达的意义是：因果律适用于任一事件。易言之，因果律具有不可否证的特点。或严格地说，"E_i 是 E_j 的原因"这种一般语句的形式不可否证，而具体断定"E_1 是 E_2 的原因"这一实际语句的内容则是可以否证的。

"存在"一词意指的是：对于任一事件 E_i，至少有一个事件 E_j 是它的结果。由于"存在"是一个逻辑量词，而不是一个逻辑谓词，所以因果关系不表示客体的自然属性。正因如此，我不喜欢"因果性"（causality）的表达方式。有鉴于此，尽管"这个事件是有原因的"与"这朵玫瑰花是红的"这两个语句具有表面相似的语法形式，但其深层的逻辑形式是不同的。

"因果关系"表达的是一种特殊的关系。作为不同事件之间的一种关系，它具有三个特点：①非自反性，即在因果关系 $Rc < E_i, E_j >$ 中，$E_i \neq E_j$。据此，所谓"自因"的说法是对因果律的误用。②非对称性，即如果因果关系 $Rc < E_i, E_j >$ 成立，那么因果关系 $Rc < E_j, E_i >$ 不成立。据此，所谓"两个事件互为因果"的说法也是对因果律的误用。③传递性，即若因果关系 $Rc < E_i, E_j >$ 和 $Rc < E_j, E_k >$ 同时成立，则因果关系 $< E_i, E_k >$ 成立。据此，方能说 E_j 既是原因（相对于 E_k）又是结果（相对于 E_i）。撇开传递关系谈"某个事件既是原因又是结果"往往会导致思想的混乱。在"关系"前面加上"因果"的限制词，其意义是指有客体 x_i 对 x_j 施加了作用，从而引起状态 $S_1(x_i)$ 和 $S_2(x_j)$ 发生变化，并使得事件 $E_i(S_1)$ 出现之后，$E_j(S_2)$ 也出现了。

---

① 金岳霖所说的"事体"就是现在哲学界通常所说的"事件"。

由此，"事件"的意义也可得知：它指客体的状态变化。金岳霖从认识论角度对事件（他称为事体）做出过这样的界定："所与中有性质与关系上的统一性，而又以时间位置为终结的是事体。"（金岳霖，1983：608）事件之所以与时空有关，根源在于客体之间的相互作用受着时空条件的制约。亦即是说，只有当两个客体的空间间隔 $\triangle S$ 和时间间隔 $\triangle t$ 满足人们通常所说的"因果条件" $\triangle S \leqslant \triangle tc$ 时（这里的 c 是光速），它们之间才可能有相互作用的传递，相应的两个事件之间才可能有因果关系。

3. 从本体论看，因果律涉及事件、状态、客体及其相互作用传递之间的关系

客体 x_i 对 x_j 施加作用，与 x_i 相应的状态从 S_1 变化到 S_2，与 x_j 相应的状态从 S_3 变化到 S_4，即 $\triangle S_i = S_2 - S_1$，$\triangle S_j = S_4 - S_3$，而且 $\triangle S_i$ 先于 $\triangle S_j$ 出现。这里的 $\triangle S_i$ 这一状态变化就是事件 E_i，而 $\triangle S_j$ 这一状态变化就是事件 E_j，因而 E_i 先于 E_j 出现。用因果律所要求的术语来表述，我们便说，E_i 是 E_j 的原因。这里先因后果的时序也来源于上文所说的 $\triangle S \leqslant \triangle tc$ 这一限制条件。我在《因果关系的状态空间模型》一文中把对偶 $<E_1，E_2>$ 赋予时序意义正是根据这一限制条件，而金岳霖讨论因果的时空、背景问题以及对"致"这一观念的强调，也与这一限制条件相吻合。

既然只有满足限制条件 $\triangle S \leqslant \triangle tc$ 时，两个客体之间才可能有相互作用，而相应的两个事件之间才可能有因果关系，所以因果关系必定是非自反的。因果关系 $Rc < E_i，E_j>$ 对应的作用是 $A（x_i，x_j）$，而不是 $A（x_j，x_i）$，所以其非对称性也是应有之义。至于因果关系的传递性，其本体论根据在于客体 x_i 对 x_j 的作用导致 x_j 对 x_k 施加了作用，相应地有事件 E_i 先于 E_j 出现，接着又有 E_k 出现。

可见，因果关系的基本特点均可从本体论角度找出其根据，关键在于不同客体在满足因果限制条件 $\triangle S \leqslant \triangle tc$ 下的相互作用。我在《因果关系的状态空间模型》一文中力主从相互作用着手界定因果关系，其根据正在于此。

4. 从认识论看，与因果律 Lc 相关的规则为：认知者相信一切事件各有其因果关系

设 P 是一个认知者，则因果律 Lc 的认识论形式是：

$$B(P, Lc) \qquad\qquad (L'c)$$

这里选用"相信"（believe，即 B）一词来表达因果律的认识论形式，是为了显示因果律是一种认知者的信念。对于愿意坚持因果律的人来说，正如金岳霖所言，它是求知的预设，而不是待检验的假说。"它使我们感觉到我们对于任何现象，都可以作因果底研究。我们用不着先证实它有因果然后才设法去发现它的因果是甚么。这在研究底方法上是一比较省事的主张。"（金岳霖，1983：638）因果律相当于一个游戏规则，相信者循此求知，不信者等于抛弃了这条规则。这样，认知逻辑规律 $B(P,\neg Lc) \to \neg B(P,Lc)$ 便有了范式转换的意义：如果一个人相信因果律不成立，那么他实际上不相信因果律有效。

根据求知方法，可把因果律分成两类：一类是决定论的因果律，信奉者采取线性方法寻求事件之间的因果关系；另一类是统计性的因果律，信奉者采用概率方法寻找事件之间的因果关系。经典力学研究充分显示了第一类因果律的风貌，量子力学研究则充分显示了第二类因果律的格调。

三、自然律分析

1. 自然律典型地表征自然界中各类客体不同状态或状态变化之间的关系

设 α 和 β 分别表示客体的不同状态或状态变化，$R_N(\alpha,\beta)$ 表示 α 与 β 之间的关系，L_N 表示自然律，则可用符号来表达自然律定义的一般形式：

$$L_N = Df:R_N(\alpha,\beta) \tag{L_N}$$

在语言表达形式上，自然律常被表达为同一类客体不同状态或状态变化之间的关系。当用全称陈述形式来表达 L_N 时，一般称为决定论定律，其典型形式是：对于所有客体 x，如果它们具有属性 Q，那么它们必定具有属性 K。用逻辑符号形式来表达，即为

$$\forall x(Q(x) \to K(x)) \tag{L_N'}$$

其中蕴涵符号"$\to$"意为"如果……那么……"。当用概率形式来表达 L_N 时，一般被称为统计性定律，其典型形式是：对于某一客体 x，在一系列随机实验 D 中，状态 $W(x)$ 出现的概率值为 r。设 $P(W(x),D)$ 表示所述概率，则可用逻辑符号形式表示为

$$P(W(x),D) = r \tag{L_N''}$$

概言之,(L'_N)式和(L''_N)式是对自然律 R_N(α,β)的具体性的类型化展示。

2. 维特根斯坦(Ludwig Wittgenstein)认为,"因果律不是一个规律,而是一种规律的形式"(*TLP*,6.32)

易言之,因果律实为规范自然律的形式规则,它与自然律处于不同的层次。在语言表达形式上,因果律是用元语言来言及自然律,而自然律是用对象语言来言说自然界中客体状态或状态变化之间的关系。并非每一条自然律都能合理地归入因果律中,只有满足如下两个条件,一条自然律才是因果式的:①能够恰当地把客体的状态变化 α 和 β 翻译成事件 E_i 和 E_j;②能够合理地把事件 E_i 和 E_j 解释为客体 x_i 对 x_j 的作用 A(x_i,x_j)所引起的前后相随的两个事件。凡是不能同时满足这两个条件的自然律,就不是因果式的自然律,而是关联式的自然律。在自然科学中,那些涉及客体状态变化及其机制的自然律均为因果式的自然律,而那些只涉及客体状态描述或物质结构的自然律则为关联式的自然律。根据上文所述,因果式的自然律必须满足如下限制条件:非自反性、非对称性、传递性,以及时空限制要求 $\triangle S \leqslant \triangle t$。关联式的自然律就未必满足这些条件。

至此,我们便得到了两种关于自然律的分类方式:根据对象语言,可分为决定论的自然律与统计性的自然律;根据元语言,可分为因果式的自然律与关联式的自然律。

3. 自然律陈述

从语义学看,自然律无论表达为全称陈述还是概率陈述,其主词必不包含谓词的意义,因而属于综合陈述(在此权且采用康德的划分标准)。从认识论看,自然律属于经验陈述。从本体论看,自然律属于偶然陈述。一言以蔽之,自然律陈述中的谓词表达了主词未包含的内容,对经验现象有所陈说,其真假由经验事实加以判定,在根本上是具有可否证性的偶然真理。

4. 根据(L_N)式,对自然律的经验判定有两种情形

第一,对于 α,如果发现 β 存在并使得 R_N(α,β)成立,那么自然律就得到一次确证。第二,对于 α,如果发现 β 不存在,或者虽然 β 存在,但不满足 R_N(α,β),那么自然律就得到一次否证。作为一种限制条件,这里的 α 和 β 处于同一状态空间中。

就决定论式的自然律而言，如果已知客体 a 具有性质 Q，并且事实上发现 a 具有性质 K，那么（L_N'）式所表达的自然律就得到一次确证。如果在同一状态空间中，已知客体 b、c、d 等具有性质 Q，并且事实上发现它们具有性质 K，那么自然律就得到多次确证。可能满足上述条件的客体愈多，自然律的确证度就愈高。反之，如果已知客体 a 具有性质 Q，但事实上发现 a 没有性质 K，那么自然律就受到一次否证。可能出现这种情形的客体愈多，则自然律的否证度愈高。波普尔（Karl R. Popper）主张可否证性是科学理论的必要条件，可否证度愈高的理论愈优，其逻辑根据在于（L_N'）式所表达的全称式等值于如下存在式：

$$\neg\ \exists x(Q(x) \wedge K(x)) \tag{L_N'''}$$

正是根据这种关系，波普尔主张只需一个反例即可从逻辑上严格地否证一条决定论的自然律。

关于统计性的自然律，由于 D 是一系列随机试验，所以（L_N''）式表达的自然律之确证或否证，都要求对状态 $W(x)$ 的检验有足够多的次数。如果足够多的观察频率数据愈可能逼近自然律的概率值 r，那么该自然律的确证度愈高。反之，如果足够多的观察频率数据愈可能偏离自然律的概率值 r，那么该自然律的否证度愈高。

5. 尽管从逻辑上讲，一个反例就可否证一条决定论的自然律，但在实际的科学研究中，科学家们却不会因为自然律遇到一个反例便抛弃它

一般说来，实际的确证次数愈多，科学家们对相应自然律的置信度愈高；实际的否证次数愈多，科学家们对相应自然律的置信度愈低。无论是对于决定论的自然律，还是对于统计性的自然律，情形都是如此。在特定时刻，究竟该接受还是抛弃一条自然律，需要有适当的标准。这些标准涉及四个方面的问题：①实际的确证事例多到什么程度，接受一条自然律才是合理的？②实际的否证事例多到什么程度，舍弃一条自然律才是合理的？③确证事例与否证事例的比例达到什么程度，接受或舍弃一条自然律才是合理的？④对一条自然律，有没有一种判决性的确证或否证？

亨佩尔（Carl G. Hempel）在分析统计性自然律时只提到前两个问题，但我认为他表达的如下思想适合于对这里全部问题的评价："我们所说的这些要求可以规定得比较严格些，也可以规定得不那么严格，如何规定它们是一个选择问题。选择标准的严格性一般随研究的前后关系和目的而异。广义地说，这些标准取决于在一定的前后关系中避免可能犯的下列两种错误的重要性。这两种错误是：摈弃受检假说，虽然这个假说是真的；以及接受受检假说，虽然这个假说是假的。当接受或者摈弃假说成为实际行动的基础时，这一点的重要性就特别清楚了。"（亨普耳，1987：121）

应当注意两点：第一，从根本上说，如上标准的规定是一种实用的选择，受制于特定的研究目的；第二，在运用上述标准时，往往是在同样的经验证据背景下，对不同的理论做出比较和评价，从而决定取舍。

四、自然科学与自然律和因果律的关系

1. 任何自然科学理论都包含大量对自然现象的科学描述

科学描述的基本工具是一系列的概念和陈述。根据语言表达形式，可把概念分为两类：一类是必须借助专名或等价语词来加以定义的概念，另一类是完全不必借助专名或等价语词加以定义，而必须借助通名或等价语词来加以定义的概念。前者可称为"个别概念"，后者可称为"普遍概念"。（参见波普尔，1986b，第一章）从下文可以看出，这种分类是对陈述进行分类的一种逻辑基础。

同样根据语言表达形式，还可对概念做另一种区分：用自然语言或非量化形式表达的概念是"定性概念"，而用数学符号或量化形式表达的概念是"定量概念"。这两类概念之间往往存在着可相互转化的关系。

2. 根据定性概念和定量概念的区分，也可把陈述分为两类

一类是包含定性概念的陈述，可称为"定性陈述"；另一类是只包含定量概念的陈述，可称为"定量陈述"。含有变量的数学方程是定量陈述的典型形式。定性概念与定量概念之间的相互转化关系，是定性陈述与定量陈述之间相互转化的逻辑基础。一般说来，描述自然系统的性质和结构，可以只用定性概念和定性陈述，但描述自然系统中的状态变化则往往采用定量概念和定量陈述。

定量概念和定量陈述的构造涉及对相关谓词的阐释和还原。关于对谓词的阐释，哈瑞（Rom Harré）指出："谓词的阐释过程必须满足两个相关的要求：第一，对描述系统状态或状态变化时所使用的可观察项作出精确的表述；第二，通过描述事实的数学类比来找到一个函数概括。"（哈雷，1990：82）满足第一个要求有两种方式：一种如用"速度为 100 米/秒"

来代换"快速地运动",此时不关涉系统的转换,哈瑞称之为"线性阐释";另一种如用"温度为40℃"来代换"天气很热",此时涉及描述系统的转换,哈瑞称之为"类比阐释"。科学中常用建立描述系统的数学方程来满足第二个要求。至于对谓词的还原,是指选择一组基本谓词,把其余的谓词翻译或表达成这些基本谓词的形式。物理学中选择长度（l）、时间（t）和质量（m）作为基本谓词,而其余的物理量均可表达为这三个基本谓词的量纲式,便是显见的实例。

3. 根据个别概念与普遍概念的区分,还可对陈述做另一种分类

从构成要素看,个别陈述必定包含个别概念,而普遍陈述必定包含普遍概念;从语词形式看,个别陈述必定包含专名或等价语词,普遍陈述则必定包含通名或等价语词。正如（L_N'）式与（L_N'''）式逻辑等值所显示的那样,个别陈述与普遍陈述之间的逻辑关系是:一个普遍全称陈述逻辑地等值于一个个别存在陈述的否定。正因如此,自然科学中的决定论自然律既可以采用普遍的全称陈述来表述,也可以逻辑等值地采用个别的存在陈述之否定来表述。例如,"所有物体受热都会膨胀"与"不存在一种受热不膨胀的物体"表述的是同一条自然律,它们逻辑等值地符合（L_N'）式和（L_N'''）式所表达的自然律。经典的牛顿力学和相对论力学中有许多自然律均可作如是观。

概率陈述"镭^{226}的半衰期是1620年"表述了一条符合（L_N''）式的自然律,经典力学和量子力学中有许多自然律都表述了（L_N''）式的自然律。

4. 自然律的逻辑结构是科学描述、科学解释和科学预测的认知基础

自然科学中的一切定律都显示了（L_N'）或（L_N''）的形式。因此,（L_N'）和（L_N''）是科学描述的一般形式。不仅如此,按照亨佩尔的科学解释模型,它们还是科学解释和科学预测逻辑结构中的核心部分,因为任何被解释项或被预测项都是（L_N'）或（L_N''）式自然律与若干可观察陈述的合取所推导出来的结果,区别仅仅在于:含有（L_N'）式自然律的推理是演绎式的,而含有（L_N''）式自然律的推理是概率式的。上文所述自然律的确证或否证所依循的逻辑结构与科学解释和科学预测所依循的逻辑结构别无二致。

5. 科学描述、科学解释、科学预测符合因果式自然律时,应寻求因果解释

对特定科学描述、科学解释及科学预测,可做因果式的诠释,其满足

的条件已如上文所说，乃是必须能够合理地依据因果限制条件 $\triangle S \leqslant \triangle tc$，合理地做出符合因果关系所要求的 $A(x_i, x_j)$ 导致 $Rc < E_i, E_j >$ 式的解释。易言之，只有对符合因果式自然律的科学描述、科学解释和科学预测，才能合理地做出因果解释。反之，若它们只符合关联式的自然律，则不能合理地做出因果解释。一般而言，对于表述物质结构和状态的自然律，不宜做因果解释。对于表述物质状态变化的自然律，如果它们涉及变化的机制，则必须做出因果解释；如果它们不涉及变化机制，则可不必做因果解释。由此看来，那种认为自然科学的根本任务是揭示自然界因果关系的看法是片面的。

6. 自然科学旨在揭示自然律：从关联式自然律到因果式自然律

现在可以简要地说，自然科学的根本任务是揭示自然界中规律性的联系，其表达形式便是自然律。其中，决定论自然律在表达形式上借助全称陈述，统计性自然律在表达形式上借助概率陈述。不论是全称陈述，还是概率陈述，均可用定性方式或定量方式来表达，这两种方式依凭定性概念与定量概念之间的逻辑关联而相互转换。如上所说，对于那些只涉及物质结构和状态的关联式自然律，通常无须因果解释。但是，对于那些涉及物质状态变化及其机制的自然律，依据因果律可以做出合理的解释，这种解释有助于我们对这类自然律的理解。作为表述自然现象的自然律，其根本性的评价标准是经验检验的真理性。但作为规范自然律的形式规则的因果律，其根本性的评价标准是理论解释的合理性。从关联式自然律到因果式自然律的深化，往往标志着自然科学的重要进步。

（原文发表于《哲学研究》1996 年第 9 期）

因果关系的状态空间模型

一、引言

因果关系作为一种观照世界的方式，其思想根源至少可以追溯到亚里士多德的四因说。科学史的研究表明，主要是亚里士多德的动力因和形式因支配着科学解释模型的建构。（库恩，1981：21 – 23）自从近代哲学将原因和结果对举以来，因果关系一直是哲学研究的重要主题。那么，因果关系究竟是什么呢？针对这个问题，我们可以在现代哲学中找到三个有代表性的解答方案：马奇（John Leslie Mackie）的 INUS 条件模型（Mackie，1965）、苏佩斯（Patrick Suppes）的概率模型（Suppes，1984）和帮格（Mario Augusto Bunge）的状态空间模型（Bunge，1977）。

张华夏教授曾撰文介绍了阿西比（W. R. Ashby）提出的、与帮格思想基本一致的物质客体的状态空间模型（张华夏，1992a）。按理说，应该在此基础上尝试提出一个新的因果关系的状态空间模型，或者至少接受帮格模型。然而，张华夏未做这种选择，而基本上接受了马奇模型（张华夏，1992b）。

我认为，相对而言，帮格模型比马奇模型和苏佩斯模型更好地表述了因果关系范畴。但是，帮格模型本身也存在着严重的缺陷。本文试图在对因果关系范畴做出语义分析的基础上，提出一个新的状态空间模型式的因果定义，并通过比较以表明该模型比上述三个有代表性的模型能够更加合理地表征因果关系范畴。

二、因果关系的语义分析

关系项 E_1 和 E_2 之间的因果关系可以典型地表述为如下四个逻辑等值的语句：E_1 是 E_2 的原因（S1）；E_2 是 E_1 的结果（S2）；E_1 引起了 E_2（S3）；E_2 由 E_1 引起（S4）。令 Rc 表示 E_1 和 E_2 之间的因果关系，则这四个语句可以用一个公式来表达：$Rc < E_1, E_2 >$。

我赞成恩格斯的如下论述："我们在观察运动着的物质时，首先遇到的就是单个物体的单个运动的相互关系，它们的相互制约。""相互作用是我们从现代自然科学的观点考察整个运动着的物质时首先遇到的东西。""只有从这个普遍的相互作用出发，我们才能了解现实的因果关系"的原因在于"相互作用是事物的真正的终极原因"，而"一个运动是另一个运动的原因"乃是因果观念的真正的哲学根据。（恩格斯，1971：208 – 210）根据这些论述，我们考察 E_1 与 E_2 之间因果关系的立足点就应该是同 E_1 和 E_2 密切相关的运动着的物质客体 x_1 和 x_2 之间相互作用的制约关系，而语句（S3）中的"引起了"和语句（S4）中的"由……引起"就是表征这种制约关系的关键语词。我们说 E_1 是 E_2 的原因，就是在 x_1 和 x_2 的相互作用中截取了一个方面：x_1 对 x_2 的作用使得 E_1 引起了 E_2。

因果关系的语义分析涉及两个方面：一是对因果关系 Rc 的分析，二是对因果关系项 E_1 和 E_2 的分析。Rc 具有如下特征：

（1）Rc 涉及两个关系项 E_1 和 E_2。易言之，因果关系是一种二元关系。因此，对于单个的关系项 E_1 或 E_2，我们不能运用因果范畴。所谓某物的原因就是它自身的说法既违背相互作用观，也是语义含混的表述。用逻辑术语来表达，我们可以说因果关系具有非自反性的特征，即：$\neg Rc < E_1, E_1 >$ 或 $\neg Rc < E_2, E_2 >$，或者说 $Rc < E_i, E_i >$ 不成立。

（2）如果我们说 E_1 是 E_2 的原因，那么就不能同时说 E_2 是 E_1 的原因。用逻辑术语来表达，就是说因果关系具有非对称性的特征，即：$Rc < E_1, E_2 > \to \neg Rc < E_2, E_1 >$。这里的根据在于如上所述，$Rc < E_1, E_2 >$ 对应于物质客体 x_1 和 x_2 相互作用中被截取的一个方面，即 x_1 对 x_2 的作用 $A(x_1, x_2)$。同样，$Rc < E_2, E_1 >$ 对应于物质客体 x_1 和 x_2 相互作用中被截取的另一个方面，即 x_2 对 x_1 的作用 $A(x_2, x_1)$。

（3）根据现代自然科学的研究成果，物质客体之间发生相互作用的传递速度受着真空中光速 $c = 2.7979 \times 10^8$ 米/秒的限制。因此，物质客体 x_1 对 x_2 作用的传递速度 v 不是无限大，而是受着 $v \leqslant c$ 的制约。由此可以得出这一结论：如果 x_1 在时刻 t_1 发出作用信号，而 x_2 在时刻 t_2 接收到作用信号，那么 t_1 必定先于 t_2；相应地，原因 E_1 必定先于 E_2。于是，那种关于结果先于原因或因果同时的说法不能成立。

（4）上述分析引出的另一个结论是：如果在时间间隔 $t = t_2 - t_1$ 内，x_1 的作用信号不能传递到 x_2，那么 x_1 对 x_2 就没有作用，E_1 与 E_2 之间就不可能存在因果关系。亦即说，因果关系在空间上也有一个限制条件。

（5）如果 x_1 作用于 x_2，并使 x_2 作用于 x_3，那么在满足上述时空制约的条件下，相应的 E_1、E_2 和 E_3 之间存在着因果关系：E_1 是 E_2 的原因，并且 E_2 是 E_3 的原因，那么也可以说 E_1 是 E_3 的原因。用逻辑术语来表达，我们可以说因果关系具有传递性的特征：$(Rc < E_1, E_2 > \wedge Rc < E_2, E_3 >) \rightarrow Rc < E_1, E_3 >$。这就是通常所说的一因多果（$E_1$ 既是 E_2 的原因，也是 E_3 的原因）和一果多因（E_3 既是 E_1 的结果，也是 E_2 的结果）的一种情形。当然，一因多果或一果多因还有另一种情形：E_1 和 E_2 之间没有因果关系，但它们都能分别引起 E_3（一果多因）；或者 E_2 和 E_3 之间没有因果关系，但它们都能由 E_1 所引起（一因多果）。将 E_i 扩充为任意的 n 项，分析的思路亦同此理，不再赘述。

在分析了 Rc 的特征后，我们再来看 E_i 的特征。对此，哲学家们一致同意 E_1 和 E_2 是同一类型的范畴。但是，它们究竟属于什么类型，则众说纷纭。概略地说，有三种观点颇具代表性：一种观点认为 E_i 属于物质客体范畴，表征的是物质个体或物理客体（Chisholm，1976；Harré and Madden 1973）；另一种观点认为 E_i 属于性质范畴（Dretske，1977）；还有一种为更多人所持有的观点认为 E_i 属于事件、事实、事态或过程范畴（Bunge，1977；Davidson，1982；Wittgenstein，*TLP*）。我不同意前两种观点，而赞同第三种观点。我们可以举一个简单的例子来说明第三种观点比前两种观点更加合理：我们可以说石块撞击玻璃是玻璃破碎的原因，而不宜说石块是玻璃的原因，或石块坚硬是玻璃易碎的原因。在此，"石块撞击玻璃"和"玻璃破碎"同属事件、事实、事态或过程范畴，"石块"和"玻璃"同属物质客体范畴，而"石块坚硬"和"玻璃易碎"同属性质范畴。不难理解，"石块撞击玻璃"和"玻璃破碎"也可说表征的是两个运动过程或物质客体状态的变化。我同意维特根斯坦做出的这样一个本体论断语："世界是事实的总和，而不是事物的总和。"（*TLP*，1.1）我认为只有把因果关系项界定为事件、事实、事态或过程之类的范畴，时间和空间以及受制于此的因果关系才能得到合理的说明。正如维特根斯坦所说（*TLP*，6.3611）：

我们不能把一个过程同"时间进程"——没有这样的东西——作比较，而只能同另一个过程（如测时计的运作）作比较。

因此，我们只能借助别的过程才能描述时间过程。

对于空间，情形完全类似。例如，当我们说两个（互相排斥的）事件没有一个能发生，乃是因为没有什么原因使得这个事件发生而那个事件不发生，这实际上是说除非有某种不对称性被发现，我们就可以把它当作这个事件出现而那个事件不出现的原因。

这里揭示了时空描述对事件或过程描述的依赖性，也揭示了因果关系的非对称性特征。由此也可看出，因果关系的时空限制条件实际上是根源于事件或过程之间的关系的。换言之，物质客体的运动过程在时间和空间方面划定了因果关系范畴的适用范围。这种观点符合现代科学所昭示的相对时空观，而否认牛顿的绝对时空观。细心的读者会发现，上述要点（3）和（4）表述因果关系的时空限制条件，其立足点正是现代科学所揭示的相对时空观。

三、对因果关系的状态空间模型的分析

根据上面的分析，我们发现，对因果关系的刻画需要做出如下的本体论预设：

（1）至少存在着两个物质客体 x_1 和 x_2。

（2）x_1 与 x_2 之间存在着相互作用。x_1 对 x_2 的作用可以表达为 $A(x_1, x_2)$。

（3）x_1 与 x_2 之间的相互作用在时空方面存在着限制条件。

（4）$A(x_1, x_2)$ 使相应的事件 E_1 成为 E_2 的原因，这种因果关系可表示为 $Rc < E_1, E_2 >$。

根据状态空间描述方法，想要识别物质客体 x，就必须借助一定参考系内对 x 特定状态的表征函数。比如说，在经典力学中，我们可以把 x 抽象为笛卡尔坐标系中的一个质点，借助质点的位置函数 $S(h)$ 和动量函数 $S(p)$ 来对 x 做出描述。如果 x 有 n 个状态，那么如下状态函数就完全地表征了 x 的性质：$S = < S_1, S_2, S_3, \cdots, S_n >$。其中，每个 S_i 都有一个值域 V_i，而全部 V_i 之间的关系满足笛卡尔积：$V \to V_1 \cdot V_2 \cdot V_3 \cdots \cdot V_n$。这样，$x$ 的运动就是 x 在一个抽象的 n 维空间 $S_p(x)$ 中的状态点的变化，而 $S_p(x)$ 就是 x 的状态空间。

如上所述，因果关系描述的出发点是 x_1 与 x_2 之间的相互作用：$A(x_1, x_2)$ 或 $A(x_2, x_1)$。对应于 $A(x_1, x_2)$，我们说可能有因果关系

$Rc < E_1$，$E_2 >$；对应于 A（x_2，x_1），我们说可能有因果关系 $Rc < E_2$，$E_1 >$。值得注意的是，帮格（Mario Bunge）把 x_1 与 x_2 之间的相互作用表示为 A（x_1，x_2）$\cup A$（x_2，x_1）。（Bunge，1977）他采用集合论的并集符号 $\cup$，预设了 A 是集合。但是，集合是人们在思想中对任意确定的个别对象加以概括抽象所形成的概念整体。用帮格的话来说，集合是一个概念，而不是一个物质客体，他甚至认为我们不能断定集合的存在（Bunge，1989：22）。另一方面，帮格又主张"只有物质客体能够相互作用"（Bunge，1989：18）。因此，如果我们把相互作用看作集合概念，那么就无法排除这样的可能性：我们可以断定物质客体存在，却不能断定物质客体之间的相互作用存在。为了避免这种困难，我不把相互作用看作集合概念，同时采用逻辑学中的析取符号 $\vee$ 来表达同因果关系 $Rc < E_1$，$E_2 >$ 或 $Rc < E_2$，$E_1 >$ 相对应的物质客体 x_1 与 x_2 之间的相互作用。这种选择的基本理由在于对"E_1 是 E_2 的原因"或"E_2 是 E_1 的原因"这类表述，A（x_1，x_2）和 A（x_2，x_1）不能同时为真。而且还应强调，这里的析取关系是互斥的，因为一旦选定"E_1 是 E_2 的原因"，就只能取 A（x_1，x_2），而不能同时取 A（x_2，x_1）。在研究过程中，张华夏教授向我提出过这样的问题：这种相互作用的原理不是与牛顿第三定律相矛盾吗？我的回答是：第一，这里的相互作用不能归为牛顿力学中的引力或斥力；第二，牛顿第三运动定律本身在电动力学中就遇到了反例，显示出了它的适用界限。

当我们考察与 A（x_1，x_2）相应的因果关系 $Rc < E_1$，$E_2 >$ 时，不必考虑 x_1 和 x_2 与别的物质客体之间的相互作用。于是，x_2 在不受 x_1 作用时，在状态空间 S_p（x）中的过程可定义为时间间隔 t 内 x_2 的状态序列：P（x_2）$= < t$：S_1（x_2），S_2（x_2），S_3（x_2），…，S_n（x_2）$>$。相应地，x_2 受 x_1 作用时的过程可定义为：P_2（x_1，x_2）$= < t \mid A$（x_1，x_2）：S_1（x_2），S_2（x_2），S_3（x_2），…，S_n（x_2）$>$。当且仅当 P_2（x_1，x_2）$> P$（x_2）时，x_1 对 x_2 才有作用 A（x_1，x_2）。因此，A（x_1，x_2）$= P_2$（x_1，x_2）$- P$（x_2）> 0 成立，其含义是：x_1 对 x_2 产生了影响，使得 x_2 在过程 P（x_2）之外经历了一个新的过程。如果虽然 x_1 向 x_2 发出了作用信号，但是 x_2 未受影响而致使 P_2（x_1，x_2）与 P（x_2）相等，那么 A（x_1，x_2）$= 0$，即 x_1 对 x_2 没有发生作用。出现这种情况，有两种可能的解释：一种是 x_1 发出的作用信号太弱，不足以引起 x_2 的状态发生变化；另一种是受作用传递速度的限制（$v \leq c$），亦即受时空条件的限制（因为

速度是时空的函数），也不足以引起 x_2 的状态发生变化。严格地说，我们应该这样表述：如果物质客体 x_1 的状态发生了变化，而且出现了相应的事件 E_1，但是 x_2 的状态变化所对应的事件 E_2 并不是受 E_1 作用的产物，那么我们就不能说 E_1 是 E_2 的原因。

我们把物质客体 x 的每一种状态变化定义为一个事件 $E（x）$。若用 C 表示状态变化关系，则 $E（x）= C < S_i（x），S_j（x）>$，并且 $i \neq j$。如果该表达式表示从状态 $S_i（x）$ 变化到状态 $S_j（x）$，那么 $S_i（x）$ 在时间上先于 $S_j（x）$。在物质客体 x 上可能发生的一切事件构成一个抽象事件空间 $Ep（x）$。

根据上述分析，我们就可以在状态空间模型的基础上来定义因果关系了。令 E_1 和 E_2 是分别发生在物质客体 x_1 和 x_2 上的两个不同的事件，并设有状态空间 $S_p（x）$ 和事件空间 $E_p（x）$，而且对 x_1 和 x_2 在任何时刻的状态，均有 $S（x_1）\in S_p（x）$ 和 $S（x_2）\in S_p（x）$；对于 E_1 和 E_2，任何时刻均有 $E_1（x）\in E_p（x）$ 和 $E_2（x）\in E_p（x）$。我们说 E_1 是 E_2 的原因，或者说 E_1 与 E_2 之间有因果关系 $Rc（E_1，E_2）$，当且仅当①x_1 对 x_2 有作用：$A（x_1，x_2）> 0$；并且②这个作用使得在 E_1 之后出现了 E_2：$A（x_1，x_2）\models \gg < E_1，E_2 >$。这里引进符号"$\models \gg$"想表达的是：$x_1$ 对 x_2 的作用 $A（x_1，x_2）$"引起"E_1 和 E_2 相继出现的关系 $< E_1，E_2 >$。易言之，因果关系的定义可简略地表示为

$$Rc(E_1, E_2) = Df:(A(x_1, x_2) > 0) \wedge (A(x_1, x_2) \models \gg < E_1, E_2 >)$$

按帮格的定义（Bunge，1977），令 E_1 和 E_2 是分别在时刻 t_1 发生在物质客体 x_1 上的事件和在时刻 t_2 发生在物质客体 x_2 上的事件，则有 $Rc（E_1，E_2）= Df:（t_1 \leqslant t_2）（E_2 \in A（x_1，x_2）\subseteq E_p（x））$。我在前面已批评了帮格把 $A（x_1，x_2）$ 看作集合的观点，这里同样表现出来了，他甚至在此把事件 E_2 表示成集合 $A（x_1，x_2）$ 的元素。另外，$t_1 \leqslant t_2$ 表明，帮格承认有因果同时的情况。按上述分析，这是违背因果约束条件 $v \leqslant c$ 的观点。因此，我认为虽然帮格试图建立因果关系的状态空间模型，但他的观点是不能令人信服的。

四、几个因果模型的比较

马奇因果模型的基本思想是：因果关系可以借助条件逻辑来加以分析，但不能把因果关系单独地分别定义为两个事件之间的充分条件关系、

必要条件关系或充分必要条件关系，而应把原因 E_1 作为结果 E_2 的一个充分而非必要条件中的必要而非充分部分（an insufficient but necessary part of a condition which is itself unnecessary but sufficient），简称为因果关系的 INUS 条件。（Mackie，1965；参见张华夏，1992b）

在哲学史上，这种观点实际上承袭了霍布斯（Thomas Hobbes）的说法："一切结果的原因，都在于动作者与被动者双方之中的某些偶然性。这些偶然性全部出现了的时候就产生结果；但是如果其中缺少了任何一个，结果就不产生。"① 根据马奇的分析，用 X 表示最小充分条件项中与 E_1 合取的所有支项，用 Y 表示其余各个最小充分条件项的析取总体，则 E_1 是 E_2 的 INUS 条件就可表示为：$((E_1 \wedge X) \vee Y) \leftrightarrow E_2$。

霍布斯的思想在此仅仅体现为一个充分条件项（例如 $E_1 \wedge X$）与 E_2 的关系：如果 E_1 和 X 皆为真，那么 E_2 为真；如果 E_1 和 X 中任何一个为假，那么 E_2 为假。注意，这里 E_1 和 E_2 是表示单个事件的语句，X 是多个表示单个事件的语句之合取，而 Y 是若干个合取项的析取式。换句话说，E_1 和 E_2 是简单语句，而 X 和 Y 是复合语句。因此，要表示与 X 相关的事件不存在，就只能说 X_1，X_2，X_3，…，X_n 同时为假，而不宜像张华夏教授那样表示为 $X = 0$。（张华夏，1992b）同理，也不宜用 $Y = 0$ 来表示与 Y 相关的事件不存在。当然，我们可以采取这种说法：$X = 0$ 相当于不考虑与 X 相关的事件，此时上述公式变为 $(E_1 \vee Y) \leftrightarrow E_2$，这表示 E_1 可以被理解为 E_2 的充分条件。我们也可以采取这种说法：$Y = 0$ 相当于不考虑与 Y 相关的事件，此时有 $(E_1 \wedge X) \leftrightarrow E_2$，这表示 E_1 可以被理解为 E_2 的必要条件。还可以这样说：$X = 0$ 并且 $Y = 0$ 相当于同时不考虑与 X 和 Y 相关的事件，此时 $E_1 \leftrightarrow E_2$，这表示可以把 E_1 理解为 E_2 的充分必要条件。只有在这种情况下，我才同意张华夏教授的如下说法：马奇"将必要原因论、充分原因论和充要原因论都作为特例包括在他的分析中"（张华夏，1992b）。然而，如果说充要原因论是马奇模型的一个特例，那么据此在一定条件下可以说石块撞击玻璃（E_1）是玻璃破碎（E_2）的原因，同时又可以说玻璃破碎（E_2）是石块撞击玻璃（E_1）的原因，这就违背了本文第二节中要点（2）所述因果关系的非对称性要求。

在我看来，马奇模型最根本的缺陷是它完全无法对因果关系概念中的

---

① 引自《十六—十七世纪西欧各国哲学》，商务印书馆，1975 年版，第 87 页。

"引起"这一关键词进行分析。由此带来的后果是：马奇模型既不能表征物质客体之间的相互作用，也不能表征要点（3）和（4）所述因果关系的时空特征。针对这些缺陷，张华夏教授引入物质客体之间相互作用的概念来补充马奇模型乃是明智之举。他最后提出的因果关系定义是："所谓 A 是 P 的原因指的是有某种作用（物质的、能量的或信息的）由 A 所属的物质客体传递到 P 所属的物质客体，使得对于因果场 F 来说，A 是 P 的INUS 条件。"（张华夏，1992b）诚然，这个定义优于马奇模型那类纯粹的条件逻辑定义，但它同样无法避免对称性困境，而且似乎也缺乏对相互作用概念的深入分析。因此，我认为经张华夏教授修改过的马奇模型仍然不能较好地表征因果关系的时空特征。

苏佩斯模型的基本思想是（Suppes，1984）：因果关系可以被归结为一种特殊的概率关系。据此，设在时刻 t_1 有事件 E_1，在时刻 $t_2 > t_1$ 有事件 E_2，并设 $Pr（E_2）$ 是 E_2 出现的绝对概率，$Pr（E_1 | E_2）$ 是给定 E_1 时 E_2 出现的条件概率，则我们说 E_1 是 E_2 的原因就等价于说：

$$Rc(E_1, E_2) = Df : Pr(E_1 | E_2) > Pr(E_2)$$

像马奇模型一样，这个因果定义也不涉及物质客体之间的相互作用，因而同样不能较好地分析"引起"的意义，也不能表征因果关系的时空特征。初看起来，苏佩斯的如下断言似乎有可能补救这些缺陷："影响"在结果之前发生。但是，在苏佩斯模型中，所谓"影响"并不牵涉物质客体之间的作用分析，而仅仅与 E_2 出现的条件概率相关。可举一个极端的例子来予以说明：给定的一个事件是有一只猫出生了（E_1），那么它对另一事件即这只猫吃掉一只老鼠（E_2）的概率有"影响"，并使得 E_2 出现的条件概率 $Pr（E_1 | E_2）$ 大于它出现的绝对概率 $Pr（E_2）$。的确，这里 E_1 对 $Pr（E_1 | E_2）$ 的"影响"发生在结果 E_2 之前。按上述苏佩斯式的因果定义，可以合乎逻辑地得到一个荒谬的结论：那只猫出生了竟然是它吃掉一只老鼠的原因！

从哲学史看，苏佩斯模型继承的是休谟（David Hume）的观点：因果关系是一种非必然的持续关系和恒常结合关系。众所周知，休谟本人最终是借助人的心理联想习惯来解释因果关系的。帮格就曾明确地批评说，苏佩斯像休谟一样，把因果关系同偶然持续关系混为一谈。（Bunge，1973）按苏佩斯的因果定义，我们竟然也可以合乎逻辑地说：我房间里气压计的读数正在下降（E_1）是外面正在下雨（E_2）的原因，因为 E_1 与 E_2 之间

的确存在着恒常的结合和持续关系，并且满足 $Pr(E_1 | E_2) > Pr(E_2)$ 关系。

上述分析表明，马奇模型和苏佩斯模型不能合理地表征因果关系，其要害在于它们缺乏对物质客体之间相互作用的分析。状态空间模型恰恰把物质客体之间的相互作用作为分析因果关系的出发点。就帮格选择这一思路而言，是值得肯定的。然而，前面的分析表明，帮格的因果关系模型也存在着严重的缺陷。那么，本文所提出的新的因果关系的状态空间模型是否比上述三个模型更加合理呢？对此问题，我本人的回答是肯定的。

上述各模型基本上都把因果关系界定为两个事件之间的特定关系，同时都能满足要点（1）所述因果关系的非自反性要求。但是，马奇模型以及张华夏教授对此模型所做的补充与其他两个模型相比，有一个缺点，这就是它对充要原因论的认可使得它难以满足要点（2）所述因果关系的非对称性要求。苏佩斯模型由于忽视物质客体之间的相互作用，所以难以满足要点（3）和（4）所述因果关系的时空限制要求。就要点（5）所述因果关系的传递性特征而言，诸模型均能基于自己的因果关系定义给出合理的解释，因而在此无须多加论列。

对于分析因果关系概念来说，状态空间描述方法优于条件逻辑和概率描述方法之处，主要在于把对物质客体之间相互作用的刻画作为出发点。但是，如上所说，帮格把相互作用设定为集合概念，因而陷于困境；而且他认可因果同时性的说法，这又使他的模型难以表征要点（3）所揭示的因果关系概念在时序上的特点。我对要点（3）的解释立足于现代自然科学的研究成果，而且也为要点（4）提供了基础。因此，因为帮格模型不能满足要点（3）的要求，所以它也必定难以满足要点（4）的要求。根据要点（3）和（4），如果事件 E_1 中的物质客体 x_1 向事件空间中另一可能事件 E_2 中的物质客体 x_2 传递的作用不足以真正引起 E_2，那么我们规定这种作用对于因果关系的贡献等于零。我所提出的因果关系定义中要求必须同时满足的两个条件正是基于这样的考虑。定义中的有序偶 $<E_1, E_2>$ 被赋予了时序意义，它表示原因事件（E_1）只能先于结果事件（E_2）。为表达简洁起见，定义中不再列出 $t_1 < t_2$ 的条件。定义中表达式 $A(x_1, x_2)$ $\models \gg <E_1, E_2>$ 的含义是：首先，存在着物质客体 x_1 和 x_2，它们可以借助状态空间 $S_p(x)$ 中特定的状态函数 $S_1(x_1)$ 和 $S_2(x_2)$ 得到识别和描述；其次，$S_1(x_1)$ 和 $S_2(x_2)$ 在 $S_p(x)$ 中的变化可能对应着事件空间

Ep（x）中的特定事件 E_1（x_1）和 E_2（x_2）；再次，x_1 对 x_2 的作用可能使 E_2（x_2）出现 E_1（x_1）之后。这番分析表明，日常语言中表述因果关系的典型语句"E_1 引起了 E_2"是一种不严格的简略说法。其实，严格地说，这里的"引起"不宜被解释为 E_1 对 E_2 的作用，而应被解释为 x_1 对 x_2 的作用使得在 E_1 出现在之后接着又出现了 E_2，我的因果关系定义式中的符号"⊨≫"所表达的意义正在于此。

五、结语

本文通过语义分析揭示了因果关系的基本特征和本体论预设。现代哲学中三个典型的因果关系模型虽各有优劣，但都不能完全满足对因果关系基本特征的刻画。同马奇－张华夏模型、苏佩斯模型和帮格模型相比，本文提出的新模型能更好地表征因果关系的基本特征。新模型的主要贡献有两个方面：一是对因果关系的核心概念"引起"做出了较为精细的分析和澄清；二是消除了"因果同时"这一长期困扰学界的纷争。

因果研究是哲学探险的动人篇章。我的探索究竟是行在正道还是误入歧途，期待着同仁的评判和教正。

（原文发表于《自然辩证法通讯》1996 年第 1 期。主要内容与张华夏先生讨论过多次，谨此致谢！）

休谟因果问题的重新发现及解决

在当今流行的任何一本哲学词典中，"休谟问题"都被解释为"归纳问题"。可是，历史事实是：休谟本人大谈特谈的是因果必然性问题，他甚至没有提到"归纳"一词。不仅如此，首次提到"休谟问题"的康德大谈特谈的也主要是因果必然性问题。把"休谟问题"重述为"归纳问题"，这是波普尔的功劳。但是，故意砍掉"因果问题"却是波普尔的罪过。本文致力于重新发现几乎已被遗忘的"休谟因果问题"，并提出一种尝试性的重解方案。

一、休谟问题＝因果问题＋归纳问题

有一个历史事实值得注意：休谟在为其代表作《人性论》所写的概要中，把此书对"因果推理"的论述作为理解全书的一个"样板"。（休谟，1996）考查休谟的论述便会发现，他对这个"样板"的剖析是从知识分类入手的。他先后对知识做过三种不同的分类，表述虽有差异，观点却无大殊。简要而言，要点有三（参见休谟，1957：26，27，53；1980：89－90）：①关于"观念的关系"的知识具有直观或解证的确定性，它与经验无涉；关于"实际的事情"的知识没有直观或解证的确定性，但有经验的确实性，休谟曾用"证明"一词来表征这种经验的确实性。②关于"观念的关系"的知识之基础是不矛盾律，关于"实际的事情"的知识之基础是因果律。③不矛盾律有助于澄清思想观念，却无助于扩展经验认识；因果律的功效恰恰在于有助于扩展经验认识。换言之，"唯一能够推溯到我们感官以外，并把我们看不见、触不着的存在和对象报告于我们的，就是因果关系"（休谟，1980：90）由此也就明白上文所谓"因果推理"的含义了。进一步说，"因果的必然联系是我们在因果之间进行推断的基础"（休谟，1980：190）。

追问因果必然联系的根据，乃是休谟剖析"样板"的关键。为此，他提出了两个问题（休谟，1980：94）：

H_c1："第一，我们有什么理由说，每一个有开始的存在的东西也都有一个原因这件事是必然的呢？"

H_c2："第二，我们为什么断言，那样一些的特定原因必然要有那样一些的特定结果呢？"

休谟本人声明，解答问题 H_c2 是迂回地解答问题 H_c1 的方便之技，而问题 H_c1 才是关键。该问题等价于如下更简洁的问题（休谟，1980：97）：

H_c3：我们有什么理由说"每一个事物都必然有一个原因"？

以上从知识分类开始的追问，在休谟的如下一段论述（休谟，1957：32）中得到了简洁明了的表达：

当我们问，"我们关于实际事情的一切推论，其本性是如何的？"而适当的答复似乎是说，它们是建立在因果关系上边的。我们如果再问，"我们关于那个关系所有的一切推论和结论，其基础何在？"那我们又可以一语答复说，在于经验。但是，如果我们继续纵容我们的仔细穷究的性癖，又来问道，"由经验而得的一切结论其基础何在？"则这个又含有一个新问题，而且这个问题或者是更难解决，更难解释的。

针对这个更难解决的问题，休谟经过冗长而精细的分析，提供了一个简明的回答："根据经验来的一切推论都是习惯的结果，而不是理性的结果"；"只有这条原则可以使我们的经验有益于我们，并且使我们期待将来有类似过去的一串事情发生"（休谟，1957：42，43）。为了展示休谟得出这一结论的思路，不如看看他本人的概述（休谟，1996）：

任何实际的事情只能从其原因或结果来证明；除非根据经验我们无法知道任何事情为另一事情的原因；我们不能给出任何理由将我们过去的经验扩展到将来，我们只是完全被我们构想一个结果随其通常的原因而来的习惯所决定的；不过我们不但构想随通常而来的那个结果，而且我们还相信它；这个信念并未把任何新的观念结合到那个概念上；它只是变换了构想的方式，并且造成感觉或情感上的不同。因此，对一切实际事情的信念只来自于习惯，而且是以特殊方式构想的一个观念。

根据上面的论述，又可构述三个问题：

H："由经验而得的一切结论其基础何在？"
H$_l$1："我们期待将来有类似过去的一串事情发生"的根据是什么？
H$_l$2：为什么可以"将我们过去的经验扩展到将来"？

事情很清楚，在休谟看来，要害在于问题 H，其余三个 H$_c$ 类问题和两个 H$_l$ 类问题均可化归为问题 H。同样清楚的是，休谟以"习惯"一词一揽子回答了全部问题。还有一件事情也清楚了，即 H$_c$ 类问题理应称为"休谟因果问题"。由于现代对"休谟问题"的归纳式重述抓住的是 H$_l$ 类问题，所以可称之为"休谟归纳问题"。因此，休谟问题 = 因果问题 + 归纳问题。

二、休谟因果问题是怎样失落的？

在历史上，首次使用"休谟问题"之名的是康德。但是，康德并未以此名称呼"归纳问题"，反而以此称呼"因果问题"。以此称呼"归纳问题"的肇始者是波普尔。不妨看看波普尔（1987）的自白吧：

康德最初引进"休谟问题"这个名称是指因果性的认识论地位问题；然后，他把这个名称推广到综合命题可否是先天有效的整个问题，因为他把因果性质原则看作是最重要的先天有效的综合原则。（p. 91）
自从我写了称归纳问题为"休谟问题"的那段文字以来，这一术语已被普遍采用。我曾徒劳无益地考查了一些文献，试图发现是否有人在我之前称归纳问题为"休谟问题"。我所能找到的全部例子都可以追溯到那些多少仔细地读过我的著作的作家。（p. 99）

为什么波普尔要故意不顾康德的用法，而把归纳问题称为"休谟问题"呢？原来波普尔认为"休谟关于归纳的逻辑问题比他的因果问题更深刻"（波普尔，1987：96）。何以见得？请看波普尔的对比性论证（波普尔，1987：97）：

> 人们可以论证，如果因果关系问题能得到肯定解答，如果我们能证明原因和结果之间存在一种必然联系，那么，归纳问题也将得到解决，并且是肯定的解决。如果是这样，他就可以说，因果问题是更深刻的问题。
>
> …………
>
> 已知某些推测性的规则和初始条件，它们允许我们从我们的推测中推演预测，我们可以把这些条件称为（推测的）原因，把预测的事件称为（推测的）结果，靠逻辑必然性把它们联系起来的那个推测，就是长期探索的（推测性的）因果间的必然联系。这表明，使用休谟对归纳问题的否定的解决方法比使用他对因果关系问题的否定的解决方法，我们能获得的更多；因此，我们可以说休谟的归纳问题是"更深刻的"问题，是隐藏在因果问题"后面"的问题。

显然，波普尔在此挑明了两条证论思路：①如果因果问题能够得到肯定的解答，并且由此也能使归纳问题得到肯定的解答，那么就可以说因果问题比归纳问题更加深刻。②如果归纳问题只能得到否定的解答，并且由此也能对"因果间的必然联系"做出合理的解释，那么归纳问题就比因果问题更加深刻。在波普尔看来，康德选取了论证①的思路，而他本人则选取了论证②的思路。

关于康德论证的要点下一节再谈，现在先拎出波普尔对康德的批评："这里我发现，在康德的先天综合原则中起决定作用的并非因果性原则（如他所认为的），而是他使用因果性原则的方法，因为他是把这一原则作为归纳原理使用的。""休谟已经证明，归纳法是无效的，因为它导致无穷后退。现在……我提出如下公式：归纳法是无效的，因为它或者导致无穷后退，或者导致先验论。"（波普尔，1987：91－92）依我看，这一批评难以成立。限于本文主旨，在此不作详论，只提出一点质疑：为什么"导致先验论"竟然可以成为"归纳法是无效的"的一个理由？

正是根据以上批评，波普尔认为不能得出因果问题比归纳问题更深刻的结论，因而康德把因果问题称为"休谟问题"有点名不符实。波普尔论证思路的诀窍基于他对"休谟问题"的重述。他认为休谟实际上提出了两个问题（波普尔，1987：4）：

> H_L：从我们经历过的（重复）事例推出我们没有经历过的其他事例（结论），这种推理我们证明过吗？
> H_{PS}：为什么所有能推理的人都期望并相信他们没有经历过的事例同经历过的事例相一致呢？

波普尔称前者为"休谟的逻辑问题"，后者为"休谟的心理学问题"。我们已知，休谟本人对 H_L 做出的回答是否定性的，而他对 H_{PS} 的回答则是：由于"习惯"这一人生的指导原则。但在波普尔看来，"习惯"之说陷入了非理性主义的泥潭。他从自己的批判理性主义立论，把 H_L 重述为三个问题（波普尔，1987：7 – 9）：

> L_1：解释性普遍理论是真的这一主张能由"经验理由"来证明吗？
> L_2：解释性普遍理论是真的或假的这一主张能由"经验理由"来证明吗？
> L_3：在真或假方面，对某些参与竞争而胜过其他理论的普遍理论加以优选曾经被这样的"经验理由"证明过吗？

波普尔对 L_1 的回答是否定的（像休谟一样），但他对 L_2 和 L_3 的回答则是肯定的。关键在于：根据否定后件式演绎推理，一个单称实验陈述不能证明推出它的那个全称陈述（普遍理论）为真，却能证明其为假。至于 H_{PS}，波普尔认为要害在于说明关于人们没经历过的事例同经历过的事例相一致的"坚强的实用信念"是不是理性的。上文已指出，在波普尔看来，休谟的"习惯"之说对实用信念作的回答是非理性的。波普尔自认为他给出的回答是理性的："这些信念部分是天生的，部分是由尝试和消除错误的方法引起的天生信念的变种。但是这种方法完全是'理性的'……尤其对科学结果的实用信念不是非理性的，因为没有

什么比批判讨论的方法更加'合理的'了，而这方法就是科学的方法。"（波普尔，1987：28）

我们无须在此讨论波普尔所谓的"合理性"观念是否合理。现在我们关注的问题是：①波普尔通过对"休谟问题"的重述和重解，提出了猜想—反驳的方法论纲领，这可以说是他对现代哲学的贡献。②他自认为他的方法论纲领解决了有关"从特殊陈述中引出一般规律"的问题，而且在这样做时既无须"归纳法"，也无须"先天有效的综合陈述"。③至于所谓"因果间的必然联系"，波普尔认为这不过是把推测性的初始条件（原因）同推测性的结论（结果）联系起来的逻辑必然性罢了。一句话，在波普尔看来，只要把休谟思考的问题重述为"休谟归纳法的逻辑问题"，就可以自然地转写出"休谟归纳法的心理学问题"，进而不仅能合理地解答休谟原初的"归纳问题"（H_I 类问题），而且也能合理地回答休谟原初的"因果问题"（H_C 类问题）。正因如此，波普尔认为"休谟归纳问题"才是真正值得关注的问题；正因如此，他认为康德把因果问题称为"休谟问题"是避重就轻，他力主把归纳问题称为"休谟问题"。波普尔的建议如此深入人心，以至于现在人们一提到"休谟问题"，就自然地想到归纳问题，而休谟和康德大谈特谈的因果问题几乎已被人们遗忘了。

然而，在我看来，一方面，不能凭借归纳法的合理性来证明因果律的合理性；另一方面，归纳法和因果律的合理性完全可以得到独立的证明。在现代归纳逻辑研究中，独立地为归纳法的合理性做辩护的方案不计其数。但是，独立地为因果律的合理性做辩护的方案则屈指可数。这又是"休谟因果问题"备受冷落的一个征象。

三、几种为因果律合理性做辩护的方案

除休谟本人以外，康德、密尔和金岳霖为因果律做辩护的方案值得一提，我把这些辩护看作是对"休谟因果问题"的解答。简要地说，所谓"休谟因果问题"可表述为：因果律是否具有普遍必然性？因果律与经验知识的扩展有什么关系？

何谓因果律呢？我把它表述为：一切事件必然各有其因果关系。如果采用 $Rc<E_i, E_j>$ 表示事件 E_i 是事件 E_j 的原因这种关系，那么因果律可表达为：

$$(\forall E_i)(\exists E_j)Rc < E_i, E_j >, \quad i \neq j$$

对于"休谟因果问题",休谟本人的解法上文已有交代。现在,让我把它浓缩为如下几个要点:因果律关乎"实际的事情",而不涉及"观念的关系"(H1)。因果律既是经验认识的基础,又从经验中得来(H2)。因果律从逻辑上看没有普遍必然性,但从心理上看似乎具有普遍必然性,它是一种由重复联想的习惯所造成的信念(H3)。因此,休谟对因果律合理性的辩护是:因果律似乎具有"心理的必然性"或"经验的确实性",它是经验知识扩展的基础(H4)。

康德解法的要点是:因果律是一个先在的(a priori)、必然的综合陈述(K1)。因果律正因其先在性而具有普遍必然性(K2)。因为在"每一种变化必有其原因"这个命题中,"原因这个概念很明显地含有与结果相联系这个必然性,且又含有'规则的严格普遍性'这一概念,所以如果我像休谟那样,企图把它从'所发生的东西和在它前面的东西之重复的联想'以及'联结一些表象的一种习惯'(即起源于这种重复联想的习惯)来得出它,因而就成了一种单纯是主观的必然性,那么原因这个概念就会完全丧失掉了"(康德,1991:36-37)。一切经验知识都预设了先在有效的概念,而"原因"和"结果"正是这样的概念,所以因果范畴和因果律乃是经验知识及其扩展得以可能的一个先决条件(K3)。具体地说,因果范畴的作用是把知觉建构成经验判断,因果律的作用则是进而把经验判断调整成知识体系。因此,康德对"休谟因果问题"的回答是:因果律具有"先在必然性",它对经验判断的范导作用是经验知识扩展的理性基础(K4)。

密尔解法的要点是:因果律像"自然齐一性原理"一样,是归纳法(尤其是差异法)具有普遍有效性的逻辑前提(M1)。因果律的普遍有效性可由枚举归纳法加以证明(M2)。归纳法是经验知识及其扩展的根本保证(M3)。因此,密尔对"休谟因果问题"的回答是:因果律具有普遍有效性(密尔不愿使用"普遍必然性"这一表达方式),它是经验知识得以扩展的方法论基础(M4)。(参见张志林,1998,§4.1,§5.1)

金岳霖解法的要点是:因果律是一个"固然的"综合陈述(J1)。"固然"就是"理"的天性,"理总是固然的,固然两字表示此理本来就是如此的,不是官觉者或知识者所创造的"(J2)(金岳霖,1983:506)。"理"与"势"相对,前者指"共相的关联",后者指"殊相的生灭"

（J3）。"理虽有固然而势仍无必至，理只是势底必要条件而已。"（金岳霖，1983：664）搭在"理"上的因果律"使我们感觉到我们对于任何现象，都可以作因果底研究。我们用不着先证实它有因果然后才设法去发现它底因果是甚么。这在研究底方法上是一比较地省事的主张。"（金岳霖，1983：638）因此，金岳霖对"休谟因果问题"的回答是：因果律因表征了共相关联而具有固然性，它对经验知识扩展具有的作用是"以一范多，以型范实"；但是"理有固然，势无必至"，因而"因果总是靠得住的，不过现实与否则不一定"（J4）。（金岳霖，1983：685）

　　我对如上几种解法的评价是：①从哲学立场看，休谟和密尔固守着经验主义的堡垒，康德则开出了先验论证的新天地，而金岳霖似乎取了中道，但未领会先验论证的要义。②康德解法最值得重视，因为其方向正确，即因果律被定位为一条先在的理性范导原理，此可谓高屋建瓴。然而，康德解法也有粗疏处，即要点（K1）分明说因果律是综合陈述，而不是分析陈述，既然如此，怎能像要点（K2）那样断言"原因"概念本身包含了与结果相联系的"必然性"和"规则的严格普遍性"呢？③休谟和密尔立论都不算高，但休谟解法不乏精致，而密尔解法则显粗陋。休谟说人们对因果律的普遍必然性持有坚定的信念，这并没有错，但他以"习惯"为其奠定主观必然性的基础则不能成立。密尔试图为因果律的普遍必然性寻找逻辑基础，这本来应得嘉许，但他偏偏粗陋到只知在归纳法领地内来回转圈，以至于最终陷入由要点（M1）和（M2）构成的循环论证中而不能自拔。④金岳霖提出"理有固然，势无必至"确有新意，它启发人们关注普遍因果律与特定因果关系之间的联系和区别。然而，他所谓的"固然"即表征"共相的关联"，凭什么可以用"本来就是如此"一语就轻易打发掉呢？更何况，金岳霖在《论道》一书绪言中把"休谟因果问题"看作"理与势底不调和"也大可质疑。如果要用金岳霖的表述方式，那么问题的关键恰恰不在追问"理与势是否协调"，而是要追问"为什么理有固然"。根据以上评论，我认为"休谟因果问题"必须重解。

四、我对"休谟因果问题"的重解①

我们先来证明因果律具有普遍必然性。

假设已知有任一事件 E_i 出现，那么公式 $(\forall E_i)(\exists E_j)Rc < E_i, E_j >$ 只可能在两种情况下遇到反例：①事件 E_j 不出现；②E_j 出现，但它和 E_i 之间的关系不满足因果关系 $Rc < E_i, E_j >$ 的要求。从逻辑上看，在情况① 中，E_j 不出现并不能表明 E_i 不可能有自己的结果，因为它不能排除这种情形：事件 E_k 出现了，并且满足 $Rc < E_i, E_k >$ 的要求。同理，情况②也不能排除类似情形。换言之，对任一事件，$(\forall E_i)(\exists E_j)Rc < E_i, E_j >$ 都是普遍有效的，而且只要运用因果关系概念，就不能不如此（必然如此）。结论是：一切事件必然各有其因果关系。

至此，我们就可以回答"休谟因果问题"的前半部分了：因果律的确具有普遍必然性。至于后半部分，我的回答是：因果律作为一条先在的理性原理，它对自然律的范导作用有助于经验知识的扩展。现在需要回答的问题是：因果律是怎样范导自然律的？在此，我把对这个问题的探索表述为如下几个要点：

（1）上面的证明中提到"只要运用因果关系概念，就不能不如此（必然如此）"。由此便可引出一个结论：因果律是范导因果关系概念的一种形式；或者说，因果关系概念对一切事件都是必然有效的，这已由因果律做了担保。因此，因果律对因果范畴的范导作用体现了一种方法论的意义，即对任一事件，我们都可以设法去寻找其原因或结果。事实上，这种观念常常是推进科学研究的一种思想动力。一般地说，从组成和结构研究到演化及其机制研究的推进，都体现了因果律对因果范畴的范导作用。

（2）按是否满足因果关系概念条件的标准，可把自然律分成两类：满足条件者为因果式自然律，不满足条件者为非因果式自然律。依此，一个明显的结论是：因果律是范导因果式自然律的一种形式。又因为因果式描述和因果式解释皆以包含因果式自然律作为前提，所以如下结论也是明显的：因果律是范导因果式描述和因果式解释的一种形式。这里的方法论意义是：对任何由因果式自然律表征的事件及其关系，我们都可以按因果律

---

① 参见张志林，1998，第五章。

的范导性要求，去寻找相关的因果描述和因果解释。在科学中，凡是由含有时空变量和动力学变量的自然律表征的事件及其关系，的确都存在着相关的因果描述和因果解释。特别需要指出的是：科学描述无论被表述为决定论的还是概率式的，都可以是因果性的。因此，决不能像许多人那样把"必然性"理解为"决定论"。

（3）因果律甚至还是范导非因果式自然律、非因果式描述和非因果式解释的一种形式。这里的范导作用是这样进行的：对那些由非因果式自然律表征的事件及其关系，我们仍然可以按因果律的要求，设法去寻找言说这些事件的因果式自然律、因果式描述和因果式解释。换言之，对那些尚未纳入因果范畴的事件，我们仍可设法将它们纳入合适的因果关系之中。这样做并不会破坏原有的非因果式的自然律、描述和解释，而是在此基础上另寻因果式的自然律、因果式的描述和因果式的解释，使我们对原有事件的认识更加广博和深入。

（4）受维特根斯坦有关思想的启发，我把因果律看作"生活形式""世界图式""哲学语法""概念之网"等的类似物，它在特定语境下对因果范畴的使用者来说，是理所当然的求知预设。基于这种启发，我发现因果律的三个特点便可得到明白显示了：第一，对于因果范畴的使用来说，因果律乃是一条普遍必然的先在性范导原理。第二，借用康德的表述，我们关于因果事件的知识虽从经验开始（to begin with），但不从经验发生出来（to arise out of），它是人的认知能力（the faculty of cognition）提供的。（康德，1991：35）现在，我们可以说，因果律犹如一种世界图式，它当然有历史来源或"从经验开始"，但它是许多经验性知识得以构成的一个先决条件，决不会"从经验中发生出来"。哲学虽有历史，却绝非史学，发生学问题和知识论问题不能混为一谈。休谟正是因为不明白这种区别，所以他不能成功地说明因果律的合理性。康德划清界限，可谓立论高超，但其采用"认知能力"的表达易生误解。依我之见，与其说因果律的合理性依赖于"认知能力"，不如说它依赖于语言的本性。理解语言当然离不开心理活动，但语言问题和心理问题不可混为一谈。明乎此，就容易理解我的如下论点了：因果律的普遍必然性及其范导作用的奥秘不在别处，正在表征它们的语言之中。语言实为显示康德所谓"先在性"的标准样板。第三，因果律原来是一张范导因果范畴的语言之网。或者说，因果律是规范因果语言游戏的一条严格的规则。亦可说，因果律是指导因果语言使用者的一个明确的路标。

（5）作为对上述四点的总结，我们可以绘出一幅因果律的范导作用示意图：

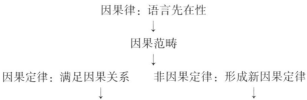

因果律：语言先在性
↓
因果范畴
↓

因果定律：满足因果关系　　非因果定律：形成新因果定律
↓　　　　　　　　　　　　　　↓
因果描述：包含因果定律　　非因果描述：形成新因果描述
↓　　　　　　　　　　　　　　↓
因果解释：包含因果定律　　非因果解释：形成新因果解释

至此，已摆明我对"休谟因果问题"重解方案的要点。是否合理，愿闻评说。

（原文发表于《哲学研究》1998 年第 5 期）

第五部分

量子力学哲学问题新探

量子力学中的自由意志定理

一、量子力学与自由意志定理对决定论的冲击

量子力学自建立后近一个世纪以来，已在科学技术的各个领域取得了巨大的成功。而与此同时，量子力学也是一个充满争议的理论。自爱因斯坦等人提出量子力学是不完备的理论以来（Einstein, Podolsky, & Rosen, 1935），对其的补充或替代理论的追寻也从未停止。也许是习惯了经典力学的决定论性特点，20世纪初的物理学家们大多认为像一辆小车、一个电子这样的"死物"，其行为应该是可以通过力学方程严格地加以预测的，如爱因斯坦一言以蔽之："上帝不掷骰子。"

基于这种观点，量子论所描述的粒子的概率行为当然令人生疑。一个自然的想法是：对粒子行为不能准确把握，乃是由于缺乏足够的信息和理解；而当我们拥有了足够的信息、更深的理解，就能准确预测粒子的行为。这种想法催生了一种隐参量理论（hidden variable theory）。贝尔（John Stewart Bell）在寻找玻姆式的隐参量理论时，发现该类理论一旦结合定域性条件，将可为纠缠态粒子的可能关联程度建立一个严格的数学限制，即贝尔不等式，而该不等式在量子力学中却不一定成立（Bell, 1964）。随着贝尔不等式被阿莱恩·阿斯派克特（Alain Aspect）等人的实验证伪（Aspect, Dalibard, & Roger, 1982），定域性的隐参量理论被否定。贝尔本人也认为，任何定域隐变量理论都不可能重现量子力学的全部统计性预言。然而，决定论并没有就此被终结，寻找其他的决定论式力学理论的努力至今仍在继续，其影响根深蒂固，让人怀疑量子论只是权宜之计。

进入21世纪以后，普林斯顿大学的约翰·康韦（John Conway）和西蒙·寇辰（Simon Kochen）教授提出了"自由意志定理"（the Free Will Theorem），再次给决定论以沉重打击（Conway & Kochen, 2006, 2009）。自由意志定理的出发点之一就是：我们人类是拥有自由意志的。康韦和寇辰认为这点毋庸置疑。在此基础之上，结合三个前提条件：SPIN——在三

个彼此垂直方向上先后测量自旋，将得到两个 1，一个 0；TWIN——两个纠缠的自旋 1 粒子，在相同方向上测量结果相同；MIN——定域性条件，可以导出自旋 1 粒子也有自由意志。

虽然因为前提假设包含人类的自由意志，使定理不能彻底驳倒决定论，但是在此前提之下，粒子的内禀不确定性水落石出。接受此前提，即意味着放弃对决定论性力学方程的追寻，转而接受一种非决定论性的宇宙观。尽管学界对自由意志定理的解读尚存争议，但对于上述观点都基本赞同（参见 Merali，2013）。而人们又大多不愿否认自己的自由意志，于是自由意志定理几乎可以说是宣布了决定论时代的终结。当然，对于人类具有自由意志这一点，亦有哲学流派持反对意见。限于篇幅，在此就不详述了。

二、自由意志定理简介

康韦和寇辰讨论自由意志定理的论文最初发表于 2006 年，被学界看作是结合了寇辰和史拜克（Ernst Specker）早前的工作与贝尔不等式思路的产物。在一些学者的质疑之下，康韦和寇辰于 2009 年发表了一个改进和加强了的版本（Conway & Kochen，2009）。下文所介绍的，即此版本——强版本的自由意志定理（the Strong Free Will Theorem）。

通过反证法，自由意志定理证明了如下事实：如果人类拥有自由意志，则基本粒子也有。其中康韦和寇辰对"自由意志"的定义，主要指两层含义：①能在不同的可能性之中做出选择；②该选择不能由过去发生过的一切历史所决定。换言之，即使掌握了整个宇宙过去所有的一切信息，也无法对该选择做出准确预测。

康韦-寇辰定理预设人类具有自由意志，其中当然包含实验者可以自由地选择在哪个方向上测量粒子的自旋。在此基础之上，定理的证明还需要三条基本公理：SPIN、TWIN 和 MIN。依次介绍如下：

SPIN：对一个自旋 1 粒子，依次在空间三个彼此垂直的方向上测量其自旋的平方，总是得到两个 1，一个 0，按某种顺序。（该公理是量子力学的严格推论。）

TWIN：两个自旋 1 粒子可以建立起这样的关联，使得当它们在相同方向上被测量自旋平方时，总是给出相同的 1 或 0 的结果。这样的两个粒子叫作"twinned"（即量子纠缠）。进一步说，若实验者 A 对粒子 a 依次在三个彼此垂直的方向 x、y、z 上测量自旋平方，而实验者 B 对粒子 b 在 w 方向上测量自旋平方，且恰好 w 与 x、y、z 中的一个方向相同，则实验者 B 测得的结果将与该方向上 A 测得的结果一致。（只要两个粒子建立了量子纠缠，此公理即可由量子力学严格地导出。）

　　MIN：当实验者 A 和 B 处于类空间隔之中，分别进行测量实验时，实验者 B 可以凭其自由意志自由地从 33 个候选方向中选择一个 w 方向，来测量粒子 b 的自旋平方，而该选择不会对粒子 a 产生任何影响；同样地，实验者 A 也可以完全自由地从 33 个候选方向中选取三个彼此垂直的方向 x、y、z（共有 40 种不同的选取可能）来测量粒子 a，且此选取也不会影响粒子 b。（此即定域性条件：处于类空间隔中的事件彼此不能影响。这由相对论和因果的时序性严格地得到保证。）

　　有了这三条公理之后，在给出定理的严格证明之前，还需要介绍一个数学上的事实——寇辰 – 史拜克佯谬（Kochen & Specker, 1967）：在下图所示空间的 33 个方向上，若给每个方向都安排一个 0 或 1 的数值，则不可能存在这样一种安排，它使得任意三个彼此垂直的方向上，都恰被安排有两个 1 和一个 0。

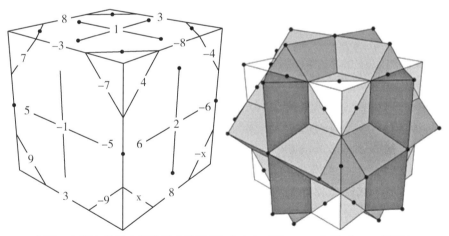

寇辰 – 史拜克佯谬中所选取空间的 33 个方向（Conway & Kochen, 2009）

　　于是，以反证法来证明自由意志定理：假设待测的自旋 1 粒子没有自由意志，即其行为服从决定论，那么，在每次测量即将开始之前，其测量结果就已经可以预先确定。现在，由于实验者 B 具有自由意志，可以在

33 个方向中任意选择，于是粒子 b 必须面对所有 33 种可能，任意一个方向 w 的测量都必须有一个 0 或 1 的结果。这样，一个决定论的粒子就必须有一个"万全的脚本"，即其测量结果是之前整个宇宙的历史和 w 的函数 [可记之为 $\beta = \beta(H_0, w)$] 完全可以预先确定。其中 H_0 代表整个宇宙之前的完备信息，w 可在 33 个方向中选一个，β 只能等于 0 或 1。

现在再来看实验者 A 和粒子 a。当 A 进行实验时，他知道对粒子 b 的实验也正在类空间隔中进行，但由于身处类空间隔之中，他既无从知道实验者 B 选择了哪个方向，也不知道粒子 b 的测量结果。但是，实验者 A 确定地知道：在 33 个方向中，每个都有可能是 w，而对每一个可能的 w，粒子 b 都会给出明确的测量结果 β。于是，可将之记为 $\beta(w)$，也就是"万全的脚本"，且 $\beta(w) = \beta(H_0, w)$，这就构成了一个分布于 33 种可能的 w 上的函数。由于公理 TWIN，实验者 A 知道，当他进行测量时，将在任意方向得到和 B 完全相同的测量结果，即他的测量结果也将必须符合函数 $\beta(w)$。另一方面，实验者 A 拥有自由意志，他是可以任意选择三个彼此垂直的方向来进行测量的。因此，由公理 SPIN 可知，三个测量结果必定是两个 1，一个 0。这样，函数 $\beta(w)$ 就必须满足这样的性质：在任意三个彼此垂直的方向上，函数 $\beta(w)$ 给出的值为两个 1，一个 0。然而，寇辰－史拜克佯谬已经证明，这样的函数 $\beta(w)$ 是不存在的，故导出了矛盾！所以，粒子必须具有自由意志。

回顾证明自由意志定理的整个逻辑链条，可见其为：

$$人有自由意志 + SPIN + TWIN + MIN + 决定论的粒子 \longrightarrow 矛盾$$

正如康韦和寇辰在其论文中所述：SPIN、TWIN、MIN 三条公理告诉了我们，自旋 1 粒子面对三个彼此垂直方向上自旋平方的测量时，其反应必须是自由的。

自由意志定理在贝尔不等式工作的基础上更进了一步。因为在结果上，贝尔不等式只是否定了所有定域性的隐参量理论，而自由意志定理在承认人类自由意志的前提下，否定了所有决定论性地描述粒子行为的理论。在前提假设上，贝尔不等式需要隐参量的静态系综条件，而自由意志定理要求的 SPIN、TWIN、MIN 三条公理更具普适性，可以说它们并不直接依赖量子力学。（Bell, 1971；Merali, 2013）在实验上，贝尔不等式需要较苛刻的实验条件，而自由意志定理只需一个思想实验。

三、学界对自由意志定理的反馈

自由意志定理的发表引起了学界的热烈反响。其中当然有众多支持的声音，如施特劳曼（N. Straumann）给出了证明自由意志定理的另一条思路，阿伦茨（F. Arends）等认为康韦和寇辰的证明可以进一步简化，33个自由选择的测量方向可减少至 18 个。也有学者讨论了自由意志定理进一步的应用和影响，其中科尔贝克（Colbeck & Renner，2011）的工作可能对量子论有着相当的意义。

当然，也有反对的观点。例如，梅农（Menon，2009）指出，自由意志定理能够证明粒子的非决定性意义不大，因为这一结论早已暗含于其两条前提假设中了：其一，由粒子构成的人是非决定性的；其二，TWIN 实为量子力学的严格推论，而量子力学所描述的粒子当然是非决定性的。梅农进一步提出怀疑：既然 SPIN、TWIN、MIN 加决定论的粒子导出了矛盾，可能不是粒子有自由意志，而是 MIN 有问题，即因果时序性可能并不严格成立（即未来可以影响过去），但其并未就之展开。戈尔茨坦等人（Goldstein et al.，2010）则认为，因为定理的前提中包含着定域性条件，当然就能证明量子力学与决定论相矛盾了，但这是贝尔不等式已经完成的工作，所以毫无新意。

另一种反对意见来自霍尔（Hall，2010）和巴雷特等人（Barrett et al.，2011）：就如同 TWIN 所展示的，粒子 a、b 的选择具有极强的关联性（总是相同）。而如果身处类空间隔中的实验者 A、B 在"自由"选择方向 x、y、z、w 时，其选择因某种原因（例如参加同一研究项目，受过相同培训等）而具有一定的关联性，则定理的推导将失效。于是，实验者测量选择间的关联性能否被排除，就成了一个关键性问题。但科尔贝克（Colbeck & Renner，2012）证明：只要两名实验者的选择有一定程度的独立性，则此独立性可通过技术过程被放大，达到完全的随机性而摈除所有的关联性。自由意志定理被挽救了。

最严峻的反对观点是：自由意志定理所证明的只是非决定性，而不是自由意志。如梅拉利（Merali，2013）所说：粒子非决定性的行为充其量只是一种随机性（randomness）的体现，既不能被称为自由意志，也不清楚如何能以之来构建出人类的自由意志；粒子的行为是自由的，但没有体现出意志。关于这个争论，目前的文献没能很好地给出解决方案，本文第六节中将就此做进一步讨论。

就这一点而言，康韦和寇辰也提出了反驳（Conway & Kochen, 2007），他们认为自由意志定理所揭示的不可能只是随机性。因为所有的随机性都可以从一个事先制备的随机数列当中来依次提取，从而获得实现，但自由意志定理证明了所有的选择必须是新鲜的，不可能是事先预存的，所以不是随机性。然而，这个说法，康韦和寇辰其实是收窄了随机性的概念范围，即认为"新鲜的随机"不是随机。但事实可能并非如此，因为粒子的这种量子不确定性恰恰是量子信息技术中的一个重要随机源。尽管如此，康韦和寇辰据此进一步声称：自由意志定理不仅排除了决定论性的理论，也排除了所有随机过程演化类的理论。此类理论的基本进路是在原先决定论性的力学方程中添入随机性因素，使之能给出与实验相符的统计预测，从而成为量子力学的替代理论，GRW 模型就是典型例子。①

图莫尔卡（Tumulka, 2007）等 GRW 模型的支持者随即做出反击，他们认为"事先制备的随机数列"这一提法不妥，因为这等同于抹杀了 GRW 模型可以拥有"新鲜的随机性"。但同时，图莫尔卡也承认，在 GRW 模型中，类空间隔里的新鲜随机之间存在相互影响，从而使得该理论中 A 处的新鲜随机结果，在某些惯性参照系中看来，将势必逆时间之流，影响在 B 处过去发生的随机结果。不过，他认为这种对因果时序性的破坏是可以接受的。持相同观点的还有吉鑫（Gisin, 2010），他建议将 GRW 模型中的随机性分作两个层次：理论预言的随机分布函数（probability distribution）和随机结果真实发生（realization）。虽然后者如康韦所言会破坏严格的因果时序，但前者不会。据此，GRW 模型仍在可接受之列。

四、自由意志定理的意义

首先，自由意志定理非常清晰地证明了基本粒子的行为是非决定论的，它们在被测量时的行为，即便人们拥有整个宇宙之前的所有信息，也无法精确预测。这对试图寻找决定论性的力学理论，例如隐变量类理论，无疑是巨大的挑战。虽然自由意志定理本身似乎并不能否定决定论，因为

---

① 因该模型最先由 G. C. Ghirardi、A. Rimini 和 T. Weber 提出来，故命名为 GRW 模型，也可称为 GRW 理论。

其前提假设中已经先行排除了决定论的可能，但定理给出了一条非常清晰而坚固的逻辑链条，即只要实验者具有自由意志，则基本粒子也有自由意志。我们认为，人具有自由意志，这是难以反驳的，不然无异于承认我们所有的研究工作都是百亿年前就已经既定的——这无疑是荒谬的。可以说，自由意志定理其实做出了这样一个郑重的宣告：基本粒子也有自由，故而整个宇宙都有自由意志。宇宙的未来并不确定，而是由人类和其他所有物质共同来描绘的。正如苏亚雷斯（Suarez，2009）指出，这种不确定性可能比量子力学本身更为基础。如同牛顿力学所揭示的动量守恒定律，即使在相对论中也仍然成立；也许有一天，量子论被更先进的理论取代，但物质的自由意志、未来的不确定性将仍然存在。

其次，自由意志定理为最终解释我们人类的自由意志提供了可能的进路。量子力学之前的牛顿力学是完全决定论的，整个宇宙如同精密的机械座钟般运转着。在这样一个力学框架之内，是不可能解释人类的自由意志的。故而，如经典物理学家们所信奉的，力学是描述"死物"的，而如何描述人类意识则不在此框架之中。如此一来，正如彭罗斯（Penrose，1994）指出的那样，意识问题，当然隐含着自由意志问题，但都被回避了。但如今，有了量子力学中的自由意志定理，便提供了这样一种空间和可能：物质系统本身就是非决定性的，可能做出全新的决策。康韦等人强调指出：人类的自由意志可以被看作是由基本粒子的自由意志组合而成的。与他们的观点遥相呼应的是圣塔菲学院考夫曼（Kauffman，2009）的观点：大脑在接受外部信息之后，可能会做出若干种宏观经典的行为反应，具体做出其中的一种反应对应着一个量子波包坍缩的过程，而决定具体坍缩到哪一种反应，则是人的自由意志发生作用的结果。

再次，自由意志定理的一个引申意义是：揭示了量子力学可能是预测能力最好的科学理论。这其实并不是康韦等人的工作，而是科尔贝克等人基于自由意志定理所做的工作（Colbeck & Renner，2011，2012）。他们已从数学上证明：由于基本粒子具有自由意志，所以不可能存在有别于量子力学的这样一种理论，它能在统计意义上对粒子行为做出更加精准的刻画。这是一个非常强的观点，它否定了所有试图寻找比量子力学更精确的理论的努力。这样一来，原来只是实验上到目前为止都支持量子力学，现在就成了实验上支持在预测能力方面没有比量子论更好的理论。这既是对量子论的巨大肯定，也为基本粒子的自由意志留下了不容侵犯的领地。

最后，自由意志定理揭示出自由意志带有某种非定域性的色彩。因为从康韦等人的思想实验中可以看出，处于类空间隔中的两个粒子，其各自做出自由选择却能彼此保持一致，而这正好体现了量子关联的非定域性。对于这种非定域性，一种最强的解读来自吉鑫的文章（Gisin，2013）。他认为自由意志既不能从过去的时间导出，又处于类空间隔，却能保持一致，这说明了自由意志具有"超越时空"的非定域性。这个结论可能偏强，因为若仔细查看量子理论和相关实验，就可以看出，一个简洁平实的解读应该是：借由量子纠缠，两粒子间存在某种默契，而此默契是非定域性的。故而，本文的提法是：自由意志带有某种非定域性的色彩。康韦等人的定理中也提到了这一点，并抱以积极的态度，他们认为正是这种非定域性揭露了基本粒子亦有自由意志这一事实。

尽管自由意志定理有着坚固的逻辑和重要的意义，如上所述，学界对之仍存疑问和争议。一个重要的疑问是：人类的自由意志与粒子的非决定性行为，可以说有本质性的差别。如果真如康韦和寇辰所说，人的自由意志是由粒子的自由意志构成的，那是如何构成的呢？一条重要的反驳则是：非决定论性是否能等同于自由意志？尤其是考虑一个粒子的行为，更像是随机性，而随机性怎能等同于自由意志呢？下文将就此两点，结合有关文献，来做一番探讨。

五、从粒子到人

在宏观低速的世界中，大多数没有生命的"死物"都不体现自由意志，而服从决定论性的运动规律。例如，集成电路中的大量电子、不断衰变的核燃料等。这是因为在宏观层面，粒子的自由意志为统计平均所掩盖。

但是，在生物系统中，情况可能并非如此。有研究显示（例如 Levi，2013；Firman & Ghosh，2013），基本粒子的不确定性可能会导致生物化学反应中的不确定性，并可能反而对生存竞争有利。亦有综述论文（例如 Kærn et al.，2005）概览了基因的表达过程中存在着大量内禀的随机性——即便是在基因序列、环境因素全同的情况之下，并讨论了其进化论意义上的好处。黏菌群是由许多相似的黏菌细胞构成的集合体。格雷戈尔等人发现（Gregor et al.，2010），黏菌细胞之间通过释放和接收一种化学物质 cAMP 进行沟通和交流，由此组成菌团，便可协调行动，移动觅食。

拉蒂等人（Latty & Beekman，2011）对质量为 0.01 克的黏菌群做了生物行为策略的研究，发现其能权衡环境因素与食物质量，并做出具有内禀不确定性的决策。梅耶等人（Maye et al.，2007）在对果蝇的行为研究中也发现了内禀的不确定性，并认为他们的实验支持了果蝇具有自由意志的观点。大脑中的神经细胞，其电脉冲行为也包含大量的自发性和不确定性。研究发现（例如 Heisenberg，2013），与大脑中神经元的沟通决策相类似的过程和机制，也存在于植物繁茂的根系之中，而高等动物的行为更是与人类接近，展现出不确定性和自由意志。最后，当把研究的视线投向我们人类时，大脑的行为决策也具有非常大的不确定性，个人的行为总是难以被精准地预测。

由上述研究工作，我们可以大致地得出如下结论：

第一，在生物系统中，粒子的不确定性并没有完全被统计平均所掩盖，而是能在宏观行为中体现出来。

第二，自由意志并不是人类所专有的，从人到果蝇、植物、黏菌，自由意志体现出一个从复杂到简单的渐变过程。这样，结合自由意志定理所揭示的，可以做出内禀不确定选择的粒子，使我们有理由相信：基本粒子也拥有某种极简的自由意志。

第三，知觉也并非人类专有，而是从人到黏菌都有，亦是从复杂到简单的渐变。粒子自由意志的选择，可以被实验测得。而"知觉"却具有隐蔽性。我们有理由设问：粒子是否也具有极简的知觉呢？就如莱布尼茨（Gottfried Wilhelm Leibniz）所说，无机物有"微知觉"，动物有知觉，人类有统觉，这是一个渐变过程（莱布尼茨，1982：27）。

第四，就人类而言，我们体验到拥有一个完整、复杂、单一的意识。同时，生物学明确地告诉我们，人脑由大约 100 亿个神经元构成，其间由 100 万亿个神经突触进行联通。如果我们认定以上两点都是事实，且后者是前者的物质基础和保障的话，则可进一步导出：一旦神经元间的连接被破坏，我们精神体验的完整性和单一性将被破坏，取而代之的就会是碎片的、非单一的体验。例如，一些癫痫病人在胼胝体切断手术之后，表现出似乎有两个独立的自我同时存在。

埃尔德里奇（Eldridge，2014）详细记载了一位叫作 L. B. 的病人，此人 1952 年出生，3 岁开始发作癫痫，1965 年进行胼胝体切断手术，成为"裂脑人"。尽管术后恢复很好，L. B. 却逐渐显现出一个奇怪的后遗症：

左手不受控制。据称，他感觉自己的左手有一个 "wicked will of its own"。他的左手会自行去殴打朋友家的狗，会阻止它用餐，会将门猛地关上来撞它。而且他越试图去控制，"the wilder it gets"，并会表现出更强的攻击性。L. B. 称之为 "a battle of wills"。研究者总结道（Scofield & Reay，2000），这只左手就像一个 L. B. 不得不接受的恶魔来作为治好癫痫的代价。这个例子让我们清晰地看出，其实在"裂脑人"的神经系统中，存在着不止一个独立意志。从谢克特（Schechter，2012）的研究中，我们更是可以通过特殊设计的实验来揭示这一点，从而使得人类意志是若干"agency"组合而成的观点逐渐进入学界视野。

人类大脑中的一小片拥有数万神经细胞的区域，其生物特性其实和黏菌极其相似——都是一群用化学或电信号相互沟通的同种细胞。如黏菌，这一小片区域也应拥有其简单的自由意志。若将其与周围的神经联结破坏，则其必将表现出独立的自由意志。由此可得出结论：人类的自由意志似乎是一种拼装组合的结果，即由大脑中更细微的结构之简单自由意志组合而来。这很像是几个人做一项需要紧密配合的任务，随着配合的熟练度和专注度的提升，他们可能会感觉到几个人组合构成了一个完全的整体。

六、随机还是自由意志？粒子有知觉吗？

下面就非决定性能否等同于自由意志的争论进行探讨。在康韦、寇辰等人的自由意志定理的理论框架中，此二者是约同的，因为他们认为能主动地在若干可能中选择，就必然体现了自由意志。学界对此的批评很尖锐（参见 Merali，2013），比如有人批评说，如果用量子的随机性来解释人类的自由意志，则人类其实并不能真正控制自身的行为；我们只是从服从决定论的机器，变成了随机的机器。考夫曼（Kauffman，2012）也指出了这一点：当我们试图用量子力学的随机性来解释自由意志时，会有这样一个难题——如何构建一个真正的、可以担负责任的自由意志（a real and responsible free will）？例如，假设当我走在街道上，这时我大脑中的一个放射性原子突然衰变了，让我产生了一个后续的行为，杀死了街边的一个老人（这里隐喻薛定谔的猫）。没错，我是有自由意志的，但杀死老人却不是我的错，因为那只是原子的随机量子行为！可见，非决定性究竟是随机（random），还是自由意志（free will），这是一个与道德责任和法律责任紧密相关的严肃问题。

其实，如果把这个问题放到日常生活中，就非常好理解。我们知道，精神病人杀人是免责的，而正常人杀人却要负刑事责任，但若是在不知情的情况下，由于过失或疏忽而为，则可部分免责。[①] 这里，精神病人的行为就类似随机的，而正常人的选择则是出于自由意志。由此可以清楚地看出，要达成"负责任的自由意志"，至少需要具备三个要素：知晓情况、知晓后果、自主选择。

根据康韦和寇辰提出的自由意志定理，"自主选择"这一要素，即便是基本粒子，也可以拥有，这是没有问题的。然而，"知晓"的要素却是缺失的！知晓必是基于知觉的，于是我们设问：基本粒子有"知觉"吗？

首先可以断言的是，若基本粒子有自由意志，则其必有知觉。否则，它的"自主选择"便只能是绝对盲目的，沦为随机而为，根本谈不上自由意志。因此，拥有"知觉"是粒子具有自由意志的必要条件。

其次，认为基本粒子具有知觉，绝不是生硬的或是突兀的，而是具有理据及充足理由的。一方面，从上文所述生物系统和脑科学研究的实例可见，如同自由意志可以逐层降解一样，知觉亦是从人到黏菌全都拥有的，是一个由繁至简的渐变过程。另一方面，其实认为粒子具有知觉的思想早在莱布尼茨的单子论中就已明确被提出来了。正如莱布尼茨指出的那样："不能因此就说，单纯实体是没有任何知觉的，根据以上所说，这是决不可能的……特殊状态不是别的，就是它的知觉。"（Leibniz，1991，§21）"在物质的最小的部分中，也有一个隐德莱希[②]。"（Leibniz，1991，§66）"每个单子也都像灵魂一样具有知觉和欲望。"（莱布尼茨，1982：26）

康韦、寇辰等人揭示了粒子的"自主选择"，这无疑从一个方面论证了粒子具有自由意志的可能性，因为"自主选择"反映了一种能动性，说明了粒子具有某种活性或精神性。但由上文可知，仅仅指出"自主选择"是不够的，自由意志需要"知觉"。故此，笔者在此郑重提出：**粒子既然能做出"自主选择"，就必定具备"知觉能力"，此二者共同构成了粒子自由意志的基本涵义。**

下面尝试对粒子的知觉能力做清晰的定义和刻画：

（1）知觉能力是粒子的一种内禀能力。

---

① 例如，参见《中华人民共和国刑法》第 232 条和第 233 条。

② "隐德莱希"源自亚里士多德的《灵魂论》，指生物的本质中非物质的部分，即灵魂。

（2）当面临各种可能的选择时，例如放射性原子核是否衰变等，粒子可以知觉到这些可能的选择。这种知觉是对粒子自身以及与之发生相互作用的局部外界环境的一种表达和反映。

（3）当粒子做出自主选择时，其自由意志对该选择不仅具有自主把握的能力，而且能知觉它选择了诸可能性中的哪一个，而不是完全盲目的、无知的。

至此，我们可以回答第四节结尾处的两点质疑和反驳了：第一，人的自由意志是一种拼装组合的结果，由大脑的更细微的结构之简单自由意志组合而来，而最终是由粒子的自由意志由简至繁，极其精巧地组合而成。第二，若单是非决定性，尚不足以构成自由意志，粒子的自由意志是由其知觉能力和自主选择能力共同构成的。

当然，我们引入"知觉能力"绝不仅仅限于替康韦、寇辰等人充实其自由意志定理的内涵。结合自主选择与知觉能力，并将此二者与能量这一基本物理量紧密相连，本文已建立起一种新颖的科学哲学理论，揭示了物质实体知觉的权利与范围，重新刻画了量子力学中的测量过程，并最终提出了一种解决量子测量问题的新方案（参见唐先一、张志林，2016）。

（与唐先一合作完成，原文发表于《哲学分析》2016年第5期）

量子测量问题新解

一、简述量子测量问题

量子测量问题悬而未决已近一个世纪（Krips，2013）。在正统的量子力学哥本哈根诠释中，波函数在测量时发生坍缩，但这是一个薛定谔方程不能描述的过程。于是，产生了一个无法回避的问题：作为一个力学体系，怎么会有过程不能为其方程所描述呢？还有由薛定谔描述的"猫之疑难"：按照量子力学方程，处于薛定谔所描述的装置中的那只猫将处于死与活的叠加态之中；而事实上，人们所观测到的将只能是或死或活两个明确的状态之一。这种明确的状态，即所谓"经典世界"，与薛定谔方程、波函数所描述的"量子世界"构成了截然不同的图景。然而，"如果说支配世界的基本规律是量子力学的话，世界为什么在我们眼中却是经典的呢？"（Schlosshauer，2005）这些存留问题被统称为量子测量问题。（d'Espagnat，1971；Busch et al.，1996；Albert，2009）

随着学界对量子测量问题研究的深入，现有的量子理论与哥本哈根诠释的局限性日趋明朗。而且人们日益倾向于将量子测量问题概括为如下两个在现有框架中尚无法回答的问题（Schlosshauer，2005）：

（1）明确结果问题（the problem of definite outcomes）：薛定谔的"猫之疑难"。也就是说，为什么在薛定谔描述的实验装置中，人类只能测得死猫或活猫两个明确结果，而非其叠加态？要知道，从量子理论来看，这些都是希尔伯特空间中的态矢，并无本质区别。

（2）优先基矢问题（the problem of the preferred basis）：为什么测量结果总是对应于一组特殊的基矢表象，例如指针向上或向下，而非其他表象？要知道，从量子理论来看，各组表象之间并无本质区别（例如向上向下的各种叠加态所构造的表象）。而且，实际的测量结果之表象往往是对应了仪器不同的空间位形分布。

正如大卫·阿尔伯特（David Z. Albert）所说，这两个问题表明，量子测量问题的核心在于量子世界与经典世界之间的分歧：一边是波谲云诡

的波函数，来自希尔伯特空间；另一边是明晰确定的物理量，能为人类所知觉。（Albert，2009）

为了解决上述两个基本问题，进而说明在量子世界上构筑出经典世界的合理性，现有的各种量子诠释理论各显神通，提出了五花八门的概念、判据或规则。例如，退相干诠释的稳定性判据、多世界诠释的世界分页和行为原则、玻姆理论中的隐参量概念、客观坍缩理论的波函数自发坍缩过程、相容历史诠释的相容性判据、模态诠释的现实化规则等等。然而，学界公认的观点却是：量子测量问题尚未得到解决（Schlosshauer，2005；Schlosshauer et al.，2013）。

二、知觉、意志与两条能量原理

根据现有的量子力学理论及其正统诠释——哥本哈根诠释，无法导出人类能够感受到的经典世界。毫无疑问，要解决量子测量问题，需要添加新的判据或规则。如上所示，界定"经典世界"的关键因素是人类的知觉能力。因此，要解决量子测量问题，"知觉"乃是一个无可回避的核心概念。

"知觉"总是得到明确唯一的结果。比如说，测量电子自旋，按薛定谔方程，应处于上下叠加态的仪器指针，人却总是只能观测到向上或者向下的状态。又如，在薛定谔设想的猫的实验中，按照薛定谔方程，那只猫应该处于死与活的叠加态之中。但是，我们有理由断言：作为猫本身，也必不可能感觉到它处于这种叠加态之中，而必是明确地活着，或已死。由此可以发现，"知觉"具有这样一种显著的特征：知觉的结果必定是处于一类特殊的状态之下，而不可能是在一些状态彼此的叠加态之中。于是，核心问题来了：这一类特殊的状态是什么？为什么它们与其叠加态存在着本质区别（后者不能被知觉）？实际上，只要能回答这个问题，量子测量问题就会迎刃而解。

康韦、寇辰等人提出的"自由意志定理"令人耳目一新，因为这一定理主张粒子具有自由意志。（Conway & Kochen，2006，2009）他们论证这一定理最重要的出发点是：人类具有自由意志。这其中当然包含了这样的观点：实验者可以自由地选择在哪个方向上测量粒子的自旋。对此，他们认为是不证自明的，因为若加以否认，则"否认了整个科学研究的严肃性"（Conway & Kochen，2006）。具体地说，利用三条公理 SPIN（自旋 1

粒子的自旋量子化规律）、TWIN（两个纠缠态粒子的总自旋量子化规律）
和 MIN（信息不能以超光速传播），通过反证法，证明了如下论断：如果
人类拥有自由意志，则基本粒子也有，即它们的测量结果不能从之前发生
的一切（或整个宇宙的历史）中推导出来。据此，量子力学的内禀不确定
性，正是基本粒子自由意志的反映，它不应被简单地理解为某种随机行
为，而是构成我们人类自身自由意志的基本模块。而此处所谓粒子的"自
由意志"蕴涵着两个基本的涵义：①粒子具有知觉能力（微知觉）；而且
②粒子具有自主选择能力。

现在让我们沿着"薛定谔的猫"继续思索。如上所说，这猫不可能感
觉到自己处于死活叠加态之中，因为"死""活"是两个完全不同的存在
状态，一如《哈姆雷特》中所说："生存还是毁灭？"由此可知，若承认
一个电子具有微知觉，则以下两个状态也必不相容：状态 1，该电子绕原
子核运动；状态 2，该电子与一个反电子碰撞湮灭，释放光子。它们对于
电子，也同样是生存还是毁灭的问题，不可能被同时知觉到。它们均是那
一类特殊状态中的两个成员，其叠加状态不能被知觉。

可见，那一类特殊状态与不同的存在状态有关。而任何存在都是要以
质量形式体现出来的。没有质量，状态当然不存在；质量不同，存在状态
当然不同。换言之，那一类特殊状态必定与质量有关——一个物体不可能
感到其处于不同质量的叠加态中。而根据爱因斯坦的相对论，质量即能
量。于是，有能量原理一（知觉－能量原理）：**任何物体永远知觉其处于
某个能量状态中，而不可能处在不同能量状态的叠加态中**。

该原理将成为本文回答量子测量问题时所添加的新规则。借由知觉－
能量原理，粒子的"知觉能力"与能量这个最基本的物理量挂钩了。而粒
子的另一基本属性"自由意志"是否也与能量具有某种联系呢？答案应该
是肯定的。就如同人们在施行其意志时都必定会消耗体能，类似的有能量
原理二（意志－能量原理）：**任何物体实施其自由意志时，都将消耗能量，
使其降至能量较低的状态中**。关于这条原理的分析论证，请见下面第
四节。

三、回答明确结果问题和优先基矢问题

我们认为，有了以上两条原理，即可回答量子测量问题，洞悉测量过
程的运作机制。

首先，让我们来看"优先基矢问题"。在具体的测量过程中，测量结果总是对应于一组特殊的基矢表象。这些基矢表象是什么呢？归根结底，它们就是观测者的一系列不同的能量状态。例如，在测量电子自旋的实验中，观测者需要去看仪器上的指针。一个人的视网膜上约有一亿个感光细胞。每个细胞有两种状态：状态 1 是吸收光子，产生一个后续的神经脉冲；状态 2 是没有吸收足够的光子，不释放神经脉冲。二者为不同的能量状态，知觉上不相容。一亿个感光细胞共可提供 $2^{100,000,000}$ 种不同的能量状态，对应观测者 $2^{100,000,000}$ 种不同的视觉体验，也就是人类视觉的 $2^{100,000,000}$ 个天然的测量基矢。

根据知觉－能量原理，观测者将永远观测不到这些天然基矢的叠加态。如此一来，原本在希尔伯特空间中全都等价的仪器指针态矢，就立刻分成了两类——指针向上、指针向下——以及它们各种可能的叠加态。只有前两个指针态是对应天然视觉基矢中的状态的，可以被观测到，其他叠加态均不可能被知觉到。

具体论证如下：当观测者看到一个指针向上的结果时，其视网膜上的神经活动大致如下图所示。此图表明，视网膜上的 A 区域因看到指针箭头，感光细胞兴奋，皆处于状态 1，释放后续神经脉冲；视网膜上的 B 区域未得到指针图像的光投影，感光细胞多处于状态 2。故此，"指针向上"对应了观测者的一个天然的视觉体验，即人类视觉的一个天然的测量基矢。同理，"指针向下"亦是如此。

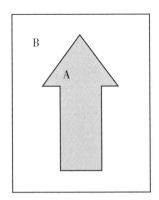

向上的指针在视网膜上的投影简单图示

然而，指针向上与向下的叠加态则不能对应这样的天然视觉基矢。试想一个指针的叠加态被投影到视网膜的情形，如图：

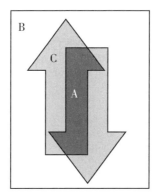

叠加态的指针在视网膜上的投影的假想图示

可见，在视网膜上的 A 区域，感光细胞处于状态 1，B 区域处于状态 2。然而，C 区域呢？指针叠加态势必要求感光细胞亦处于状态 1 与状态 2 的叠加态之中。然而，根据**知觉－能量原理**，这两种状态在知觉上不相容。因此，该叠加态不对应人类的某种视觉体验，是不可能被知觉的，当然也就不可能是测量的结果。这样，指针向上、指针向下就成了"优先基矢"，从而优先基矢问题得以解决。

其次，来看"明确结果问题"。为什么人类的观测结果总是"优先基矢"中的一个，而非其叠加态呢？由上所述可知，"优先基矢"对应着观测者不同的能量状态。现在根据**知觉－能量原理**，观测者只会知觉其处于一个能量状态中，而不可能知觉叠加态。对应地，观测结果就只会是某一个明确的优先基矢。因此，明确结果问题也可得到解决。

四、自由意志、能量流动与量子测量

现在，两个问题解决了。然而，薛定谔方程的演化得到叠加态，亲身观测却得到一个优先基矢；或者说，量子力学告诉我们"多"，我们却测得"一"。这是怎么回事？对于这个问题，根据康韦和寇辰提出的"自由意志定理"，可以给出这样的回答：这是粒子自由意志选择的结果（Conway & Kochen, 2009）。应该注意，薛定谔方程代表了一种极致的理性，它包含所有的可能性，而不能以任何函数预测的自由意志做出多中选一的

举动。

现在，让我们细查测量的这一过程。在此，应该注意三个要点：①测量任何体系，都必定伴随着观测者从该体系获得信息的过程。②所有的测量过程都必然伴随着一个体系能量流出的过程。例如，在测量电子自旋的Stern-Gerlach 实验中，被测电子撞击玻璃屏，其动能被屏幕吸收，转而释放光子，在屏上形成光斑；在电子探测器（ECD）中，被测电子的动能被氮气吸收，形成电离电流，进一步偏转灵敏电流计的指针；在盖革计数器中，被测辐射物质的能量被低压惰性气体吸收，形成电离电流；在汽包室中，被测高能粒子的能量被液氢吸收，液氢转而沸腾，形成可见的一连串小气泡；此外，当人眼视物时，被测物发出的光子被视网膜吸收；诸如此类，不胜枚举。③在测量过程中，叠加态波函数所透露的不确定性正意味着体系有机会向观测者展示其自由意志。根据"信息承载于能量的流动和储存之中"（Odum，2013：88）这一原理，便可明了要点①和②之间的内在关联：测量任一体系，该体系必定为观测者提供信息，而这一过程又必然对应着该体系的能量释放过程。再根据上述"自由意志定理"，便可进一步揭示要点①②与③之间的微妙关系：被测体系给出信息，释放能量，而释放能量的方式则由体系的自由意志所决定。

由上可见，在测量过程中，被测体系实施自由意志，同时必伴有能量流出，这正是**意志－能量原理**的体现。对被测体系而言，其实施自由意志，做出自主选择，乃是一个释放能量的过程；相反，观测者的测量则是一个吸收能量的过程，这一过程当然会引起观测者能量状态和知觉状态的改变。将二者统合起来，便可得知：被测体系实施其自由意志，释放能量，将影响测量的结果和观测者的知觉。

至此，凭借**知觉－能量原理**和**意志－能量原理**，粒子的两个基本属性"知觉能力"和"自由意志"都与能量这一最基本的物理量挂上了钩。也正因如此，"量子世界"与"经典世界"被两条坚固的锁链联系到了一起，两个世界间的鸿沟得以弥合，测量问题的关键难题得以消融。

五、结语

本文根据康韦、寇辰等人揭示的"自由意志定理"，从微观粒子具有自由意志和知觉能力出发，通过引入两条能量原理（**知觉－能量原理**和**意**

志－能量原理），尝试勾勒出一幅新的科学哲学图景。在该图景下，量子测量问题可望得到解决。与现有的其他量子诠释相比，本文引入的两条能量原理可被视为对现有量子理论的补充和拓展，而且完全符合现有的薛定谔方程和退相干理论，也保持了量子理论要求的本征值－本征态对应关系（e-e link）。这与客观坍缩模型等需要修改薛定谔方程的诠释进路、破坏e-e link 的模态诠释等进路相比，是一大优势。

　　如上所示，本文所提倡的量子诠释理论凸显出了观测者"知觉"的重要性。事实上，这一使测量问题得以解决的突破口，乃是以往所有量子诠释理论未曾尝试过的。其实，在康韦、寇辰等人提出自由意志定理之后，观测者在量子诠释中不可或缺的地位再次得以凸显。正如克里斯托夫·西蒙（Christoph Simon）等人指出：观测者可以用自由意志选择测量方式，而这将积极地影响最终实验结果。（Simon et al.，2000）亨利·斯塔普（Henry Stapp）也指出：观测者具有一种特殊能力——提问，而不同的问题对应了不同的测量方式；如何在量子理论的框架中诠释观测者的提问，将直接关系到测量问题的最终解决。（Stapp，1999）保罗·戴维森（Paul Davies）和约翰·格里宾（John Gribbin）更明确地提出，观测者的提问具有非物质的属性，而世界的真实面貌将部分决定于观测者问了怎样的问题。（Davies & Gribbin，2007）本文所勾勒的图景充分反映了观测者不可或缺的地位。实际上，没有观测者知觉的介入，量子波将永远不会坍缩。而观测者的提问，正是经由特定的实验仪器摆放，将问题的各种可能答案对应到观测者不同的能量状态之上而得以实现的。其中，观测者的知觉与各个能量状态间一一对应的关联及其选择不同问题的自由意志，都是观测者提问中的"非物质属性"。

　　最后，应该强调指出，本文所提倡的量子理论诠释方案完全是奠定在量子力学所揭示的不确定性和粒子自由意志基础之上的。这一诠释方案试图充分反映当前有关粒子微知觉和自由意志的最新研究成果，力主摒弃"决定论执着""空间位置表象执着"和"经典图景执着"，因而更贴合量子力学的精髓。

（与唐先一合作完成，原文发表于《自然辩证法研究》2016 年第 2 期）

第六部分

科学思想史研究：以化学亲合观为例

化学亲合观历史发展新论

> 探索如何解释亲合概念的活动，一直是做出化学发现的动力。
>
> ——莱斯特

用英文语词来表示，Affinity 是表征化学史上借以探究化学运动基本关系的关键概念。因此，依循这一概念发生和发展的轨迹来考察化学亲合观的演变，理当成为化学史和化学哲学的重要研究课题。

早在 Affinity 概念产生前的古希腊时代，就存在着两种典型的自然哲学的亲合观：一种以恩培多克勒的爱憎说为代表，将自然界的分合聚散类比于人类的悲欢离合；一种以德谟克利特的原子论为代表，用不同形状原子间的勾连和推斥来解释自然界的分合聚散。前者是典型的机体论观念，后者则具有机械论特征。前者在亚里士多德哲学中得以强化，而且亚里士多德还把自然界看成是"一个以性质为本的宇宙"（库恩，1981：iv）。受制于此，"亲合性"成为波义耳以前化学亲合观的概念表征。

一、机体论的亲合观：拟人的"亲合性"

公元初期，化学的原始形态炼金术起源于亚历山大里亚。它是当时工艺技术和哲学思想结合的产物。就哲学思想而论，当时炼金术士信奉亚里士多德的四元素学说（土水气火）和四原性学说（冷热干湿）。根据万物具有生命和趋向善的本性的观念，炼金术士们相信，金属有生命，贱金属能变成至善的黄金。为此，他们企图提炼出黄金的"灵气"，以赋予别的金属。"灵气"既可从黄金中分离出来，又能与别的金属相结合，乃是因为"灵气"与金属之间具有亲合性。他们甚至认为颜色就是"灵气"的表现形式之一，因而金属着色便源自颜色对金属的亲合性。对此，可以从佐西马斯（Zosimos）的著作中找到证据。因为"灵气"或颜色可与任何金属相亲合，所以此时的亲合性不具选择特征。炼金术士们甚至还认为，

"金属是两性生殖的产物，金属本身就有雌雄之分"（梅森，1980：54）。由此，雌性金属只能与雄性金属相亲合，此时亲合性就具有选择性了。这里还显露出机体论的特点：以有机体为参照物，类比地以有机体间的雌雄相配，对金属间的亲合性做出拟人的解释。

新柏拉图主义兴盛等因素导致炼金术在亚历山大里亚流行了三百年左右便出现停滞迹象。从 8 世纪开始，炼金术又在阿拉伯重兴，到 10 世纪已盛行于世。同早期相比，阿拉伯炼金术更加重视金属的性质和构成问题。提出硫 - 汞学说的扎比尔（Jabir ibn Hayyan）认为，四原性中两两结合构成金属，并赋予金属以相应的特性。他进而认为四原性按不同比例结合构成了不同的物体。"因此，炼金术的任务是：确定它们［指四原性］在物体中所占的比例，提炼出纯净的这类性质，使它们各以适当数量彼此结合，生成人们预期得到的产物。"（莱斯特，1982：70）可以说，强调原性间结合在数量上的比例关系，乃是阿拉伯炼金术中亲合概念的一大特色。另外，此时的亲合观仍是拟人式的，因为炼金术士们相信，从金属中提取的原性按一定比例重新结合之所以能生成预期可得到的黄金，是因为这种结合可以治疗那些患病的金属，并使之趋于至善状态。

史料表明，阿拉伯学者的著作对欧洲 13 世纪的学术复兴产生了巨大影响。正是在 13 世纪，马格努斯（A. Magnus）明确地提出了"affinity"（他用的是拉丁文复数形式，参见下文）来表达化学亲合概念。马格努斯曾自称遵从亚里士多德和希波克拉底。事实表明，他的确信奉亚里士多德的原性说，他对落体运动的解释就是例证。此外，马格努斯很可能也接受了希波克拉底关于性质相似者相吸引的观点（"like assorts with like"）。马格努斯写道："硫能使银变黑；一般说来，金属能燃烧就是由于硫对它们具有亲合性（affinitas）。"（Walden，1954）。这里断定当时最重要的化学变化之一——燃烧现象的原因在于燃烧物间的亲合性，便在一定意义上表明了亲合性是化学变化原因的思想。从此，化学动因研究有了明确的概念表述工具，对此概念的诠释也将成为化学研究的重要主题。

还应提到 13 世纪前后的《杰伯教程》（Geber's Texts）。在接受硫 - 汞学说的前提下，该教程认为硫、汞的贵贱性（汞贵硫贱）决定着金属的贵贱性。例如"完善金属含有大量的汞，所以它们兴高采烈地与汞结合在一起。"（Walden，1954）这种机体论观念成为对各种金属与汞的亲合性顺序的解释基础（金 > 锡 > 铅 > 银 > 铜 > 铁）。对金属与硫间亲合性的解释亦同此理，不再详述。教程还断定：两物间亲合性的大小正比于它们性质或构成要素的相似程度。不难看出，这里体现了相似者相吸，以及亲合性的比例思想。

彼特鲁·波努（Petrus Bonus）曾在 1330 年提出："硫和汞的关系犹如一雌一雄。"（莱斯特，1982：94）这与早期人们相信金属有性别的观念一脉相承。但是，用此说却无法解释汞与汞或硫与硫之间的结合。对此，彼特鲁·波努采用了微粒互吸说。比如，汞的"干微粒和湿微粒结合得异常牢固，即使用火加热也无法使之分离，它们间保持着完全的平衡状态"（莱斯特，1982：94）。可以认为，这在原性说框架内掺入了原子论观念。当然，此观念甚弱，因为在根本上汞微粒间的亲合性是干、湿二原性互吸的表征。

帕拉塞尔苏斯提出的硫、汞、盐三要素说使雌雄两相配的亲合观失去了逻辑基础。他或视亲合性为神秘作用，或从大小宇宙相通观念出发，接受爱憎亲合观。而这在格劳伯（J. R. Glauber）那里表现得更为明显："一种金属与另一种金属的性质迥然不同，同类相爱［而合］，异类相憎而离。"（Armstrony & Deischer, 1942）尽管这仿佛不过是恩培多克勒爱憎说的回声，但格劳伯通过对卤砂与氧化锌共热、硅酸钾使溶于王水中的金析出等研究，深化了亲合性的选择性和非恒定观念。（Partington，1961：354 - 355）亲合性非恒定的观念还表现在范·赫尔蒙特的下述见解中：借助酵素（ferment），物质不活泼的亲合性能引起化学反应。（柏廷顿，1979：61）

当赫尔蒙特用硫、汞、盐三种微粒的不同配合来解释气体（gas）与蒸汽（vapour）的差异时，隐约反映出微粒亲合观。而这在列梅里（N. Lémery）那里就十分明确了。例如，他认为酸是枪尖状粒子，碱是多孔状粒子，酸的尖刺入碱的孔中就会折断而变成中性的盐。列梅里还认为金属（如银）也是多孔状粒子，因而沉淀反应是酸粒子的尖在金属粒子的孔中折断所造成的。波义耳的亲合观与此酷似，但他在化学本体观上不像列梅里那样信奉"五要素说"（"三要素说"的变种），而是提出了微粒说。我认为，波义耳的微粒说和牛顿的引力论共同促成了化学图景的巨大变化：以性质为本变成了以实体（微粒）为本，Affinity 从机体论的"亲合性"变成了机械论的"亲合力"。

二、机械论的亲合观：力学的"亲合力"

波义耳除具有列梅里式的亲合观外，还提出："相异二元素之微粒相互吸引，则生成第三物质，即成为化合物。倘若此化合物中二元素成分之相互亲合力小于其中一成分与第四物质之亲合力，则此化合物即分解，而另生成第五物质。"（《化学发展简史》编写组，1980：95）此说为 18 世纪亲合力表的研究奠定了概念基础。

牛顿虽接受了波义耳的微粒说，但他把微粒形状契合式的亲合观斥为诡辩，并在《光学》中表示："我宁愿从物体的内聚力（cohesion）出发，认为物体的粒子依靠某种力相互吸引。"他认为化学亲合力与重力、磁力和电力并无本质性的区别，只是后三者的吸引可达较远距离，而前者是短程引力。在牛顿看来，引力是自然界的积极本原（active principle），排斥是其反抗结果。因此，牛顿的亲合观是否认排斥因素的。这种重吸引力轻排斥力的机械论倾向同扬"爱"贬"憎"的机体论倾向是一脉相承的。还应提及，牛顿猜测电吸引力在被摩擦激起前是一种类似于亲合力的短程引力，这似乎是对后来电力论亲合观的一种预示。

在燃素说中，"燃素"和"亲合力"是化学解释的基本概念，它们为化学提供了一种通用的解释模式：在化学变化中，燃素从对它亲合力小的物质转移到对它亲合力大的物质中去。对金属燃烧、蜡烛燃烧、金属溶于酸、金属间的置换等化学变化的解释便是例证。

至少在马凯尔（P. J. Macquer）之后，牛顿式的亲合观在化学界就开始占据主导地位。当时甚至有不少化学家试图将化学亲合力纳入牛顿引力公式中，以至有科学史家认为，马凯尔之后斯塔尔学派的化学是用牛顿亲合力解释的燃素化学。亲合力表研究的直接动力之一就是为了更广泛地运用牛顿的亲合力概念。在此类研究中，温策尔（C. F. Wenzel）的工作尤值一提。他认为亲合力正比于化学反应速率，从而为亲合观的动力学研究开了先河。（胡瑶村，1983）

对金属燃烧反应，燃素说和氧化说的解释可分别表示为"金属－燃素——→灰渣"和"金属＋氧——→灰渣"。由此，燃素说的化学解释模式最终被氧化说改造成这样的形式：在化学变化中，氧从对它亲合力小的物质转移到对它亲合力大的物质中去。可见，"亲合力"仍是氧化说的基本概念之一。这里的亲合力仍是牛顿式的，因为拉瓦锡信奉牛顿引力论。

在近代原子论的先驱和创始人那里，牛顿式的亲合观也得到了继承和发展。B. 希更斯（B. Higgins）在 18 世纪后期提出了几个重要观点（参见胡瑶村，1983）：①原子是坚硬的球体，两原子间的引力反比于它们间的距离；②火（热）使原子互相排斥；③亲合力（引力）和排斥力可用于解释物态变化及化学反应。这些观点后来为道尔顿和阿伏伽德罗所接受。其中第Ⅰ点明显地表现出牛顿的影响，而第②③两点又克服了牛顿重吸引轻排斥的倾向。

B. 希更斯的侄子 W. 希更斯的工作也体现出两个重要思想（这些思想后来被道尔顿吸收）（柏廷顿，1979：178 – 179）：①亲合力的大小可用数字表示；②原子间的亲合力可用图形来分析。后来产生的原子价和化学键概念与此有渊源关系，难怪柏廷顿认为这种亲合观预示了后来出现的倍比定律及化学键理论。

伏打电堆的发明（1800 年）开辟了对亲合观进行电学研究的新时代。戴维、贝采利乌斯等对元素电荷特征的研究"为元素之间化学亲合力的新的观点奠定了实验基础；根据这种观点，元素……是按其电荷（即静电学地）进行化合（吸引）的"（凯德洛夫，1985：122）。亦即说，对亲合概念的诠释开始突破纯粹机械论（力学）的框架，进入了电力论（电学）的范畴 。

三、电力论的亲合观：电学的"亲合力"

戴维断定亲合力与正负电荷间的吸引力成正比，并认为彼此间有亲合倾向的物质接触时将会带电，而电荷的中和作用将会促使化合发生。设 α 和 β 表示有亲合倾向的两物，γ 表示化合产物，则戴维的观点可简示为：

$$\alpha + \beta \xrightarrow{\text{接触}} \alpha^+ + \beta^- \xrightarrow{\text{化合}} \gamma \qquad (A)$$

贝采利乌斯基于 1803 年进行的盐类水解研究提出（柏廷顿，1979：204）：①电流能分解化合物；②分解量正比于电量，而与亲合力和电极表面有复杂关系；③分解变化首先依赖组分对电极的亲合力，其次依赖组分间的亲合力。贝采利乌斯认为，电荷中和后，组分仍结合在一起，这一事实表明化合物中的原子仍是极化的，而电流使化合物分解证明了化合状态是靠极性来维持的。因此，原子是电偶极，元素的电性特征取决于原子所具正负电荷的比例，如氧的电负性最强，钾的电正性最强。这样，贝采利

乌斯就抛弃了戴维观点（A）中的"接触"过程，而通过提出电解是化合的逆过程发展了"化合"过程，于是有

$$\alpha^+ + \beta^- \underset{\text{分解}}{\overset{\text{化合}}{\rightleftharpoons}} \gamma \qquad\qquad (B)$$

由此，电性成了原子的固有属性，而不是戴维所谓的接触效应，因而电荷中和的宏观效应无法消除原子间的静电吸引。

如果从上文"like assorts with like"引申出"同性相吸，异性相斥"的原则，那么贝采利乌斯对亲合力选择性特征的看法可表述为相反的命题："同性相斥，异性相吸"。尽管这反映了亲合观的深化，但它本身有悖于原子－分子论，并遇到许多实际困难，如它无法解释两个氧原子间的结合。当贝采利乌斯学说涉足有机化学时，就遭到更多经验事实的否证，以致最终失去了在化学中的统治地位。

堪称关键性的否证也许可举出杜马等人对取代反应的发现。比如说，电负性的氯竟能取代有机物中电正性的氢！杜马毅然主张抛弃贝采利乌斯的亲合观，并提出："我们可以将化合物比成一个行星系，并假定各个质点靠相互吸引而保持在一起。"（肖莱马，1978：28）相应地，日拉尔明确主张用牛顿的亲合观取代贝采利乌斯的亲合观。罗朗则把原子核设想为棱柱形，碳、氢原子分别位于角和棱上；氯取代氢时，棱柱不变形，产物保持原物类型。（肖莱马，1978：26－27）这一设想中的亲合概念类似于列梅里和波义耳的机械亲合观。要言之，杜马等人在反对贝采利乌斯的亲合观时，使牛顿或波义耳的亲合概念在外延上得以扩展，但在内涵上却无深化。

使亲合概念的内涵发生巨大变化的是原子价（当时又称为亲合单位：Affinity Unit）和化学键概念的提出（1852 年和 1856 年）。正如张嘉同所说："原子价和化学键，二者既有联系又有区别。前者表征一原子结合其他原子的数量，后者表征原子之间结合的力量或强度。它们从不同方面反映出原子结合成具有一定组成和结构的物质的性质，是作为形成和保持化合物分子原因的化学亲合力的具体体现。"（张嘉同，1982）化学史表明，在电子的发现揭示了电运动的物质基础并打破了原子不可分的观念以后，基于力学和电学的亲合力概念在关于原子价和化学键的研究中得到了统一和深化（不过此时 Affinity 已为 Valency 和 Bond 所代替）。限于篇幅，此不详说。

至此所论 Affinity 有侧重于反映静态、局部和吸引的特点。与此相反，在物理化学中以热力学为主要理论基础的 Affinity 概念则表现出反映动态、整体并兼容排斥因素的特征。（盛根玉，1987）而且，Affinity"和整个热力学一样，已经是一个统计概念"（莱斯特，1982：231）。下文将表明，在此背景下，相应的 Affinity 被归结为各种形式的能量，故我以"亲合能"译之。

四、统计性的亲合观：热力学的"亲合能"

根据质量作用定律发现者古德贝格和瓦格的研究（1867），对化学反应：

$$N + M \rightleftharpoons N' + M'$$

设 γ 和 f 分别表示亲合系数和推动力，则对正逆反应分别有

$$f_{正} = \gamma_{正} pq \qquad f_{逆} = \gamma_{逆} p'q' \qquad (C)$$

其中 p、q、p'、q' 分别表示 N、M、N'、M' 的有效质量。范特霍夫在对氯乙酸水解反应的热力学研究中也得到同样的结果，但他放弃了"化学力"（chemical force）之类的术语，而代之以化学反应速率，将（C）式写成

$$v_{正} = \gamma_{正} pq \qquad v_{逆} = \gamma_{逆} p'q' \qquad (D)$$

并将 $K = \gamma_{正}/\gamma_{逆}$ 定义为平衡常数。1879 年，古德贝格和瓦格也接受了范特霍夫的观点。但是，艾伊顿（W. E. Ayrton）、能斯特等人却仍沿用"化学力"之类的术语。能斯特甚至在 1900 年还以此来表述化学反应速率，不过他已将化学力定义为反应体系始终态自由能之差。

值得注意的是，古德贝格和瓦格把（C）式中的 f 看作亲合力与有效质量的共同贡献。他们曾视化学力为一种机械力，因而 γ 反映的亲合观基本上仍属牛顿范式。只有能斯特从能量角度对化学力的定义才反映出亲合观的新范式。其实这种研究早在 D. J. 汤姆逊和贝特罗的工作中就有明显体现了。他们提出了一个"相对亲合能"（relative affinity）的定义：亲合能 A 等价于化学反应释放之热 $-Q$，即

$$A = -Q \qquad (E)$$

其根据有二：一是化学反应由亲合能引起；二是汤姆逊 – 贝特罗经验规则。

如果说化学反应速率对化学力的取代，以及亲合系数概念的提出，乃是摆脱"力"概念一统天下的初步尝试，那么（E）式的出现堪称一种深

刻的尝试。根据汤姆逊－贝特罗规则，亲合能还成了化学反应方向的一种判据。据此，过去那种轻视排斥的倾向也得到了克服，因为"能"就是对排斥作用的一种表达形式。亲合能作为化学反应方向的判据，是以承认动态平衡为前提的，因而它从动态和整体角度统计性地表征了亲合观。

当然，作为化学反应方向判据的（E）式受到这样的限制：其根据是汤姆逊－贝特罗经验规则，而不是反映物质变化方向性的热力学第二定律。该定律表明，只有那些包含有用功转化为无用功的变化才能自发进行。赫姆霍茨在 1882 年就用"自由能"来表达过最大功。两年后，范特霍夫提出，亲合能等价于恒温可逆化学反应的最大功。后来人们普遍接受了路易斯的见解，以有用功取代上述最大功。至此，一种新的相对亲合能的概念诞生了：亲合能等价于反应体系自由能的减少，即

$$A = - \triangle Q \qquad\qquad (F)$$

由此，亲合能可作为等温等压化学反应方向和趋势的判据：反应向 $A > 0$ 的方向进行；A 越大，反应趋势越强。显然，（F）式比（E）式更深刻地反映了化学亲合观的意义。不过，19 世纪的热力学局限于平衡态，不可逆过程被当作讨厌的东西。20 世纪，当德、普里戈金等人深入地研究了化学反应这种"不可逆过程的原型"，从而把亲合观引向一个新阶段。（参见普里戈金、斯唐热，1987）

当德通过化学位 μ（实际上仍基于自由能）来定义亲合能：

$$A = - \sum v_i \mu_i \qquad\qquad (G)$$

其中 v_i 是组分 i 的化学计量数。他还引入反应度（the degree of advancement of reaction）来定义反应速率 V（单位时间反应度的变化率），并根据熵增原理推导出亲合能与反应速率的关系（Prigogine，1955）：

$$A \cdot V > 0 \qquad\qquad (H)$$

普里戈金认为（H）式表达了化学亲合能最有特征的性质，因为它表明亲合能决定着化学反应速率的方向。他还认为"当德化学亲合能定义的重要性主要在于它与熵产生密切相关"（Prigogine，1955），进而推导出单位时间熵产生 P 与亲合能的关系式（T 是热力学温度）：

$$P = (1/T) A \cdot V > 0 \qquad\qquad (K)$$

对联立反应，（K）式的加和仍然成立。据此，普里戈金提出："至少在近平衡区可以很自然地假设速率和亲合能之间存在线性关系。"（Prigogine，1955）对此，普里戈金既通过苯加氢、环己烷脱氢等反应进行过实验研究，又借助昂萨格倒易关系进行了理论分析（普里戈金，1986：81）。

作为（K）式的推广，普里戈金还提出了不可逆过程热力学的普适方程：

$$P = -\sum X_i J_i \tag{M}$$

其中 P 是由不可逆过程的单位时间熵产生，J_i 是过程 i 的速率，或者说，是"广义流"（generalized flux），X_i 是引起 J_i 的"广义力"（generalized force）。由此，普里戈金又把（G）式定义的亲合能称为对应于化学反应的广义力，其实际内涵是反应体系实际态偏离平衡态的量度。这样，对普里戈金来说，亲合能就可以充任研究由平衡态向远离平衡态过渡的概念工具了。例如，对于化学反应系统，$A=0$ 对应于平衡态；A 变引致系统偏离平衡态，$|A|$ 小表明系统实际态与平衡态间的距离小（接近平衡态），系统接近稳定；$|A|$ 大则表明系统实际态与平衡态间的距离大（远离平衡态），系统不稳定；$|A|$ 足够大时，系统可能会达到一种新的稳定态，形成有序的耗散结构。至此，我们看到，普里戈金创立的耗散结构理论与他的亲合观有着十分密切的联系。

普里戈金强调，以反应速率为特征的化学变化过程都是不可逆过程，亲合概念不能被归结为力学轨道。这些观念标志着化学哲学思想的深刻变化：从关注实体转向关注过程。甚至可以说，普里戈金等人的工作已经引起整个自然图景的改变。

如果说与"亲合性"相应的自然界模型是有机体，与"亲合力"相应的是机械钟，那么与"亲合能"相应的则是雕像，这种雕像"十分清晰地表现出一种寻求，寻求静止与运动之间、捕捉到的时间与流逝的时间的结合"。

（原文发表于《大自然探索》1989 年第 4 期，大体上是作者硕士学位论文的缩写。怀念 1985 — 1988 年在华东师范大学求学的时光，感谢潘道皑、盛根玉两位导师！）

第七部分

科学、知识与宗教哲学

进化论与设计论证

如果认可达尔文进化论对基督教提出了挑战，那么通常会把这种挑战归结为如下三点：对设计论证的挑战，对人类尊严的挑战，以及对《圣经》权威的挑战。本文试图表明，从论证和解释的角度看，设计论证能够避免进化论的挑战而得到合理的辩护，而且可望得到更加合理的修正和推进。

一、两个著名的设计论证版本

追溯设计论证的历史，至迟可以在中世纪时期托马斯·阿奎那（Thomas Aquinas）的《神学大全》（*Summa Theologica*）中找到第一个著名的版本，这就是他用来证明上帝存在的"五种方法"中的最后一个（转引自斯温伯恩，2005：46－47）：

> 第五种方法以事物的可指导性为基础。因为我们看到，某些无知识的事物，即自然物，是为了实现某个目标而活动。从以下事实看，这一点是显而易见的：它们始终或经常以同样的方式运动，从而获得最好的结果——这说明，它们的确是朝一个目标努力，而不仅仅是偶然地碰上这个目标。但是，任何没有知识的东西都不会趋向一个目标，除非它受到某个有知识、有理解力的存在者的指引；例如，箭需要射手的指引。因此，自然界的一切事物是由某个有理解力的存在者指引着趋向它的目标，我们称这个存在者为"上帝"。

至于第二个著名版本，一般认为是由威廉·佩里（William Paley）在其《自然神学》（*Natural Theology*）中提出的。该书第一段（转引自斯温伯恩，2005：48－49）显示了他的论证思路：

> 在穿过一片荒野时，假如我的脚碰到一块石头，有人问我：这石头从何而来？我也许会说，就我所知，它一直就在那儿；要想证明这

个回答是荒谬的，也许不是一件轻而易举的事情。但是假如我在地上发现一块手表，有人问我：这块手表从何而来？我甚至想不到刚才那种回答——就我所知，这块手表也许一直放在那个地方。这种回答为什么适用于石头，却不适用于手表呢？它为什么在第一种情况下是可以接受的，在第二种情况下就不能被接受呢？原因不外乎是：如果仔细察看这块手表，我们就会发现（这是我们在石头中所不能发现的），它的不同部件是为一个目的而制造和安装在一起的……我们认为，这里的结论必然是：这块手表肯定有一个制造者，即在某个时间、某个地点，肯定有过一个或几个工匠，他或他们制造了它，就是为了实现我们所知道的那个目的；他们懂得手表的结构，因此设计了它的用途。

接下来，佩里便从人和动物具有比手表更加精细结构的事实，得出他们必由上帝设计的结论，从而认为这就论证了上帝存在。

根据这两个版本，我们可以清理出设计论证的基本要点：

（1）论证的事实根据是宇宙中的有序结构。阿奎那强调自然物"始终或经常以同样的方式运动"，佩里用手表的准确运行为例，都是对这个要点的强调。

（2）规律性与偶然性相对立，而且规律性隐含着适应性和目的论观念。阿奎那强调自然物"始终或经常以同样的方式运动"也表达了这个要点。他还说，自然物"的确是朝着一个目标努力，而不仅仅是偶然地碰上这个目标"。佩里也说手表的"不同部件是为了一个目的而制造和安装起来的"。

（3）为了解释为何自然物会有规律地趋向一个目标，引入作为指引者或设计者的上帝观念。正如阿奎那所说，"自然界的一切事物都是由某个有理解力的存在者指引着趋向它的目标，我们称这个存在者为'上帝'"。也如佩里比喻性地说的那样，"为了实现我们都知道的那个目的"，工匠"懂得手表的结构，因此设计了它的用途"。

有一个有趣的历史事实值得一提：虽然达尔文本人在对待设计论证的态度上犹豫不决，而且似乎日益趋向于持怀疑姿态，但他确曾表达过认可设计论证的意见。以下所引他的论述（转引自巴伯，1993：115）便是明证：

无论如何，我也不愿将这个美妙的宇宙，尤其是我们人类的本性，甚而将万事万物都视为野蛮的非理性的力量的产物。我倾向于把一切事物都看成是由设计好的规律所产生的结果，而细节无论是好是坏，都可用我们称之为偶然的东西来说明。

二、进化论对设计论证的"挑战"

通常说来，坚持进化论对设计论证提出了挑战的人都趋向于认可这样一个预设：设计论证实际上是从"有机体由于构造的适应性而具备有用的功能"（巴伯，1993：114）这个观点出发的。于是，达尔文曾经提出的如下证据便可视为对这个预设的挑战："首先，人们观察到存在这一现象：新的生物体进入某一环境，它们往往会把本地生物赶走，这意味着原住生物不像新来者一样适合该环境。其次，研究欧洲和美洲的生活在环境基本一样的洞穴中的动物群，我们就会发现，一地的动物跟另一地的动物不同；但是在同一地，它们却与住在附近地面上的动物非常相似。再次，许多动物保留了像人类的阑尾一样的器官，它们的存在既无用也无害，但是对它们的远祖来说却可能是有价值的。在这些案例中，如果生物体是被'设计'的，那么这种设计可真是某个差劲儿的工人所做的次品。"（奥尔森，2009：154）在挑战论者看来，这些证据足以反驳上述设计论证的要点（2）和（3）。

实际上，几乎所有的挑战都集中于对设计论证要点（2）和（3）的反驳。也许当代影响最大的反设计论证的论著是理查德·道金斯（Richard Dawkins）所著的《盲目的钟表匠》（*The Blind Watchmaker*）一书，而该书攻击的关键恰恰就是设计论证的（2）和（3）两个要点。道金斯在序言中明确宣布，人类的存在曾经是一切奥秘中最大的奥秘，但是现在这已经不再是一个奥秘了，因为达尔文和华莱士已经解开了这个奥秘。在道金斯看来，进化论表明，规律性与偶然性并不是相互对立的，因为进化论中的规律所表达的是一种能够反映偶然性的统计学效应，或者说是一种统计学的因果网络关系。当然，这样的规律性能够解释生物的适应性和目的性行为，但并不需要传统的目的论解释，更无理由引入上帝来作为规律发挥作用的设计者和指引者。如果说宇宙犹如钟表，那么也无须一个具有高超理解力和明确目标的设计者；如果人和动物犹如结构精细的机器，那么其设计者也不会是上帝，而应是 DNA！

就论证方式而言，有些进化论者还提出了一个关键性的批评，即他们认为设计论证所采用的拟人式的类比推理是不合法的。其实，最早提出这种批评的是休谟（David Hume）。他在《自然宗教对话录》（*Dialogues Concerning Natural Religion*）中反问设计论者："为什么不做一个彻底的拟人论者？为什么不主张，一个上帝或者多个上帝是物质性的，有眼睛、鼻子、嘴巴、耳朵等？"（转引自斯温伯恩，2001：233）实际上，这种质问所遵循的一个原则，就是休谟在其名著《人类理智研究》（*An Enquiry Concerning Human Understanding*）中提出的因果相称原则："当我们从某种结果出发，推论任何原因时，我们必须使一个与另外一个相称，我们所赋予原因的属性，不能是别的，只能是那些恰好足以产生那种结果的属性。"（转引自斯温伯恩，2005：231）因此，在休谟和一些进化论者看来，在设计论证要点（3）中，就是根据手表－工匠、目标－设计者、目标－指引者之类的关系，类比地推出上帝存在，是不合法的。

三、设计论证的一种修正版本

在很大程度上，设计论证在当代的复苏有赖于理查德·斯温伯恩（Richard Swinburne）的不懈努力。正因如此，有人称其为"当代阿奎那"（参见斯温伯恩，2005，"代序"）。他的一大贡献是为我们提供了一个新的设计论证的修正版本（可简称为"斯温伯恩论证"）。以前面所述为参照，根据斯温伯恩的有关论述，我们可以提炼出这一修正版设计论证的三个关键点：

第一，由上可见，进化论者并未对设计论证的要点（1）提出质疑。亦即说，他们都承认宇宙有序这一事实。但是，进化论者认为科学对此能够给出充分解释，而无须引入上帝观念。相反，设计论者则认为，科学无法对为何世界有序的事实提供充分解释，因而引入上帝观念是一个必要的选择。在这个问题上，斯温伯恩的独特之处在于从两个方面来解析宇宙有序的事实，进而试图揭示出仅仅依据科学解释所固有的限度。一方面，就宇宙中存在着数不胜数的事物这个事实而言，斯温伯恩（2005：41）说：

> 尤其令人惊讶的是，竟然有物存在。事物最自然的存在状态当然是无：没有宇宙，没有上帝，无物存在。但是有物存在。而且有如此

多的事物。也许是机缘造就了不同寻常的电子。还有如此多的粒子！并非任何事物都有一种解释。但是我们知道，科学以及所有其他文化研究的全部发展历程，提出了这样的要求：我们应当假设尽可能少的原始事实。如果能用一个简单的存在者、一个能使宇宙的许多部分得以存在的存在者，来解释宇宙的这些部分，我们就应该这样解释，即使我们不能解释这个简单的存在者的存在，但这是不可避免的。

另一方面，斯温伯恩（2005：41 –42）还强调：

　　然而，不仅有数不胜数的事物，它们还以完全相同的方式运动。相同的自然规律决定着我们通过望远镜而观察到的那些最遥远的星系的运动，一如这些规律作用于地球；相同的规律还决定着我们所能推断出的时间上最早的一些事件，一如这些规律作用于今天。用我喜欢的术语来说，任何事物，无论时间上和空间上距离我们多么遥远，都具有相同的能力和发挥这些能力的相同倾向，一如构成我们身体的那些电子和质子。如果这种现象没有任何原因，那它就是一种非常奇特的巧合——对于任何一个讲道理的人来说，这都离奇得难以置信。但是科学无法解释，为什么每个物体都具有相同的能力和倾向。

　　第二，针对设计论证要点（2），斯温伯恩接受进化论者的批评，抛弃了规律性与偶然性相对立的观点。然而，承袭上述思路，他认为恰恰是规律本身所体现的事物所具有的能力和倾向，使得引入上帝观念作为一种充分解释成为必要的选择。具体地说，斯温伯恩认为，无论是统计学式的规律，还是非统计学式的规律，都可以分为两类：一类是描述空间秩序的"同时并存规律"，另一类是描述时间秩序的"前后相续规律"。（斯温伯恩，2001）斯温伯恩注意到，"达尔文证明，动物界和植物界所包含的同时并存规律，是从一种显然混乱无序的状态中，由自然过程演变而来，它们本来也能从别的表面看来混乱无序的状态中演变而来。这种方式能否完全解释一切同时并存规律呢？无人知晓"。而且，"人们不可能根据别的东西，以正规的科学方式，来解释前后相续规律。因为就前后相续规律的作用而言，正规的科学解释往往以一种普遍性更高的前后相续规律为出发点。还须注意，根据别的东西来说明同时并存规律的存在，这种合法的科学解释如果可能，那么它的根据就是前后相续规律"（斯温伯恩，2001：224）。在斯温伯恩看来，沿此思路再进一步，便可发现引入上帝的必要性了。正如他所说（斯温伯恩，2001：228）：

> 几乎所有的前后相续规律都归因于科学规律的正常作用。这种说法只不过是说，这些规律是那些更为普遍的规律的一些例子。那些最基本的规律的作用显然不能用通常的科学解释来说明。如果这些作用要求一种解释，而不是仅仅停留在无理性的事实这样的阶段，那么，这种解释必然以自由行为者［即上帝］的合理选择为出发点。如果这是唯一可能的假设，那么，我们有什么理由采用这种假设呢？

> 我们的理由是，可以把为数不多的前后相续规律解释为理性行为者［上帝］发生作用的结果，如果没有这种假设，我们也就无法说明其他规律。自由的理性行为者［上帝］的代表性成果就是同时并存规律和前后相续规律。

其实，只要仔细阅读前面所引阿奎那的言论，就会发现前后相续规律正是他提出设计论证的逻辑前提之一。

第三，有了前面两点铺垫，就容易说明斯温伯恩对上述设计论证要点（3）的修改了。现在，这个要点变成了这样一个断定：为了充分地解释最基本的前后相续规律，从而解释同时并存规律，进而解释宇宙中为何有如此众多的事物，必须引进一个上帝观念来充当最终的解释者。但是，为何充当最终解释理由的必然是唯一的具有位格的上帝，而不应该是无位格的种类有限的基本粒子（唯物主义），或者是虽有位格却可能不是唯一的神（多神论）呢？对此，斯温伯恩的回答极其简单：因为这符合"奥卡姆剃刀"所要求的关于解释的简单性原则。（参见斯温伯恩，2005，第三章）

四、从论证和解释角度看斯温伯恩论证

斯温伯恩十分清楚，他提出的设计论证实际上是一种独特的类比论证。其独特性在于不再局限于钟表—工匠、目标—设计者或目标—指引者式的简单类比，而采用自然规律—人为规律以及人类—上帝式的类比。用斯温伯恩本人的话来说，就是"设计论证明的支持者强调人类建立起来的前后相续规律与自然规律的相似性，他还强调人类与那种行为者的相似

性，即他所设定的作为自然规律的原因的那个行为者。这种论证的反对者则强调二者之间的区别。结论从证据那里所获得的说服力，取决于二者的相似性程度"（斯温伯恩，2001：230）。我感到这里所谓的"自然规律"和"人为规律"（如"人类建立起来的前后相续规律"）尚未得到严格的界定。尽管如此，斯温伯恩想表达的意思大体上还是清楚的：他所说的二者之间的相似性可以理解为，由人所确立的科学规律（人为规律）常常能够得到自然现象中的有序关系（自然规律）的验证。至于人与上帝之间的相似性，斯温伯恩基本上遵循着基督教的传统教义，比如说二者皆有理性、知识、能力、美德、智慧等等。但人与上帝的最大区别是：人有具体有形的身体，其拥有的理性、知识、能力、美德、智慧等是有限的；上帝则无具体有形的身体，而只有无形的位格，其拥有的理性、知识、能力、美德、智慧等是无限的。然而，斯温伯恩认为，正是根据人与上帝的相似性，加上人能够建立起有限的规律，便可做出这样的类比推理：有必要承认上帝存在，以便表明他能够建立无限的规律。至于为何上帝所建立的规律具有无限性的特征，可以这样理解：因为上帝创造了最基本的前后相续规律（自然规律），而这些基本规律能够解释由人所确立的所有前后相续规律（科学规律），进而解释由人所确立的全部同时并存规律（科学规律）。换言之，无论人能够发现或建立多少规律，它们全都能够由上帝创造的基本规律而得到充分的解释。

　　斯温伯恩从证据相似性入手论证上帝存在，可以说抓住了评价类比论证合理性的一个基本要求。不仅如此，看来他还意识到"确定因果关系在类比论证中是关键原因"（柯匹、科恩，2007：496），所以他进一步断定设计论证的前提（世界有序/自然规律和人造产品/科学规律）与结论（上帝存在）之间存在着因果关系。也就是说，设计论证是"从世界的秩序与人造的产品的类比出发，它推论出一个上帝，认为上帝是前者（世界有序/自然规律）的原因；从某种意义上说，这个推论类似于说，人是后者（人造产品/科学规律）的原因"（斯温伯恩，2001：224）。看来现在斯温伯恩可以回应前面提及的休谟的因果相称原则了。斯温伯恩清楚地意识到，"休谟确实运用了这个原则，主要是为了证明，我们没有理由推论说，作为宇宙的设计者的上帝是全善的、全能的和全知的"（斯温伯恩，2001：231）。对此，斯温伯恩坦率承认设计论证本身似乎只能得出作为世界秩序和自然规律创造者的上帝存在这一结论，而得不出这个上帝是全善、全能、全知的结论。然而，他继续争辩说（斯温伯恩，2001：231－232）：

> 但是，休谟所遵循的原则倾向于怀疑这一结论的有效性。我现在讨论的，也采用他那种方式，因为它好像认为，尽管我们可以得出这样的结论，即不管什么东西，只要它产生出世界的规律性，那么它就是产生规律的一种物体。我们不可能再往前推，认为那是一个根据选择而采取行动的行为者，等等，因为这一假设所设定的东西太多了，超过了我们为了说明结果而需要的那些东西。因此，重要的是认识到，根据我们通常所理解的关于经验事实的推论标准，这个原则显然是错误的。因为如果大家普遍地接受了这个著名的原则，那就等于放弃了科学。任何一个科学家如果只能告诉我们，E 的原因具有产生 E 的特征，那么他丝毫没有增加我们的知识。对客观事实的解释就是要在合理的根据之上，提出这样的假设，即某种结果的原因具有某些特征，这些特征不同于足以产生这一结果的那些特征。

据此，休谟质问设计论者为何不坚持彻底的拟人论就显得没什么道理了。我们可以把斯温伯恩的如下一段带有总结性的话看作对休谟质疑的答复（斯温伯恩，2001：223）：

> 设计论证明是这样一种论证，它根据世界万物的秩序或规律，推论出一个上帝，更准确地说，推论出一个强大的、自由的、没有具体性的理性行为者，作为这种秩序的根源。在我看来，肉体是物质性宇宙的一部分，无论如何，它总是在一定程度上受到某个行为者的直接控制，与没有受到这种制约的其他部分形成鲜明对照。行为者的肉体是他能够直接控制的事物的界限；只有通过运动自己的肉体，他才能控制宇宙的其他部分。一种能够直接控制宇宙的所有部分的行为者，是无法具体地显现出来的。

下面的论述也可看作是对上述观点的进一步强化：斯温伯恩还着力表明类比论证是"科学研究中的一种常见模式"，而且，"根据类似的推论，科学家认为，许多不可见的东西都是存在的"（斯温伯恩，2001：229）。由此，斯温伯恩还想表明，仅就论证方式而言，设计论证与科学中常常采用的类比论证具有同样的逻辑作用和认识论地位。有趣的是，众所周知，达尔文提出进化论的一个关键步骤，正是根据人工选择与自然选择之间的相似性提出了类比论证。

更有甚者，除了说明设计论证所采用的类比论证方式具有相当的合理性之外，斯温伯恩还从科学解释（scientific explanation）角度进一步补充和增强设计论证的可靠性。且看他的明确断言（斯温伯恩，2001：230）：

> 然而，类比推理的结论所具有的说服力，不仅取决于不同证据之间的相似性，而且取决于新的理论在解释经验事实时所具有的简明性和连贯性。以设计证明为例，结论对经验事实的解释起了非常大的简化作用。如果结论正确，如果一个非常强大的、没有具体性的理性行为者是自然规律发生作用的原因，那么正规的科学解释（scientific explanation）就会成为一种人格解释（personal explanation）。就是说，根据自然规律的作用而对现象进行解释，说到底，这仍然是以某个行为者为基础。因此（如果物质具有一种原始的排列），解释现象时所依据的原理就从两个归结为一个。基本的解释原则应当是，尽可能少地假设解释［项］的种类。

斯温伯恩认为，通常所谓"科学解释"所揭示的是"无生命的因果关系"（inanimate causation），而"人格解释"揭示的则是"人格化的因果关系"（personal causation）。（参见斯温伯恩，2005：33）如上所述，斯温伯恩认为，科学无法解释为何宇宙中有如此多的事物存在，以及为何同类事物遵循相同的规律。因此，他断然宣称：科学解释绝不是"最终解释"（ultimate explanation）！现在的问题是：

（1）为何需要最终解释？

（2）假设上帝存在的那种与人格解释相似的"位格解释"（personal explanation）是否足以充当最佳的最终解释？

对于问题（1），斯温伯恩的回答是："人类在探求解释的过程中，会自然而然地、合情合理地追溯到一切可观察事物的最终解释，其他一切事物的存在及其属性都以这个或这些东西为基础。并非任何事物都有一种解释。A可由B解释，B可由C解释，但是，最后必须有一个或多个具有某种属性的东西，作为其他所有事物的基础。我们必须承认，某物是最终事物。形而上学的重大问题是：这个某物究竟是什么？"（斯温伯恩，2005：34）显然，斯温伯恩认为，我们之所以需要最终解释，根本原因在于形而上学是人类固有的、自然而然的、合情合理的需求。

对于问题（2），斯温伯恩的回答可以分为两步来理解。第一步，他根据科学解释通常遵循的评价标准，提出了如下评判解释合理性的条件：一个解释是合理的，当且仅当它满足以下条件/标准：①该解释所依据的规律能够使我们准确地解释和预见可观察的经验现象；②该解释所援引的规律符合简单性原则（假设最少的实体）；③所援引的规律与我们的背景知识相吻合；④只有依据这个或这些规律才能对所有可观察现象做出解释和预见。（斯温伯恩，2005：22－23）斯温伯恩采取的第二个步骤是：根据这些条件来比较几种典型的最终解释，从而得出假设上帝存在的有神论（一神论）解释是最优的最终解释这一结论。但须注意，与一般的科学解释只适用于解释和预见特定领域的全部可观察现象不同，最终解释力求对整个宇宙中的所有可观察现象做出解释和预见。因此，就最终解释而言，条件③起作用的方式是隐蔽性的。对此，斯温伯恩做了这样的说明："当你试图解释［和预见宇宙中的］所有可观察的事物时，就再没有你能够认识、你的理论必须与之相符的任何相邻领域了。"（斯温伯恩，2005：35）正因如此，斯温伯恩认为："四个标准的运用可归纳如下：就最终解释而言，最可能正确的理论必然是一种能够［解释和］预见可观察的最简单的理论，我们不可能用其他方式［解释和］预见这些现象。"（斯温伯恩，2005：35－36）正是根据上述评价标准，斯温伯恩比较了唯物主义、人文主义（主张科学解释与人格解释不能相互还原）、一神论和多神论，得出了如下结论：即使承认这几种典型的"最终解释"对于宇宙中所有可观察现象的解释力和预见力难分伯仲，但一神论所提供的解释无疑是最符合标准②的最终解释，因为它只需假设一个实体——上帝。（参见斯温伯恩，2005：34－40）

五、设计论证是否与进化论相冲突？

我们先看一段斯温伯恩对达尔文进化论的评论（斯温伯恩，2005：74－75）：

综上所述，动物（即有灵魂的动物，灵魂也包括某些心灵事件）

的心灵生活的进化包括：

（a）某些物质－心灵的联系（某些物质事件是具有某些心灵属性的灵魂得以存在的原因，反之亦然）是存在的；

（b）具有大脑的动物是存在的，它们的大脑状态产生了灵魂，使其在生存竞争中获得一种优势；

（c）自然进化选择了这样一些动物，它们的大脑以某种方式与它们的身体"连结"在一起。

达尔文的机械论可以解释（c），也可能解释（b）；但是达尔文主义或其他任何科学都没有多大希望能够解释（a）。动物最奇特、最显著的特征（它们意识生活中的情感、选择和理性）的起源，看来完全处于科学领域之外。

为什么斯温伯恩断言达尔文进化论不能解释（a）呢？他提供的主要理由似乎有两个：第一个理由是，进化论不能对灵魂的产生给出充分解释。也就是说，即使有朝一日进化论能够解释（b），它所提供的充其量只是关于大脑具有怎样的结构，或处于怎样的状态，便能产生灵魂的解释，而不是为何此时会产生灵魂。第二个理由更强，它说的是不仅进化论，而且任何科学都无法解释为什么特定的大脑会与特定的灵魂形成稳定的因果关系。关于这一点，斯温伯恩给出了这样的说明（斯温伯恩，2005：75－76）：

某种原始的大脑状态无疑是灵魂存在的原因——大脑的胚胎发展到某个阶段后，就会产生一个与它结合在一起的灵魂。然而，它不可能产生的是——哪一个灵魂能够与它结合在一起。这不可能是这个大脑所具有的一些能力，不可能是源于这些基因的这个胚胎的分子所具有的能力，就是说，不可能是这些分子造成了这样的局面：我的灵魂与这个大脑结合在一起，你的灵魂与那个大脑结合在一起，而不是相反。有朝一日科学将会揭示，你和我本来应该以与现在相反的方式，和我们的大脑结合在一起；这与各种事件（这样的大脑组织与某种东西——一个灵魂——的存在）的所有规律性毫不矛盾。谁也无法想象，根本不存在任何可能的科学发现，以解释为什么心灵与大脑的联系是这样而不是那样。这种联系一旦确立，我们就开始习惯于某个具体的大脑；如果与一个男人的大脑结合在一起，我就开始拥有男人的思想。但是这与以下问题无关：为什么尚未形成性格的"我"适合于一个男人而不是女人的大脑呢？科学只好在这里止步。

有神论［一神论］能够为这些事情提供一种解释。

至于斯温伯恩根据上帝的全善、全知、全能对灵魂的产生和特定的大脑－灵魂因果关系给出的具体解释，在此无须赘言。我们只需记住这样的结论就可以了："灵魂的存在以及灵魂与身体的联系，并非源于自然规律概括出来的那些物理过程。一些新的能力被赋予大脑的胚胎以及与它们联合在一起的灵魂，这些能力没有科学的解释。上帝的存在……的简单假设，也能使我们［解释和］预见这些现象。因此它们成为上帝存在的又一证据。"（斯温伯恩，2005：79）借用前面提到的术语，我们可以把斯温伯恩的观点简述为：进化论只能给出揭示物质层面因果关系的"科学解释"，而设计论证所支持的关于上帝存在的简单假设则能提供揭示关于物质－心灵因果关系的"位格解释"，而且这种位格解释是一种最好的"最终解释"。

根据这样的定位，我认为，从根本上讲，进化论与设计论证之间的关系不仅不是彼此冲突的，而且还是相互补充的。具体地说，有两个理由支持我的这一结论：

（1）从论证角度看，如上所述，设计论证和进化论都是主要基于类比论证来得出各自的结论的。可以说，无论在证据的相似性方面，还是在推理的可靠性方面，设计论证和进化论都是旗鼓相当的。换言之，二者采用了同样的论证方式，符合同样的论证评价标准。当然，在此应该做出一个限制：这里所说的设计论证指的是斯温伯恩论证，而不是阿奎那和佩里所采用的那种粗糙的类比论证。那两个设计论证版本都预设了规律性与偶然性的对立，而且都犯了直接从存在命题推出全称命题的逻辑错误。

（2）从解释角度看，如上所述，设计论证所支持的"上帝存在"的假设和进化论都遵循同样的关于解释合理性的评价标准。但是，前者给出的是"位格解释"，后者提供的是非位格的"科学解释"。应该说，两者针对的问题是不一样的。也就是说，进化论解释所回答的问题是：如何确立"科学规律"，以便能有效地用它们来准确地描述"自然规律"或"宇宙秩序"？设计论解释所回答的问题是：为什么有"自然规律"或"宇宙秩序"？为什么有些"科学规律"能够准确地描述"自然规律"或"宇宙秩序"？由此可见，两种解释不仅不冲突，而且存在着这样的互补关系：进化论解释是对设计论解释的具体展示，而设计论解释是对进化论解释的总体深化。正因如此，在斯温伯恩看来，"位格解释"才是"最终解释"。有趣的是，达尔文本人竟然也曾经表达过类似的观点。据巴伯（Ian G. Babour）说："达尔文曾表示，规律性并不排斥上帝是第一因的观念；他甚至说自然规律是上帝用以创造万物的'第二手段'。他几乎承认科学只能研究第二性原因的领域，而不能探究自然界何以按其目前的方式运转。"（巴伯，1993：115）

至此，我们的确可以明确地说，进化论与设计论证并非彼此冲突，而是相互补充，而且设计论证可以为进化论奠定合理的形而上学基础。

六、设计论证的合理性、局限性及修正思路

上面的论述业已表明，不管是从论证角度看，还是从解释角度看，设计论证都具有相当的合理性。不过，还有一个问题值得追问：为什么我们需要"最终解释"？

如上所述，斯温伯恩认为，探寻"最终解释"是人类固有的、自然而然的、合情合理的形而上学需求。看来他认为这是人之为人的一个显著特点。这一见解可以得到海德格尔的支持，因为他认为"形而上学属于'人的本性'"，"只消我们生存，我们就总是已经处于形而上学之中的"（海德格尔，1996：152）。按现在通常的理解，形而上学主要集中于两个方面的研究：一是对实在的基本成分及其特征的研究，二是对表述实在的基本概念及其框架的研究。容易理解，斯温伯恩所说的探寻"最终解释"，恰恰就是要在这两个方面展开研究，也就是说，它其实就是一种标准的形而上学研究。因此，只要形而上学研究是合理的，那么设计论证所要求的"最终解释"就是合理的。

与关于上帝存在的本体论论证相比，设计论证有一个显著的特点：它能够避免本体论论证可能遇到的"分析性难题"，即仅仅根据"上帝"一词的定义来论证上帝存在，这样就有可能使"上帝存在"仅仅成为一个基于语言表达式的意义而得以确立的分析命题，而这命题本身跟宇宙秩序和自然规律了无干系。然而，设计论证所支持的"上帝存在"不太可能成为一个分析命题，而更像是一个综合命题，甚至可以说，它在这个意义上类

似于经验科学中的一个假说。在这个问题上，看来斯温伯恩是清醒的，因为他明确地说："我是在这样一种意义上来使用'设计'这个词的，即它不是分析的；如果说任何事物表现出了设计的特征，那总是由某个行为者设计出来的，于是一个综合的问题出现了：世界的设计是否体现了某个设计者的行动？"（斯温伯恩，2001：223）其实，正是为了回答这个问题，人们才提出了设计论证的方案。

虽然设计论证具有上述几点合理性，但是我认为它也有两点明显的局限性。

首先，在所有设计论证的版本中，论者都把上帝看成宇宙秩序之所以存在、自然规律之所以成立的"第一因"。也就是说，在上帝与宇宙秩序/自然规律之间存在着必然的因果关系。我们知道，因果关系概念的关键是要揭示作为原因的实体/事件与作为结果的实体/事件之间相互作用的机制。然而，没有任何一个设计论者对这种作用机制给出过清晰的说明。因此，所谓上帝是"第一因"的说法显得有些空泛和含混。同样，几乎所有设计论者都将上帝视为宇宙秩序/自然规律的最终解释项，而往往把"第一因"和"最终解释项"当作同义词来使用。因此，"第一因"的空泛、含混自然地传递给了"最终解释项"。进一步说，当人们使用"解释"一词时，有时意味着要求给出原因，有时则意味着要求提供理由。然而，没有任何一个设计论者想到要说清楚为什么原因＝理由。也许严格地区分"原因"和"理由"，把前者让给"科学解释"，而把后者留给"人格解释"和"位格解释"，乃是一个修改、推进设计论证的可行思路。这样做还有一个好处：它能够表明，科学追求因果解释，上帝关心人生意义。为什么要追求因果解释呢？因为这是人们理解世界、适应世界、调整人与世界之间关系的一条途径，亦即说这是探寻人生意义的需要。为什么需要上帝呢？因为我们可以按照基督教传统，把上帝看作人生意义的本源。按此，"科学解释"和"位格解释"之间的互补关系便可得到新解：前者是后者的自然需要，后者是前者的心灵动力。回望历史，我们就能理解这样一类显著的事实了：无数科学家虔诚地把自己从事的科学研究看成是听到上帝的召唤，为理解世界的意义、揭示世界的奥秘奉献出毕生的精力。

其次，与"第一因"和"最终解释项"相混淆密切相关，设计论证中还有一个值得商榷的关键步骤，就是如上已提及的，关于上帝具有全善、全知、全能的断定与设计论证本身没有必然关系。当然，像斯温伯恩那样，不将这一断定跟类比论证扯在一起，而把它同"最终解释"联系起来，确实是明智之举。但是，与上面所说的道理一样，作为一种修改、推进设计论证的可能思路，我们可以把全善、全知、全能这些由基督教所昭示的上帝的基本特征，当作人生和世界的"终极理由"或"意义本源"，而不当成"第一因"或"因果本源"。按此，所谓"创造""设计""指引"之类的表达都只具有象征性的意义。

依照这样的建议，便可对设计论证做出三点新的评论：

第一，设计论证逼迫我们重新思考形而上学的重大意义和可能思路。如上所述，斯温伯恩和海德格尔都强调形而上学乃是人之为人的根基所在。按海德格尔的说法，形而上学的基本问题是："为什么就是存在者在而'无'倒不在？"（海德格尔，1996：153）我们从上面的论述中可以看到，斯温伯恩似乎与海德格尔心心相印，因为他说形而上学始于人对"竟然有物存在"的惊讶，而且还进一步惊讶于"有如此多的事物"，"它们还以相同的方式运动"，同类事物竟然"都具有相同的能力和倾向"。正是为了追寻"最终解释"，斯温伯恩宣称："我们必须承认某物是最终事物。形而上学的重大问题是：这个某物究竟是什么？"甚至连达尔文也曾认为科学不能回答这样的问题："自然界何以按目前的方式运转？"

现在我们明白了，虽然设计论证最终得出的是一个宗教/神学的结论，但其切入点却是一系列密切相关的形而上学问题。如果说形而上学关怀确实是人的本性之显示，那么便可说设计论证在根本上乃是对人性的探问。当然，由此亦可说，设计论证为我们探究形而上学问题展示了一条可能的思路。

第二，就设计论证本身所采用的类比论证方式而言，如上所述，斯温伯恩论证在证据相似性的选择和推理规则的运用方面，都具有相当的合理性。但是，类比论证毕竟只是一种或然性的论证，像斯温伯恩那样由此断定上帝必然存在是不严谨的。按上述建议，我认为设计论证的确给我们提供了一种选择的可能性，依此便可把基督教所昭示的上帝观念作为我们理解世界和人生的一种启发性的、参照性的"意义本源"。

从类比论证所展示的问题的重要性看，我认为斯温伯恩论证给我们的最大启发在于其论证过程中提出了如下重要问题：如何严格界定何谓"科学规律"和"自然规律"？如何理解"科学规律"与"自然规律"的关系？如何理解"前后相续规律"与"同时并存规律"的关系？进而，如何理解时间和空间的本性及其关系？这些都是我们为了理解世界和人生的意义所必须追问的基本问题。

第三，依我看，就试图确立"上帝存在"这一论点而言，也许设计论证中的"最终解释"概念要比类比论证方式更具说服力。立足于形而上学探索的视角，我们可以找到林林总总的对"最终解释"的寻求思路，例如唯物论、唯心论、一元论、二元论、多元论、有神论、无神论、一神论、多神论等等，不一而足。因此，设计论证所支持的"上帝存在"这一论点无疑具有自身的合理性。斯温伯恩论证力主上帝观念在关于经验现象的解释力和预测力方面具有独特优势，在我看来确实具有相当的说服力。换言之，在众多"最终解释"中，基于上帝观念所给出的"最终解释"，以其在解释和预测方面的简单性、丰富性和融贯性而启人深思。毫无疑问，这确实是我们可以借鉴的用以理解世界和人生的"意义本源"。

就解释问题而论，斯温伯恩论证启发我们思考的重要问题有：如何理解"科学解释"与"人格解释"的关系？或者说，如何理解因果解释与意义解释的关系？抑或说，如何理解自然科学、社会科学和人文学科之间的关系？更加艰难的问题是：如何理解"位格解释"与"人格解释"和"科学解释"的关系？"最终解释"应该满足什么样的约束条件？同样毋庸置疑，这些都是我们为了更好地理解世界奥秘，探索人生意义而必须追问的重要问题。

其实，设计论证达到的结论是：很可能有一个上帝存在。甚至可以这样表达：人生在世，应该有一个作为"意义本源"的上帝来关爱我们。面对这样的劝告，无论我们是否愿意听从，都应该虔诚地深思！

（为纪念达尔文《物种起源》发表 150 周年而作，原文发表于《科学文化评论》2009 年第 6 期。文中主要内容曾与 Richard Swinburne 先生讨论，特此致谢！）

科学理论与宗教信念的合理性

一、引言：合理性危机与规范性问题

1962 年，库恩（Thomas S. Kuhn）在《科学革命的结构》（*The Structure of Scientific Revolution*）一书中，提出了后来闻名于世的"不可通约性"（incommensurability）论题。尽管该论题是直接针对科学的合理性（scientific rationality）所提出的挑战，但很快就蔓延至整个知识论传统，进而造成了关于知识观念及其实践模式的合理性危机，并相应地引出了一系列引人注目的规范性问题。（参见 Bird，2000，"Preface"and Chapter 7）正如理查德·罗蒂（Richard Rorty）所说，"库恩的著作所提出（尽管尚未得到解决）的首要问题是：若不抛弃合理的（rational）与不合理的（irrational）人类实践之间的区分，是否能够否决被绝大多数后经验主义分析哲学家仍视为理所当然的表象（representation）与知识（knowledge）之间的联系呢？"（Rorty，2000：205）

为了看清楚库恩是如何对科学合理性提出挑战的，在此不妨和盘托出他对不可通约性论题所提出的五大论证之根据（参见 Curd & Cover，1998：219 – 226）：①观察的理论负荷（theory-ladenness of observation）；②理论词项的意义变化（meaning variance of theoretical terms）；③问题重要性之评判（problem weighting）；④变换评价标准（shifting standards）和共享标准的模糊性（the ambiguity of shared standards）；⑤各种规则合起来出现的彼此不一致（the collective inconsistency of rules）。

简而言之，论证①说的是：确证或否证科学理论所需要的观察证据不是独立于理论的，而是要受各种理论因素的影响。因此，科学家只能观察到他们已接受的理论所认可的观察陈述。当不同的科学家接受了彼此冲突的理论时，他们将不能观察到同样的证据。比如说，对于早上日出这样一个普通的经验现象，一个信奉托勒密地心学说的人会表述成"太阳围绕地球运行至一个特定位置时所呈现出来的现象"，而一个接受哥白尼日心学说的人则会表述成"地球围绕太阳运行至一个特定位置时所呈现出来的现象"。据此，库恩认为所谓的观察证据不足以成为评判相互竞争的科学理论何者正确或更优的合理性标准。

正如上述例子所显示的那样，当两个人分别接受彼此冲突的托勒密理论和哥白尼理论时，他们所说的"太阳"和"地球"其实具有不同的意义。概而言之，库恩强调，科学中每个术语的意义必将随着科学理论的变化而发生变化。因此，在不同范式（paradigm）支配下工作的科学家，对于即使使用同样术语来表达的相互竞争的理论，也难以合理地评判何者正确或更优，这就是论证②的核心观念。

既然观察证据不能充当评判科学理论的合理性标准，那么应根据什么标准来做评价呢？或许解决疑难问题（puzzles）的能力之强弱堪当此任？确实，库恩本人认为，衡量科学成就，不应看科学理论是否与观察证据相一致，而应看科学理论是否有助于解决一系列疑难问题。然而，他强调科学革命的一个显著特征是：一个新范式（如哥白尼学说）未必能够解决与之对立的旧范式（如托勒密学说）所提出的一切问题，甚至也无须解决一切问题，因为有些问题已被宣布为并不重要，甚或毫无意义。在库恩看来，解疑标准仅仅适用于一个范式之内的理论之评价，而不能用于评价不同范式中的理论何者正确或更优。换言之，理论选择依赖于对特定问题重要性的评判，而这种评判标准又因支配其理论的范式之不同而不同。因此，对于不同的范式或理论，解疑标准也难以担负起合理性评价的重任，此即为论证③之要义。

论证④强调，即使全体科学家共同认可一组认知价值（epistemic values），例如预测的新颖性、解释的广泛性、逻辑的一致性、表述的精确性、结构的简单性等，它们也不足以用来对相互竞争的范式或理论之优劣做出合理的评判。一个重要的理由是：对于这些评价标准，不同的科学家可能会做出不同的解释和选择。举例来说，一些科学家认为，一个科学理论只有当其能够作出新颖的预测时，接受它才是合理的；但也有一些科学家主张，一个合理的科学理论必须能对广泛的经验现象给出统一的解释，即使它没有作出什么新颖的预测也无关紧要。实际上，19世纪关于接受达尔文进化论是否合理的争论即源于此。

进一步说，在18世纪，许多人认为牛顿力学既做出了一系列新颖的预测，又对经验现象给出了广泛的解释。然而，也有一些批评者（特别是笛卡尔和莱布尼茨）则认为牛顿力学给出的所谓"解释"（explanation）

根本就算不上合格的解释。例如，用超距作用来解释引力，就根本无法揭示出经验现象得以产生的因果机制和过程。换言之，即使人们都承认好的科学理论应该解释经验现象，但很可能他们对何谓"解释"却有完全不同的理解。因此，库恩认为，所谓科学家们共享的认知评价标准，也不能为解决范式争论提供合理性的基础。

最后，论证⑤强调，在评价科学理论时，当综合地考虑上述各项认知评价标准时，难以有理论完全满足那些指标的要求。例如，假设有两个彼此竞争的理论 T_1 和 T_2，它们同等程度地满足了结构简单性的要求，但 T_1 比 T_2 做出了更精确的预测；而就解释经验现象的广泛性而言，T_2 则胜过 T_1。于是，根据预测精确性的规则，我们当然应该选择 T_1；但根据解释广泛性的规则，则应选择 T_2。可见，整套方法论规则却提出了彼此冲突的要求。正是基于这样的分析，库恩坚信，为了消除此类冲突，科学家不可避免地要求助于那些个人的、主观的、心理的因素。

综上所述，库恩得出结论说，针对剧烈变化和相互竞争的科学理论，我们没有一套合理性的标准，以供人们依此来做出合理的评价和选择，这就是所谓不可通约性论题。推而广之，可以追问：我们通常持有的信念和采取的行动是否具有合理性的根据？

以本文关注的问题为限，我们提出两个规范性问题：

> Q1：接受一个科学理论并据此规范科学实践，是否具有合理性的标准？
> Q2：接受一个宗教学说并据此规范信仰行动，是否具有合理性的标准？

由上可见，库恩实际上已提出问题 Q1。资料显示：就基督教信念体系而言，Q2 正是阿尔文·普兰丁格（Alvin Plantinga）在《基督教信念的知识地位》（*Warranted Christian Belief*）一书中所关注的核心问题。（Plantinga，2000，"Preface"）

二、合理性的三个基本维度

一般而言，合理性观念可分为三种基本类型（Tamny & Irani，1986，"Introduction"）：第一，推理、判断和决策的辩护基础（rationality as the ground of justification in inference，judgment and decision）（合理性1）；第二、领会行动的基本框架（rationality as the scheme of comprehending action）（合理性2）；第三、理解存在的基本官能（rationality as the faculty of understanding existence）（合理性3）。

合理性1的关键是在基于理由的辩护（reason-based justification）和基于原因的发现（cause-based discovery）之间做出明确区分。通常说来，辩护包括三类典型的说理方式：其一是演绎推理（deductive inference），其关键点在于确保遵循有关规则而从前提到结论的真值传递之有效性（validity）；其二是确证判断（the judgment of confirmation），它由归纳操作（the operation of induction）和假说确立（the establishment of hypotheses）两个基本步骤构成，关键是根据相关性原则（the principle of relevance）和恰当性原则（the criterion of appropriateness），以求提高证据对假说的支持程度；其三是做决策（decision making），通常可分为五个步骤：确定恰当的目标，选择合适的工具，评估方案的价值，测算成功的概率，平衡价值与概率，而每一步都必须遵循相关性原则和评估原则（the principle of evaluation）。

合理性2的基本原则是：只有揭示出一个行动的理由（reason），才算领会了那个行动。假如某人实施了一个行动，则只有当我们知道他为什么采取那个行动时，才能说我们领会了那个行动。在此，理解一个行动的理由往往具体地体现为彼此相关的需求和信念。当然，所谓需求和信念也必须满足相关性和恰当性的标准。这里的基本框架包括三个核心部分：①产生特定需求的知觉－情感部分；②将需求转化为信念的决策部分；③以实际行动将这信念具体化的执行部分。据此，如果我们首先识别出一个行动的执行阶段，然后确定引领这一行动的决策阶段，最后找出启动这一决策的知觉－情感阶段，那么就可以说我们为那个行动提供了一种合理性。

合理性3的显著特点在于它明确地关乎心灵（mind）与实在（reality）之间的关系。可以说，我们凭借感觉所遭遇的世界，加上自我，便是我们通常看作"存在"（existence）所涉及的事项。初看起来，在合理性与存在之间似乎并无任何特殊关系，好像显然是经验而不是理由让我们得知世界之存在。然而，我们据此所知者只是什么东西存在，而非为什么确实如此。一旦提出"为什么事物存在"的理解问题（the question of understanding），我们就超越了仅仅由感觉经验所提供的信息。即使一个人坚持认为凭借一事件与另一事件的各种关系而理解了那个事件，而这些事件的存在只靠经验便可得知，但这些关系的特征却不是由经验便可知晓的。理由所揭示的正是这种关系集合，把握它，便构成了我们对世界的理解。或者说，这些关系构成了所有经验背后的秩序（order），或者说模式（pattern），它们使存在成为一个有序的整体（cosmos），同时使之对于一个具有合理性的心灵，亦即能把握这些关系的官能来说，是可理解的。概而言之，理解关乎两个概念，即结构（structure）和功能（function）。当我们试图理解一个事物时，我们想要知道它是什么，或者说它是由什么构成的，也就是说想要知道它的结构。而当我们试图理解一个事物为什么会发生时，我们想要知道变化是如何导致一个事件出现的，也就是说，此时我们想要知道的是其功能。一方面，正是合理性引出了理解的要求；另一方面，合理性也使我们能够领会那些我们借以理解事物的模式。从总体上看，这些理解模式是由合理性、规范性和实在性的诸多要素编织而成的。

至此，可按合理性标准将前面提出的规范性问题重述如下：

Q1-1：接受一个科学理论并据此规范科学实践，是否具有思想辩护式的合理性？

Q1-2：接受一个科学理论并据此规范科学实践，是否具有行动理由式的合理性？

Q1-3：接受一个科学理论并据此规范科学实践，是否具有认知官能式的合理性？

Q2-1：接受一个宗教学说并据此规范信仰行动，是否具有思想辩护式的合理性？

Q2-2：接受一个宗教学说并据此规范信仰行动，是否具有行动理由式的合理性？

Q2-3：接受一个宗教学说并据此规范信仰行动，是否具有认知官能式的合理性？

限于本文的主题，我们只关注由科学理论所表述的"科学知识"和由基督教传统所表述的"宗教信念"的合理性问题。于是，我们将展开讨论的规范性问题是：

Qs：接受一个科学理论是否具有合理性？如果有，其合理性的根据何在？

Qc：接受一套基督教信念是否具有合理性？如果有，其合理性的根据何在？

三、从普兰丁格论合理性看规范性问题

所有合理性观念均奠基于理性概念之上。众所周知，亚里士多德有句名言："人是理性的动物。"这表明人是能动的认知者，理性能力为人所独有，特别是人具有信念和概念，以及进行思考和推理的能力。不过，鉴于亚里士多德所谓"理性"的含义过于宽泛，普兰丁格认为它不适于用来表述规范性问题，因为即使事实上有理性的存在者接受了一些科学知识或宗教信念，并分别据此规范自己的科学实践或信仰行动，然而这"事实上"却不能给出一种合理的辩护。因此，看来有必要在亚里士多德的理性概念基础上做出一些限制。普兰丁格的如下论述（普兰丁格，2004：125）正是沿着这一思路展开的：

> 如果我们同意理性造物确实接受并因此能够接受基督教信念，那么我们或许会问，是否只是功能失调的理性造物（其理性官能能以某种方式发生功能失调的造物）才这样做。如果一个人经受病理紊乱，或者浮想联翩，或者处于狂躁与忧郁交替的两极阶段，或者经受错觉（例如认为火星人要来抓他），那么这个人可以说是非理性的。这里，这个问题是功能紊乱，即理性官能的功能失调。偏执狂者并不以一个恰当地发挥功能的正常人形成信念的方式来形成信念。……因此，合理性的这个含义联系着恰当功能，亦即功能紊乱或病理的缺乏：如果你不受制于这样的病理，那么你是合理的。相关地，不合理性在这个意义上就是（一些）理性官能（我们借以成为理性的动物）的功能失调。这样，在亚里士多德的合理性和被解释为恰当地发挥功能的合理性之间，存在着一个类比的关系。

确实，把信仰宗教看成是因理性官能失调所引起者大有人在，例如尼采、马克思、弗洛伊德、罗蒂、丹尼特（Daniel C. Dennett）、道金斯

（Richard Dawkins）等。根据这一限制条件，现在可以认为合理性乃是理性官能的恰当功能得以发挥之体现。

作为理性官能恰当地发挥其功能的合理性可分为两类：内在合理性和外在合理性。对于前者，普兰丁格说："内在合理性有两个层面：一方面，它需要'经验顺流'的认知系统的恰当作用；另一方面，它更广泛地需要你在信念形成过程里，尽你最大的努力。你已经仔细思考过这信念怎样能与你的其他信念吻合，又寻找过有关的否决因子，思想过你遇到的每一个反对，比较过一些恰当的人的评语，等等。"（普兰丁格，2004：284）至于外在合理性，普兰丁格指出："一旦我们已经把握了内在合理性，外在合理性便易于得到说明。外在合理性首先要求在知觉信念所立足的感觉经验的形成上恰当地发挥功能。其次它在于形成正确类型的信念经验——这就是说，由恰当功能所要求的那种信念经验。"（普兰丁格，2004：128）现在，可以看看普兰丁格（同上）对规范性问题 Qc 的分析了：

> 我假设，一个会得到广泛承认的看法是：那些理性官能并不处于功能失调的状态，或者无论如何不是以一种涉及到临床病理的方式发生功能失调的人，也可能持有基督教信念。事实上，许多基督教徒能够拥有工作岗位，有一些甚至是作为学术界的人物而持有其职位的。（当然，你或许认为后者并不保证认知功能的恰当运转。）所以，大概这个规范性问题不是：那些其认知官能或者理性官能恰当地发挥功能（至少在临床意义上）的人们是否能够持有基督教信念？

为了进一步对亚里士多德的理性概念做出限制，再看所谓衍推式的合理性：如果一个命题是从理性衍推出来的，那么它就是合理的；而如果它的否定是从理性衍推出来的，那么它就是不合理的。据此，只要一个命题是自明的，或者是自明命题之衍推，我们就可以说，这个命题在理性衍推的意义上是合理的。当然，相对于亚里士多德的广义理性概念，这里所说的理性概念是狭义的。正如普兰丁格所说："这个思想是：理性，在这个比较狭窄的意义上来理解，是我们借以把自明的命题看作是真的官能或能力。当然，也正是通过理性，我们看到一个命题衍推或者蕴涵另一个命题：如果我从酒吧服务员那里了解到宴会上的每一个人都醉了，从你这儿了解到保罗在这个宴会上，那么我能够推出保罗也醉了。"（普兰丁格，

2004：128）

是否可以按这种合理性标准来看规范性问题 Qc 呢？普兰丁格给出的回答是否定的，因为他指出："基督教的核心真理一定不是自明的。而且，就像每个人都能够看到的那样，它们也不是从自明的东西中推导出来的。当然，因为对（比如说）历史学家、物理学家和进化生物学家教导我们的东西，我们可以说同样的话。所以这个规范性问题不可能是基督教信念是否在这个意义上是（合）理性的问题。"（普兰丁格，2004：130 – 131）

还有一种广为人知的合理性概念，即手段 – 目的合理性。借用普兰丁格的话来说："当一个人旨在取得某个目标，选择最有效地获得那个目标的手段时，这种合理性便在那个人的行动中体现出来。"因此，"手段 – 目的的合理性是行动的一个性质"。"也许，我们应该更精确地说，这种合理性刻画了一个旨在于取得某个目标的一个理性产物的行为，这里，'理性的'是在亚里士多德的恰当功能的意义上来理解的；这样，我们又看到了这个概念与这个基本的亚里士多德的合理性概念的联系。"（普兰丁格，2004：132）

那么，我们能否按照这种合理性概念来表达规范性问题 Qc 呢？对于这个问题，普兰丁格的分析和回答（普兰丁格，2004）如下：

> 一般来说，你之所以形成一个信念，并不是因为持有那个信念是达到某个目的的手段。不过，假设我们的确把信念看作是一种行动（也许在一个限制的意义上），那么，基督教信念是合理的，当且仅当一个理性的人（一个其认知官能正在恰当地运转的人）将选择或者能够选择达到相信真理这个目的的手段。但是在这个提议中有一些非常古怪的东西。你理性地选择来作为达到一个目的的手段的东西依赖你相信的东西，比如说，依赖于你对如下这个可能性的信念：一个给定的行动历程将产生你目的在于获得的那个结果。但是如果你的目的是要相信真理那又怎么样呢？这样（暂时假设你相信的东西以某种合适的方式处于你的能力之内），如果你相信一个命题是真的，那么你当然会相信这个命题：因为如果它是真的，那么很自然地相信它就是相信真理的一个好的方式。所以，采纳相信基督教信条这个行动对你来说就是合理的，假如你的确相信它的话。（这种古怪性表明信念怎么实际上不是行动，或者，它怎么不像其他类型的行动。）（p. 132）

这样，真正的问题将是：是否一个理性的人能够相信基督教的主张？是否他能够接受基督教信念？这意味着基督教信念是否是目的－手段的合理性的问题事实上归结为如下问题：是否它在某个其他的意义上（在亚里士多德的意义上，或者更可能地在恰当地发挥功能的意义上）是（合）理性的。因此，在这里我们并不具有一个独立的合理性含义；而且，因为我们已经处理了那个含义，我们实际上看到的是，这个规范性问题也不可能是手段－目的的合理性问题。（p. 133）

最后，依据普兰丁格的简述，威廉·阿尔斯顿（William Alston）所说的实践合理性概念关乎着一个有趣的问题："如果继续从事一个特定的实践和抑制从事这个实践都是在我的能力之内，那么继续从事那个实践是否将是合理的？"（普兰丁格，2004：140）阿尔斯顿的辩护立足于两个前提：①从事一个社会上确立起来的信念实践是初步合理的（实践上合理的）；②如果这样一个实践没有碰到严厉的内部或者外部的不一致性，那么从事它便是无限制地合理的（在所有东西都加以考虑之后是合理的）。对此，普兰丁格的批评可浓缩为两点：①所谓实践合理性容易被解释为目的－手段合理性，因而将丧失其独立性；②为什么社会确立是相关的或重要的？请看普兰丁格自己的陈述（普兰丁格，2004：140－142）：

合理的历程有赖于我的目标；它取决于我相信的东西——这就是说，在我作出这个决定时我相信的东西。如果我的目的是让我自己感到好，那么选择我相信会导致了解到我的罪过和苦难的信念形成机制将是不合理的。为了做出理性选择，我必须发现哪个立场最有可能导致我的目标的获得，然后通过采纳那个历程，按照那个信念行动。这导致了与上面提到的主要前提相关的一个问题。请回忆一下，那个主要前提是：从事一个社会上确立起来的信念实践是初步合理的（实践上合理的）。但是为什么强调社会上确立起来的信念实践呢？确实，如果在原始地位①中我认为社会上确立起来的信念实践特别有可能产生真的信念，那么在原始地位中对我来说合理地要做的事情就是要选

---

① 参见：普兰丁格，2004：140。普兰丁格参照罗尔斯（John Rawls）所谓"原始状态"（original state），称之为"原始地位"（original position）。

择社会上确立起来的信念实践。

但是如果我不这样认为那又怎么样呢？［例如］我不明智地读尼采，开始确信大家都信奉的这剂良药统统错了；对于大家都形成信念的这种方式，我发展了一种尼采式的傲慢和诅咒。那么大概合理的事情将是选择不是社会上确立起来的信念实践。而是，我应该选择只是少数幸运者拥有的实践——那些幸运者的普罗米修斯式的努力已经使他们超越了最软弱无力的人。为什么社会确立是相关的或重要的呢？就实践合理性而论，算数的东西是我认为将取得我的目标的东西；在原始地位中，我认为社会上确立起来的实践特别有可能获得我自己确立起来的相信真理这个目标，但是这可能是真的，也可能不是真的。

论说至此，便可考虑回答这样一个问题了：关于持有基督教信念的规范性问题不是什么？普兰丁格的回答是："迄今我们已经看到的是，这个规范性问题和批评不是什么：它不是这个抱怨：相信者在像她那样进行相信时不是处于她的思想的权力之内；它不是这个抱怨：从对她来说是自明的、关于她自己的精神状态，或者对她的感官是明显的命题中，她引不出好的结论；它不是这个抱怨：她并不具有某种类型的好的论据；它不是这个抱怨：她的基督教信念缺乏阿尔斯顿式的辩护，或者缺乏手段－目的的合理性；它不是这个抱怨：决定继续按照经验来形成信念不是实践上合理的。在这些批判中，没有一个批评因为具有充分的力量而站得住脚。"（普兰丁格，2004：156）一言以蔽之，普兰丁格认为，局限于上述各种合理性概念，就不可能恰当地表述关于基督教信念的规范性问题，更遑论给出回答了。既然如此，我们就应该进一步追问：基督教信念的规范性问题Qc究竟是什么？普兰丁格给出了三种表述（普兰丁格，2004：141－142）：

表述1："是否基督教信念能够得到保证（warrant），即使保证不是通过论据或者命题证据达到的"？

表述2："是否对上帝的信念，以及更一般地说基督教信念，能够是严格基本的——就保证而论是严格基本的"？

表述3："基督教信念是否能够得到担保——不是通过论据得到保证，而是通过（广泛地加以解释的）宗教经验得到保证"？

可见，关键在于能得到"保证"。需要说明：从普兰丁格的行文看，他似乎对"保证"与"合理性"两个概念之间的关系尚缺乏清楚的辨析。一方面，如上所示，也许是他对传统的合理性概念持有严厉的批判立场，所以有时他倾向于将保证概念与其区分开来。（参见普兰丁格，2004：156－157）或许在他的《基督教信念的知识地位》第一章第一句话中那个含混的"或"字便可支持这样的解读："在这本书里，我们感兴趣的是一个规范性疑问：接受基督教信念——就是在'前言'中概述过的基督教信念——是不是合理的，有理性的，能够辩护的，或有保证的？"（普兰丁格，2004：3）但另一方面，普兰丁格的有些关键性表达又暗示他似乎倾向于将保证看成是真正的合理性。例如，《基督教信念的知识地位》一书前言部分开宗明义地宣称："本书要探讨的问题是，基督教信念在理智上或合理性方面是不是可以接受的。"（普兰丁格，2004：1）按此理解，保证当然就是真正体现"在理智上或合理性方面可接受"的关键所在。又如，本书第二章第一句话说："我们讨论的主题是有关基督教信念的规范性问题，即接受这样的信念是否合理、有理性、有正当的理据，或理智上可为之辩护？"（普兰丁格，2004：33）鉴于上述理由，我倾向于将普兰丁格的"保证"概念看作是对"合理性"概念的改进，而他的改进之路其实是沿着前述"理解存在的基本官能"这个合理性的基本维度展开的。

四、保证：一种新的知识论概念

我们之所以可把接受一组信念的合理性奠定在保证概念之上，乃是因为正是保证概念所要求的条件能使那些信念获得知识的地位。按普兰丁格的有关论述，保证概念包含四个基本要素（普兰丁格，2004：179－180）：

（1）恰当运作的认知官能。就是说，只有当一个人的认知官能在产生一个信念时确实是在恰当地运作，没有经受功能失调，那个信念对于他才是有保证的。不过，普兰丁格认为，对于回答问题 Qc，仅有这个条件是不够的。

（2）合适的环境因素。比如说："你的躯体的许多系统显然是被设计出来在某种环境中进行工作的。你无法在水下呼吸；你的肌肉在重力为零的情况下就会萎缩；在珠穆朗玛峰的顶上你无法得到足够的氧气。显然，同样的东西对认知官能也有效，只是在一个与它们为此被（上帝或者进化）设计出来的环境相似的环境中，它们才会获得它们的目的。因此，在

某种难以察觉的辐射妨碍了记忆功能的环境中，它们不会工作得好。"（普兰丁格，2004：179）

然而，即使满足前两个条件，对于回答问题 Qc 也还是不够的，因为仍有这种可能性：一个信念是由恰当地运转的认知官能在一个它们为此被设计出来的环境中产生的，但却缺乏保证，因为这两个条件并没有明确规定应该趋向的目标是什么，因而还须加上下述条件限制。

（3）求真趋向。如普兰丁格所说："我们认为，我们的信念官能的目的或功能是要向我们提供真的（或者近似为真的）信念。……显然可能的是，某些信念产生官能或机制乃是旨在于产生具有其他优点的信念——也许使我们能够在这个冷酷无情的世界中过得下去的优点，或者也许使我们能够从一个危险的状况或对生命进行威胁的某个疾病中幸存下来的优点。所以我们必须补充说，这个信念是由认知官能这样产生的，以致那些官能的目的是要产生真的信念。更精确地，我们必须补充说，制约着这个信念产生的设计计划的那个部分是旨在于产生真的信念（而不是幸存，或者心理的安慰，或者忠诚的可能性，或者某个其他的东西）。"（普兰丁格，2004：179）

但是，普兰丁格认为，即使满足上述三个条件，仍然不能对问题 Qc 给出充分回答。他建议我们通过反思休谟曾经描述的一个幻想来思考这个问题。休谟描述的幻想（转引自普兰丁格，2004：179；Hume，1970：53）是：

> 我们知道，按照一个卓越的标准，这个世界充满缺陷和不完美；它只是某个年幼无知的神的一篇拙劣之作，因为对他的拙劣行径感到羞耻，这个神随后就放弃了这个世界；这个世界只是某个需要依赖的低劣无能的神的作品，是他的上司们嘲弄的对象；它是古老昏聩的年代在某个囡落后于时代而被废除的神的产物；自他去世以来，这个世界已在它从他那里得到的第一冲动和活力中陷入危险之中。

对此，普兰丁格评论说："所以，请想象一下一个幼稚无能、缺乏教诲、正在见习的神试图要构造一种认知存在，一种能够具有知识和信念的存在。幼稚和无能占了上风，在他的设计中存在着严重故障。事实上，在这个设计的一些领域中，当官能就像它们被设计出来的那样工作时，结果便产生了荒唐可笑的假信念。因此，当这些存在的认知官能按照它们的设计计划进行工作时，他们不断地把马（horses）和灵车（hearses）混淆起来，从而形成这个古怪的信念——在古老的西部世界中，牛仔骑在尸体上，而尸体通常是装在马中被运送的。这样，这些信念确实是由在正确的环境中，按照一个目的在于真理的设计计划来恰当地运作的认知官能产生的。"（普兰丁格，2004：180）

（4）那么，还缺什么条件呢？——求真成功的可能性很大。正如普兰丁格所说："足够清楚的是，我们必须添加的东西是，这个设计计划必须是一个好的计划，一个成功地指向真理的计划，它必须是这样，以致于它将以高的概率产生真的（或者近似为真的）信念。"（普兰丁格，2004：180）

在我看来，参照本文第二节所述合理性的三个基本维度，显然可将普兰丁格的保证概念看作是对理解存在的基本官能意义上的合理性概念的深化。深化之处主要体现在三个方面：首先，从人的认知官能运作的恰当性来深化"心灵"所具有的认知能力（要点1）；其次，引入"设计计划"来揭示合适的认知环境①，从而加深我们对"实在"面向的理解（要点2）；最后，强调认知官能的求真趋向（要点3），并提出认知官能以高概率成功地指向真理的要求（要点4），突显出对心灵与实在之间关系的新理解。

显然，要点1在基本点上与上述作为恰当认知官能的合理性概念是一致的，只是普兰丁格反对仅仅从这个层面来理解合理性概念，而主张必须将其纳入由上述四个要求所构成的关系网络中去加以理解。于是，在这个关于保证概念的关系网络中，可望进一步推进对前面所说的内在合理性和外在合理性的探索。

虽然普兰丁格本人似乎不太看好手段—目的合理性和实践合理性概念，但容易看出，只要立足于他所刻画的求真趋向及其成功可能性的要求，以此来严格界定何谓"目的"，并借助认知官能在合适认知环境中恰

---

① 普兰丁格还进一步区分了宏观认知环境和微观认知环境，参见《基督教信念的知识地位》第五章。当代知识论和科学哲学中有关逼真性和贝叶斯方法的研究为此提供了可资借鉴的资源。［可参见 C. Wade Savage（ed.）. *Scientific Theories*. Minneapolis：University of Minnesota Press，1990.］

当地运作意义上的信念实践来严格界定何谓"手段"，那么，手段—目的合理性和实践合理性概念中隐藏着的一些积极因素应该是可以被采纳的。

从传统的知识定义（知识就是能够得到辩护的真信念）和主流知识论的研究情况来看，可以说，普兰丁格似乎给出了一个基于保证概念的新的知识定义：知识就是能够得到保证的真信念。按他本人给出的更精确的解释，"知识所需要的，是一个信念被恰当地起作用的认知官能或过程产生的，按照一个导向获取真信念的设计蓝图，（宏观的和微观的）知识环境要适切，并且设计是有效地导向获取真理的"（普兰丁格，2004：285）。换言之，满足保证概念所需四个条件的信念就是知识。据此，我们还可以进一步说，普兰丁格的保证概念开辟出了一条知识论研究的新途径。

既然能够得到保证的真信念就是知识，那么考虑到《基督教信念的知识地位》一书的原名"Warranted Christian Belief"（直译"得到保证的基督教信念"），便可确知此书的宗旨在于确立基督教信念的知识论地位。事实上，普兰丁格对加尔文关于"基督教信仰是一种特别的知识"这一论断所给出的阐释和发挥，就是要着力表明基督教信念是能够得到保证的。换言之，在普兰丁格看来，正是由于一个信仰者持有的基督教信念能够满足保证概念所需的分而必要合而充分的四个条件，基督教信念才具有知识地位。（参见普兰丁格，2004：285-287）

五、科学知识与宗教信仰之异同

按以上提示所启发的思路，便可说，合理的科学知识与宗教信仰当然均须满足关于保证概念的四个充分必要条件。如上所说，按照普兰丁格提示的知识论进路，我们可以用"知识就是能够得到保证的真信念"来取代"知识就是能够得到辩护的真信念"，甚至也可以理解成在传统的知识定义中，用"保证"（warrant）来诠释"辩护"（justification）概念。于是，一条源自古希腊的合理性探究之路便豁然呈现出来：为一些信念加上合理的限制条件，使之不仅仅是信念，而且要使其成为知识；或者说，为一些意见加上合理的限制条件，使之不仅仅是意见，而且要使其成为真理。无论是对于科学而言，还是对于宗教而言，只要这一探究策略的目的得以达成，我们就可以说相应的科学知识和宗教知识均具有合理性。

据此，我们可以这样回答规范性问题 Qs：接受一个科学理论确实可以具有合理性，其合理性的根据在于由这些科学理论所表达的知识乃是能够得到保证的知识。同样，我们也可以这样回答规范性问题 Qc：接受一组基督教信念确实可以具有合理性，其合理性的根据在于这些信念乃是能够得到保证的知识。

一般认为，科学理论由一系列相互关联的命题所构成，其显著特征是具有经验上的可检验性（testability）。当然，与科学知识相比，任何一种宗教性的知识必有其特别之处。以基督教学说为例，为什么说它是一种特别的知识呢？普兰丁格回答说："信仰不是跟知识对立的，信仰（至少典范式的信仰）是知识，某种特别的知识。它之所以特别，有两方面的原因。一是关于它的对象，那所谓被知道的事情，（若是真的话）其重要性无以复加，肯定是一个人可以知道的事中最重要的一件。二是我们知道那些内容的方式是很特别的，这是由一个不寻常的认知过程或信念产生过程引致的。基督教信念'向我们的心思显明'，是圣灵引导我们相信圣经的核心信息的结果。这个信念产生过程是双重的，既牵涉神圣默示而成的圣经（或是直接的，或是见证链的源头），又有圣灵的内在诱导。两种均是上帝的特别活动。"（普兰丁格，2004：285）

也许可以这样说：虽然科学研究的对象既涉及物理实体，也涉及抽象实体，但基督教所涉及的抽象实体皆导源于上帝这一终极性的抽象存在。正因如此，如果说借助严格的受控实验来获取经验证据，并借助严密的逻辑推理将抽象的理论命题与经验证据联系起来，从而表明科学理论对于经验现象具有精确的预测力和广泛的解释力，乃是我们产生科学信念的基本途径，那么就可以说这种信念的产生过程是间接的。这里的关键是理论命题之为真，必须得到逻辑论证和经验证据的支持，而不是"自显为真实的"。但是，普兰丁格所推崇的加尔文说，"圣经是自显为真实的！"简言之，如果说科学信念的形成遵循的是"论证模型"，那么就可以说基督教信念的形成遵循的则是"见证模型"。何谓"自显为真"和"见证模型"？看来可参照普兰丁格的如下论述（普兰丁格，2004）来略加体会：

　　典型的基督教信念不是论证的结论（这并不是说论证对于人接受它们是不重要的），也不是建基于其他信念证据之上，亦不是因为基督教信念可以成为某种现象的良好解释。无疑，基督教独特的信念可以是一些现象的绝佳解释（突然想起的例子是基督教对罪的教义），但是它们并不是因为能够提供这些解释才被人们相信和接纳。它们被接纳，也不是因为它们是从宗教经验推论出来的结论，信徒相信这些命题，并不是因为察觉到自己的某些经验，然后推出基督教信念是真的。（pp. 287 –288）

……对福音书里的伟大真理的信念是拥有辩护的、合乎理性的、有保证的，我们不需要历史证据或论证来支持其中的教导，或支持圣经（或其中某部分）的确是上帝的话语，或支持圣经是真实的和可靠的，这就是为什么圣经是自显为真实的。（pp. 291 –292）

为了加深上述对规范性问题 Qs 和 Qc 回答的理解，让我们尝试据此进一步回答规范性问题 Q1 和 Q2。之所以可以说接受一个科学理论并据此规范科学实践是合理的，其理由如下：

（1）科学共同体的规范性训练能够确保科学信念之形成过程能够满足保证概念所必需的四个条件，因而使得对相应科学信念的认知过程具有认知官能式的合理性（对问题 Q1 – 3 的回答）。

（2）任何科学实践活动都是在特定的范式支配下进行的，而每一个科学范式都在模型、符号概括、认知价值和范例方面为合适的科学研究规定了基本框架（参见 Kuhn，1970，"Postscript—1969"），因而能够使得科学实践具有行动理由式的合理性（对问题 Q1 – 2 的回答）。

（3）由前面的论述容易看出，经验证据和逻辑论证所支撑的严格的可检验性、精确的预测力、广泛的解释力、结构的简单性等等，将使科学理论能够具有思想辩护式的合理性（对问题 Q1 – 1 的回答）。

这样，规范性问题 Q1 便得到了回答。

按同样的思路，现在以基督教为例，我们可以说，接受一套宗教信念并据此规范信仰实践是合理的，乃是因为：

（1）如上所述，基督教信念之形成过程能够满足保证概念所必需的四个条件，因而使得对相应基督教信念的认知过程具有认知官能式的合理性（对问题 Q2 – 3 的回答）。

（2）任何基督教信仰实践都是在基督教的基本信念支配下进行的，而那些基本信念为合适的信仰行动规定了基本框架，因而能够使得信仰实践具有行动理由式的合理性（对问题 Q2 – 2 的回答）。

（3）尽管如普兰丁格所说，确立基督教信仰本身无须逻辑论证和证据支持，而是要遵循见证模式，具有自显为真的特点，但"这并不是说论证对于人接受它们是不重要的",而且"基督教独特的信念可以是一些现象的绝佳解释"(普兰丁格,2004:287 - 288),更何况内在合理性"更广泛地需要你在信念形成过程里,尽你最大的努力。你已经仔细思考过这信念怎样能与你的其他信念吻合,又寻找过有关的否决因子,思想过你遇到的每一个反对,比较过一些恰当的人的评语,等等"(普兰丁格,2004:284)。因此,基督教信念实际上是能够具有思想辩护式的合理性的(对问题 Q2 - 1 的回答)。

于是,规范性问题 Q2 便得到了回答。

进一步追问:建基于保证概念之上的合理性标准是否能够避免不可通约性论题的质疑? 为了回答这个问题,不妨再看看保证概念的关键之点:"一个信念对一个人 S 有保证,只有当那个信念在 S 这里是由恰当地运转的认知官能,在一个相对于 S 类型的认知官能来说是在合适的环境中,按照一个目的在于产生真理的设计计划产生出来的。进一步,我们必须补充说,当一个信念满足这些条件,因此的确具有保证时,它所具有的保证的程度取决于那个信念的强度,亦即 S 拥有它的这种坚定性。"(普兰丁格,2004:180)据此,如果我们同意前面所说基督教信念遵循见证模式,而且具有自显为真的特点,那么似乎不可通约性论题就难以对表述基督教信念的学说构成实质性的挑战,因为这里并不存在支撑整个不可通约性论题的经验证据与理论学说之间的论证关系。

对于科学理论,虽然不可通约性论题确实是一种实质性的挑战,但该论题并未考虑到保证概念所提供的科学信念之产生机制。如果我们考虑这些机制,那么本文第一节所述库恩论证要点①②③提出的挑战就有可能得到回应,因为认知官能在合适环境中恰当地运作,可以使我们清楚地区分出哪些理论因素对观察证据和理论词项意义的变化将造成什么样的影响,而以高概率求真为目的也将有助于我们客观地对问题的重要性作出评判。至于库恩论证要点④和⑤提出的挑战,则可以考虑借助认知价值(epistemic values)和语境价值(contextual values)之间的区分来予以回应①,而由保证概念引出的关于合适环境的精细分析则可望提供启发性的思路。

综上所述,以普兰丁格的保证概念来重新诠释、改进传统的信念辩护

---

① 关于认知价值和语境价值的讨论,可参见:Helen Lingino. *Science as Social Knowledge*: *Values and Objectivity in Scientific Inquiry*. Princeton, N. J.: Princeton University Press, 1990.

概念，便可确立起一种新的知识论样式和一种新的合理性观念，而且可以证明科学理论和基督教信念能够完好地满足这一知识论的合理性要求。因此，尽管科学理论和基督信念在探究对象和方法路径诸方面存在着显著的区别，但它们同样具有合理性。进一步说，有理由断定，除基督教以外，其他宗教学说也将既在对象和方法上各具特色，也必共享基本的合理性标准。

进而言之，借助普兰丁格所提示的新的知识论样式和合理性观念，我们可望回应本文开始所引罗蒂版本的库恩挑战。这种回应的要点是：无须抛弃"合理的"与"不合理的"这一关于人类实践的区分，我们仍然可以很好地刻画"表象"与"知识"之间的区别和联系。简要地说，只要有办法让所谓"表象"不仅仅止步于纯粹的意见或信念，而是使其在满足一组规范性条件的基础上转化为"知识"，那么，一种合理的知识论上的联系便可得以确立。不用说，这也是消除所谓"合理性危机"的一条可供借鉴的思路。

［为"宗教与现代社会"国际会议（2013 年 3 月，深圳大学）提交的论文，原文发表于《深圳大学学报》（人文社会科学版）2013 年第 5 期］

第八部分

维特根斯坦哲学新解

维特根斯坦《逻辑哲学论》分析

一、主旨、特点和结构

《逻辑哲学论》的主旨可以归结为两个字：划界。事实上，维特根斯坦本人在序言中就明确宣称："本书将为思维划定一个界限，或者不如说不是为思维，而是为语言的表达划定一个界限。"这一界限同时也是语言、逻辑和世界的界限。但是"**界限**"在此是一种隐喻，它不是隔离空间领域的围墙，因为它不是世界、思想、语言和逻辑的组成部分。对此我们不能采取这样的方法来加以界定：首先选择两个区域，然后确定它们之间的分界线，或者反之。界限甚至不能逻辑地思考和**言说**，而只能**显示**：说清楚那些能够说清楚的东西，**同时**也就显示出那些不能言说的东西。《逻辑哲学论》正是着力解决**言说的自明性**问题，以期同时揭露**显示的自明性**。难怪维特根斯坦在序言中断然宣称："本书的全部意义可以概括如下：凡是能够说清楚的事情都能够说清楚，凡是不能说的事情就应该保持沉默。"

能够言说的事情（what can be stated）有涵义（Sinn/sense），不能言说的事情（what cannot be stated）无涵义，这就构成了一个界限。按《逻辑哲学论》所叙述的内容，我们可以制作一个表来昭示这一界限：

划界：	"这边"	"界限"	"那边"
标准：	能够言说	∣	不能言说，但能够显示
特点：	有涵义	∣	无涵义
实例：	世界、思想、语言	∣	逻辑形式、形而上学、伦理学
	逻辑、科学	∣	美学、"神秘的事情"

在学术文献中，"言说"的英文表达有 say，state，express，represent，speak about 等，"显示"的英文表达有 show，display，exhibit，mirror 等。我以为，用 state 和 show 来分别表达维特根斯坦式的"言说"和"显示"较为合理。

维特根斯坦本人曾强调"那边"比"这边"更加重要，这在保罗·恩格尔曼（Paul Engelmann）选编的《维特根斯坦书信集》（*Letters from Ludwig Wittgenstein*：*With a Memoir*）中得到印证（参见 Engelmann，1967）。在此，顺便指出，形而上学处于"那边"，科学处于"这边"，因而那种认为维特根斯坦像逻辑实证主义者一样，用科学拒斥形而上学的看法不能成立。

在上面提及的《维特根斯坦书信集》中，有这样几句话："本书的观点是一种伦理的观点。""我的书可以说是从内部给伦理的东西的范围划定了界限。我相信这是划定那些界限的唯一严密的方法。"（Engelmann，1967）

为什么维特根斯坦把《逻辑哲学论》的特点表达为"伦理的"（ethical）呢？参照康德来分析：他认为表达伦理法则的先天综合陈述表现为"应该"（should 或 ought to）的语言律令。也就是说，从语言结构看，康德通过三条道德律令划定了如下的伦理界限：应该做的事情（what should be done）和不该做的事情（what should not be done）。这在语言结构上同维特根斯坦划定的"what can be stated"和"what cannot be stated"之间的界限是相似的。不仅如此，康德的道德律令强调行动（action）和自明性，把伦理学归入行动哲学或实践理性领域。与此相似，维特根斯坦强调他的《逻辑哲学论》就是从事语言批判的活动（activity），并着力显示这种活动的自明性。

从词源来看，西文中的"伦理"一词来自希腊语 ēthika，原义是动物不断出入的场所，引申为由习俗养成的人的品格和行为。该词传入罗马时也被译成 moralis（道德），其词源正是"习俗"（mōs）。顺着这条思路，似乎可以说，西方伦理观念强调的是：习惯使然，应该如此。中文"伦"是同伴、人伦之意，"理"是道理、准则之意，"伦理"指人际关系的准则和理由。因此，似乎也可以说，中国古代伦理观念强调的是：天理如此，必须服从。维特根斯坦从语言结构看伦理，用"能够"参比"应该"，把康德看重的理性的先验性和强制性显示为语言的先验性和强制性，就此特定意义而言，甚至可以说与中国古代强调的"天理"相通。但是，维特根斯坦强调的强制性是逻辑的，而不是社会政治的。在社会层面，维特根斯坦倒是承袭西方传统，重视语言的公共性，由此显示伦理的习俗性。

伦理学是生活哲学。亚里士多德有句名言：善是生活的目的。维特根斯坦认为，"伦理学是探讨什么是有价值的，或者什么是真正重要的，或者我可以说，伦理学是探讨生命的意义，或者探讨什么使生命值得活下去，或者探讨生活的正确方式"（转引自穆尼茨，1986：249）。这就是《逻辑哲学论》把"伦理学"和"生命的问题"归入同一标号（论题6）之下的缘由。

维特根斯坦把伦理学归入"那边"，而《逻辑哲学论》的主旨就是要从"这边"入手，为"那边"的东西划出界限，使其得以显示。因此，维特根斯坦的确是从"内部"为伦理的东西划定了界限。从这个意义上说，维特根斯坦本人用"伦理学"来表示《逻辑哲学论》的特点是合乎情理的。这一特点给我们的重要启示是：我们不能像维也纳学派的诸多学者那样，仅仅把《逻辑哲学论》看成是逻辑学著作，还应把它看成是对生命意义和生活方式的探讨。

维特根斯坦本想学习柏拉图，打算用对话体写作《逻辑哲学论》，后来整理出版时，却构建成了由七大论题加上若干阐释性的小论题所组成的金字塔式的格言体。可以说，全书有六个相互重叠的金字塔，每个大论题处于塔顶，加上若干小论题来展开这个大论题，由此构成一座金字塔。最后一个大论题处于第六座金字塔的底部，或者说它只有塔顶而无塔身，因为没有小论题对此予以说明。不过，越出此书，我们发现可将《哲学研究》等维特根斯坦的后期著作看作对论题7的阐述，因而可构成一个更加宏伟壮观的金字塔。

《逻辑哲学论》开篇的注释对各论题的编号做了说明："十进数，作为各论题的编号数，指出论题在逻辑上的重要性，表示在我的叙述中对它们的强调。论题 n.1，n.2，n.3 等是对论题 No.n 的说明；论题 n.m.1，n.m.2 等是对论题 No.n.m 的说明；等等。"

在七大论题中，论题 1 和 2 讨论实在/世界（R/W），构成本体论；论题 3 和 4 讨论思想（T），构成认识论；论题 5 和 6 分别讨论语言（La）和逻辑（Lo），集中于命题的分析；论题 7 标明言说与显示的界限，对全书起提纲挈领和画龙点睛的作用。必须指出，这里的划分只是从侧重的相对意义来说的，不具有绝对意义。事实上，实在/世界、思想、语言、逻辑是相互关联，甚至合而为一的。我们可用一个立体图来表示这一见解：

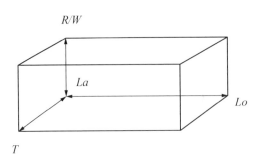

二、论实在/世界：本体论转向

这里的本体论研究的问题不是直接关于实在"什么存在"（what there is/are），而是关于实在"什么能够被言说"（what can be stated）。可以说，这是西方哲学本体论中标志性的转向，亦即通常所谓的"语言转向"（the linguistic turn）之体现。在上图中，实在/世界、思想和逻辑都通过语言联系起来，就是为了标明这一点。

论题1是："世界是一切情况。"首先通过情况（case）点明世界不是由诸多事物（things）组成。进一步，"一切情况——事实——是事态的存在"（论题2）。于是，从事实（fact）角度来界定情况时，论题1便可阐释为"世界是事实的总和，而不是事物的总和"（论题1.1）；从事态（state of affairs）角度来界定情况时，论题1又可阐释为"存在的事态的总和就是世界"（论题2.04）。论题2.063还从实在（reality）的角度来界定世界，对论题1做了这样的阐释："实在的总体就是世界。"

这里对世界或实在的界定就是本体论转向的标志。按传统观点，世界或实在是诸多事物的集合（W_t/R_t）；按维特根斯坦的观点，世界或实在乃是事实的集合（W_f/R_f）。罗素的逻辑的原子论和中立一元论处于两种观点之间，他主张 W_f/R_f 可以分解、还原为"原子事实"，却又按 W_t/R_t 的思路把"原子事实"分解、还原为感觉材料或所与（the given）的关联或配置（configuration）。于是，罗素对本体论问题的最终回答是：感觉材料或所与存在，并且是可以言说的。维特根斯坦反对这种观点，他认为"所与"和"配置"都是不可言说的，而 W_f/R_f 只能在可以言说的界限内分解、还原为事实或事态，而不能分解、还原为感觉材料。

上面提到了三个概念：事物、事态和事实。事实和事态同属情况范畴，它们与事物相对。事物不可言说，只有事实和事态才能言说。事实侧重于实际的情况，可以分为两类：肯定性的事实（positive fact）和否定性的事实（negative fact）。用维特根斯坦 1913 年《逻辑笔记》中举的例子来说：如果命题"这朵花不是红色的"是真的，那么它描述的是否定性的事实；如果命题"这朵花是红色的"是真的，那么它描述的是肯定性的事实。对描述否定性事实的命题中出现的"不"字，只有当得知相应的描述肯定性事实的命题时，它才成为否定的标记。因此，否定性的事实只是表明对基本命题的否定是正确的。我们对描述事实的命题可做出真假之分，可是没有"真的事实"和"假的事实"。

事态侧重于可能的情况，亦可分为两类：存在的事态和不存在的事态。比如说，命题"维特根斯坦是一个大哲学家"所描述的事态就是存在的事态，而"维特根斯坦是一个大气功师"描述的是不存在的事态。所有存在的事态和不存在的事态都是可能的，这就构成了"逻辑空间"（logical space）。由于事态的存在就是事实（论题 2），所以论题 1 又可阐释为"逻辑空间里的事实就是世界"（论题 1.13）。

有人［例如，穆尼茨（Milton K. Munitz）在《当代分析哲学》（Contemporary Analytic Philosophy）中］把事实界定为实际存在的事态，从而认为事态的外延大于事实的外延。他们为了疏解论题 1.2.2、2.4、2.6 和 2.063 之间的矛盾（实在的外延大于世界的外延，或者反之），又对"世界"做出广义和狭义之分：在狭义上，世界属于实在；在广义上，世界同于实在，甚至实在属于世界。我认为，事实和事态的外延相同，只是侧重点不同（如上所述）。从肯定性和否定性的角度看，事实的总和表征了论题 1 中的一切情况，也就是世界；从存在和不存在的角度看，事态的总和同样表征了论题 1 中的一切情况，因而也就是世界。事实的总和（肯定性的和否定性的事实）或事态的总和（存在的和不存在的事态）构成逻辑空间，划定了可以言说的界限，同时显示了世界或实在的界限。从这个意义上看，世界和实在的外延是相同的，那就是可以言说的逻辑空间中的一切情况。

描述事实或事态的命题之间有一种内在关系，但这种内在关系不同于命题与名称的内在关系。名称是命题的构件，我们说某个名称出现在某个命题中，但不能说某个命题出现在另一个命题中。"内在关系是类型间的关系，这是不能以命题来表达的，但是它们全都在记号本身中被显示，而且可在同语反复中被系统地展现出来。"但是，"在我们的语言中，名称不是事物：我们不知道它们是什么；我们只知道它们具有与关系不同的类型"。（维特根斯坦，1988）

按罗素的观点，事实或事态可以分解、还原为客体（事物）及其关系，正如命题可以分解、还原为名称及其关系一样。但是，维特根斯坦认为名称不是客体（事物），名称与命题之间的内在关系不可言说，所以罗素的观点不能成立。正因如此，《逻辑哲学论》从客体（事物）角度讨论本体论问题时，不对客体（事物）本身是什么做出说明，而是强调："对于事物来说，重要的是它们可以成为事态的构件"（论题2.001）；"客体包含着一切情况的可能性"，"客体在事态中发生的可能性就是它的形式"（论题2.014）。换言之，从客体（事物）看事态，则"事态（事物的状态）就是诸客体（或诸事物）的结合"（论题2.01）。对此，我们的言说只限于用命题来描述事态，用名称出现在命题中这一事实来显示事态的构件及其结合。

可以说，维特根斯坦所倡导的本体论是一种"语言本体论"。正如他本人所说，"我的语言的界限意味着我的世界的界限"（论题5.6）。极端地说，语言之外无世界。或者说，相对于世界或实在来说，语言的结构具有本体性。我们之所以能够思考和言说世界，根本原因在于世界和语言先验地是同构的。因此，维特根斯坦的本体论又可以说是一种基于语言结构的先验主义。

三、论思想：认识论转向

我把论题3和4看成是《逻辑哲学论》中的认识论部分，是因为这两个论题着重讨论思想与实在/世界的关系。由于维特根斯坦通过命题来界定思想，所以他的认识论表现为命题与实在/世界的关系。又因为命题的总和被界定为语言，所以他的认识论也表现在语言与实在/世界的关系。于是，关键问题不是传统认识论所强调的"我们的心灵认识世界是如何可能的"，而是"我们的语言言说世界是如何可能的"。这就是本节标题所谓"认识论转向"的涵义。

论题3说："事实的逻辑图象就是思想。"首先，这里表明，认识论的本体论基点是可以言说的事实，而不是事物（客体）。其次，在"图象"

前冠以"逻辑（的）"作为限制，表明这里所说的"图象"不是日常用法，而是专有名词。最后，思想之所以是事实的逻辑图像，是因为思想与逻辑图像二者在形式上是同构的。因此，所谓逻辑图像类似于射影几何学中的投影图式（projection）。（参见论题3.11、3.12、2.13）如下图所示：

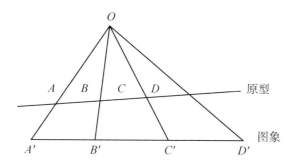

此图中以 O 为中心，将 A、B、C、D 分别投射到 A'、B'、C'、D'，使原型和图像构成射影对应关系：

$$AC/AB : AD/BD = A'C'/A'B' : A'D'/B'D'$$

等式左右两边分别是原型和图像的交比，它们是一种基本不变量。如果确实有事实（原型）存在：维特根斯坦比弗雷格年轻 $[R(W,F)]$，那么我们说，命题"维特根斯坦比弗雷格年轻" $[R(W',F')]$ 是这一事实的图像，并且是真的；而命题"弗雷格比维特根斯坦年轻" $[R(F',W')]$ 也是这一事实的图像，只不过它是假的。这里的基本不变量是"比……年轻"，即 R，而且 $R(W,F)$、$R(F',W')$、$R(F',W')$ 三者是同构的。类似的同构关系是维特根斯坦图像论的根基，它能够回答思考和言说何以可能的问题。按照论题3.001和论题4，事实或事态是可思考的意味着它们是可言说的，也意味着它们是可被作为图像的。因此有：能被思考者（what can be thought）＝能被言说者（what cen be stated）＝能被图构者（what cen be pictured）。

"没有先验地为真的图象。"（论题2.225）"要看出图象的真假，就必须把图象与实在作比较。"（论题2.223）"命题就是实在的图象。"（论题4.01）图像的真假也就是命题的真假。

设有事态 S：老王是小王的父亲。相应地，有命题 P："老王是小王的父亲" $[R(W_O,W_L)]$。可以列出三种情况：①P 和 S 的构件一一对应；②实际存在的事态 S 是：老王是小王的父亲；③实际存在的事态 S 是：老王是小王的祖父。当满足情况①时，我们说 P 是 S 的图像；当满足情况①和②时，我们说 P 是 S 的图像，并且 P 为真；当满足情况①和③时，我们说 P 是 S 的图像，并且 P 为假。可见，命题或图像的真假取决于它所描述的事态是否实际存在。因此，这是一种变形的真理符合论。

图像与实在的比较，在严格的意义上仅限于基本命题与独立事态的比较，而复合命题作为图像则不能直接与实在做比较，其真值取决于它与构成它的那些基本命题之间的函项关系。

论题 4 说："思想是有涵义的命题。"维特根斯坦对涵义（Sinn/sense）的规定是：命题的涵义就是其真值条件。比如说，对命题 P，"为了能够说 'P' 是真的（或假的），我必须已经确定在什么情况下我称 'P' 是真的，如此我就确定了该命题的涵义"（论题 4.063）。如果 P 是事实命题，那么 P 有具体的真值条件，其涵义是充分的。如果 P 是逻辑命题（重言式和矛盾式），那么 P 无具体的真值条件，其涵义是贫乏的（senseless），但逻辑命题不是无涵义的（nonsensical）。就像 "0" 是算术符号体系的一部分那样，逻辑命题是语言符号体系的一部分。

"只有命题具有涵义；只有在命题的语境中名称才有指称（Bedeutung/reference）。"（论题 3.3）"名称表示客体。客体就是它的意义。"（论题 3.203）在此，维特根斯坦接受了弗雷格的观点，认为意义（meaning）对命题而言是指其涵义（sense），对名称而言是指其所指（referent）。命题"张三正在看书"有具体的真值条件，因而是有涵义的或有意义的，其中的名称"张三"有特定的所指，因而也是有意义的。但是，即使身份证、电话簿、存折等中的"张三"并未出现在命题中，却仍有特定的所指，这不是与论题 3.3 相矛盾吗？看来维特根斯坦对此并不感到不安，因为他可以辩解说：我们之所以能在非命题情况下使用名称来指称特定的客体，恰恰是因为我们知道在命题中怎样使用名称。当听到发音〔 hwait iz hwait 〕时，我们可以想到 "White is white" 或 "White is White"，可是这 White 究竟是指称白色，还是指称名叫怀特的人或事物呢？这只有结合它所处的命题叙述关系进行语境分析才有可能得到解答。

四、论语言和逻辑：语言哲学转向

维特根斯坦的划界在三个方面标志着哲学研究中的语言转向：第一，世界之界定，思想之可能，全依赖于语言结构的本体性和先验性；第二，哲学就是语言批判，其根本目的在于划定言说与显示的界限；第三，对言说的分析以现代逻辑的发展为工具，力求澄清语言描述实在的基本功能。

维特根斯坦认为，对实在和思想的深入分析，必须要对命题做出分析。因为"命题的总和就是语言"（论题4.001），所以命题分析也就是语言批判。这种分析和批判就是要揭示命题的逻辑特征。"不可能用语言表示任何'违反逻辑'的情况，就像不可能在几何学中用坐标表示违反空间规律的图象或不存在的点一样。"（论题3.023）逻辑地思考和清楚地言说是一码事。

基本命题描述独立的事态。两个以上的基本命题通过逻辑常项联结成复合命题。有人认为基本命题对应"原子事态"，复合命题对于"复合事态"。试问：何谓"复合事态"？或答：它是"原子事态"的复合体。又问："原子事态"怎样构成"复合事态"？或答：通过逻辑常项联结起来，就像基本命题构成复合命题那样。可是，逻辑常项没有所指对象，它们只能联结命题，而不能联结事态。其实"复合事态"本身是一个范畴含混的词组。

事实上，复合命题作为实在的图像只有间接的意义，因为其根据在于构成它的基本命题对应着独立事态。正如施泰格缪勒（W. Stegmüller）所说："这种间接的意义就在于，这一种复合陈述可以改造为严格意义上的图象，并且能够拟定出这种改造的精确的规则。"（施泰格缪勒，1986：543）维特根斯坦的真值函项理论就是为此而提出的。

真值函项论的核心论题是："［复合］命题是基本命题的真值函项。（基本命题是它自己的真值函项。）"（论题5）"基本命题是［复合］命题的真值自变项。"（论题5.01）犹如函数 $Y = F(x, y, z)$，基本命题相当于自变项 x, y, z，复合命题相当于函数关系 $F(x, y, z)$，它由基本命题通过逻辑常项联结而成。正如函数值 Y 取决于 x, y, z 和 F 一样，复合命题的真值取决于构成它的基本命题和逻辑常项。对此，由上文可知，维特根斯坦的图像论解决了基本命题真值的确定问题。此外，他还发明了逻辑常项的真值表方法，并借以确定复合命题的真值，这是他对现代逻辑的巨大贡献。

我们可以像维特根斯坦那样，用 P^- 表示所有的基本命题，用 ξ^- 表示任何命题集，用 $N(\xi^-)$ 表示构成 ξ^- 的所有命题的否定，则"真值函项的一般形式是 $[P^-, \xi^-, N(\xi^-)]$"（论题6）。据此，只要给定基本命题，则所有其他命题均可制造出来。论题 6.001，6.002，6.01，6.02 等对此作了说明。这样，就把命题之间的转化关系构造成了一种运算程序。如果设一个命题转化成另一个命题的运算为 $\Omega'(\bar{\eta})$，那么这种运算的一般形式是：$[\bar{\xi}, N(\bar{\xi})]'(\bar{\eta}) = [\bar{\eta}, \bar{\xi}, N(\bar{\xi})]$。

五、论显示：超越《逻辑哲学论》

不言而喻，显示相对于言说而言："能显示者，不能言说。"（论题 4.1212）言说必依赖语言，但《逻辑哲学论》中的语言和言说具有特定的内涵：语言是命题的总和，言说是用命题描述实在。按此，用非命题的语句或语词传情达意，对语言本身进行的分析和批判，都不是在言说，而是在显示。此时，命题描述式的言说的确处于"沉默"状态。明乎此，论题 7 就可得到疏解了："对不可言说者，必须保持沉默。"明乎此，就不会像罗素在为《逻辑哲学论》写的引言中那样做出如下评论了："对不可言说者，维特根斯坦毕竟设法说了许多呀！"明乎此，维特根斯坦从"这边"入手显示"那边"的良苦用心应该可为世人领受了。明乎此，看到论题 6.54 就不会惊讶不已，而应心领神会了："我的论题可作如下阐释：任何理解我的人，当他已通过这些论题，并一步一步地超越这些论题时，最终会意识到它们是无涵义的。（可以说，他爬上梯子后，必须抛掉梯子。他必须超越这些论题，然后才能正确地看世界。）"也就是说，我们必须得意忘言，才能融入大通世界。《逻辑哲学论》本身提出了超越的要求，并且提供了超越的途径。

显示是言说的先决条件。命题与事态、图像与原型、思想与实在之间的同构是言说的前提，而这些同构就是显示出来的逻辑形式。在涵义充分的意义上，言说要解决世界是怎样的现实问题（How）；在涵义贫乏的意义上，言说要解决世界会说什么的可能问题（What）。显示要解决的是世界就是那样的"神秘"问题（That）。"How"和"What"以"That"为先决条件。

《逻辑哲学论》的根本显示途径是语言批判。维特根斯坦本人明确宣称："全部哲学就是'语言批判'（不过不是毛特纳意义上的语言批判）。"（论题 4.0031）他不同意毛特纳（Fritz Mauthner）的这一见解：语言本身是描述和解释世界的障碍。在维特根斯坦看来，语言批判之所以有必要，并不在于语言本身的痼疾，而在于人们对语言的误用。从哲学史看，维特根斯坦是康德的传人，他把康德的理性先验主义转移到理性的表达层面，发展成语言先验主义。强调维特根斯坦与经验主义的传承关系，可能未得其精髓。维特根斯坦高于康德的地方，可能在于他用言说与显示的相反相成消解了现象与自在之物的鸿沟。宣判维特根斯坦是康德意义上的不可知论者，实在是对他的冤枉。

语言批判是维特根斯坦根本的哲学纲领。这一纲领在《逻辑哲学论》中突出地展示为他尽力解决言说的自明性问题，在《哲学研究》中则突出地展示为他尽力解决显示的自明性问题。

言说的自明性植根于"逻辑形式"，显示的自明性植根于"生活形式"。言说体现为"语言图象"，显示体现为"语言游戏"。逻辑形式决定我们能够言说什么，生活形式决定我们能够显示什么。

本文开篇即说《逻辑哲学论》的主旨是划界：划定能够言说者与不能言说者之间的界限。现在同样可以说《哲学研究》的主旨也是划界：划定能够显示者与不能显示者之间的界限。因此，可以说，后者既是对前者的继承，也是对前者的超越。

（原文发表于《哲学研究》1994 年第 2 期）

语言批判与生活形式

——维特根斯坦哲学新解

一、前言："全部哲学就是语言批判"①

学界历来有一种流行的看法，即维特根斯坦（Ludwig Wittgenstein）一生开创了两种截然不同的哲学研究范式，其后期哲学是对其前期哲学的彻底背叛。依我看，此说在一个根本性的定位上不得要领，因为它遮蔽了如下事实：维特根斯坦前后期哲学的转变只是哲学研究方式的变化，而不是核心主题的变化，因为维特根斯坦一生关注的核心问题乃是人生意义问题，他从事哲学探索的根本目的是通过"语言批判"（Sprachkritik/critique of language）来确定人生意义所能达到的界限（Grenze/limit）。

由此定位，我们便可提出一个关键性的问题：为什么解决人生意义问题要通过语言批判来实现？根据我对维特根斯坦的解读，在此提出如下三点理由：

第一，无论在其前期阶段，还是在其后期阶段（在此权依学界惯例，将 1929 年定为维特根斯坦前后期哲学的分界线），维特根斯坦都认为我们的语言与我们的生活和世界息息相关，语言深深地植根于我们的生活和世界之中。正如前期维特根斯坦所说，"我的语言的界限就是我的世界的界限"（*NB*，1915 年 5 月 23 日笔记；参考 *TLP*，5.6），而"人生即是世界"，"世界与人生是一回事"（*NB*，1916 年 6 月 11 日笔记；*TLP*，5.621）。也如后期维特根斯坦所说，"语言确实和我的生活息息相关"（*PG*，§29），"想象一种语言意味着想象一种生活形式（Lebensform/form of life）"（*PI*，§19）。维特根斯坦曾告诫我们，在思考人生的意义时，"切勿失掉我们曾立足其上的坚固基础！"（*NB*，1914 年 11 月 3 日笔记）

---

① *TLP*，4.0031。依学界惯例，引用维特根斯坦的言词时，一般只注明言词所在书目的分节编号。下同。

人生（世界）就是语言赖以立足的坚固基础——这乃是维特根斯坦终生持有的信念。据此方可说，语言批判的根本目的就是揭示语言植根于人生（世界）的奥秘，从而显示（Zeigen/show）人生的意义。

第二，不管是在其前期阶段，还是在其后期阶段，维特根斯坦均主张，语言之所以能对世界（人生）是怎样的状况（wie/how）有所言说（sagen/say），恰恰在于有不可言说，而只能显示的"神秘事项"（das Mystische/the mystical）或"高超事项"（das Höhere/the higher）作为其先在性的基础，而所谓神秘事项或高超事项，从根本上说，就是世界（人生）存在（ist/is）这一事实。对此，可引前期维特根斯坦的这样几句话为证："命题不能表达高超事项"；"世界是怎样的，这对于高超事项是无关紧要的"；"的确有不可言说的事项，它们显示自己，它们是神秘的事项"；"神秘事项不是世界是怎样的，而是世界存在着"（TLP，6.42，6.432，6.522，6.44）。后期维特根斯坦也持有类似的观点，例如，他说："也许那种无法表达的事项（我感到神秘而又不能表达的事项）提供了一个背景，基于这个背景，我可能表达的事物才有意义。"（CV，1931 年笔记）容易看出，这是对上述第一点理由的深化。依此，语言批判旨在确定言说与显示的界限，从而在世界存在的神秘性或超验性背景下呈现人生的意义。

第三，维特根斯坦历来认为所谓"哲学问题"都是由于对我们语言的误解而产生的。依照他前期时的说法，"哲学问题都是由于误解我们的语言逻辑（Sprachlogik/logic of language）而产生的"（TLP，"Preface"，并参阅 4.003）。按他后期时的说法，"由于误解我们的语言形式（Sprach-form/form of language）而产生的问题具有深刻性的特征。它们是一种深刻的忧虑；它们像我们的语言形式一样，深深地植根于我们之中，而且与我们的语言形式一样重要"（PI，§111）。语言批判针对这种情形，其根本任务就是消除由误解语言而产生的所谓"哲学问题"，以及由这些问题带给人们的深刻忧虑，从而揭示人生的意义。

在维特根斯坦看来，以上这些揭示语言的基础（奠基），确定言说与显示的界限（划界），以及消除对语言的误解（解蔽），都是语言批判的任务，而它们全都指向一个根本性的哲学关怀，那就是人生的意义问题。

在哲学之路上求索

二、"必扭转我们的考察方向"（*PI*，§108）

正如上文所说，维特根斯坦一直坚持这样的主张：哲学探索的要旨在于通过语言批判（奠基、划界、解蔽）来解决人生意义的根本问题。也就是说，无论其前期阶段，还是其后期阶段，维特根斯坦所持有的探索途径（语言批判）和根本关怀（人生意义）没有根本性的变化。但是，在关于语言批判具体方式的问题上，维特根斯坦的观点发生了变化。可以说，这里出现了一种方法论选择上的转向，即从前期维特根斯坦看重的"逻辑研究"（logische Betrachtung/logical investigations）转向后期维特根斯坦倡导的"语法研究"（grammatische Betrachtung/grammatical investigations）。（*PI*，§§89–90）

让我们注意维特根斯坦于1945年为他本人后期的代表作《哲学研究》（*Philosophical Investigations*）所写的序言中的一段话："当我16年前重新开始研究哲学时，我被迫承认我写的第一本书①中存在着严重错误。弗兰克·拉姆塞（Frank Ramsey）对我的思想提出的批评帮助我认识到这些错误。"（*PI*，"Preface"）依此提示，可以从《哲学研究》正文中找到如下一节重要的论述（*PI*，§81）：

> 拉姆塞有一次与我交谈时强调说，逻辑是一门"规范科学"（normative Wissen-schaft/normative science）。我虽然不知道他当时的确切想法是什么，但无疑它与我后来逐渐悟出的道理密切相关，这就是我们在哲学中常常把语词的使用与具有固定规则的游戏和演算（Kalkül/calculus）作比较，但不能说使用语言的人必须玩这种游戏。——可是，如果你说我们的语言仅仅是近似于这种演算，那么你就处于误解的边缘了。因为如此一来，我们似乎正在谈论一种理想语言（einer idealen Sprache/an ideal language）。可以说，我们的逻辑仿佛是一种适用于真空的逻辑。——然而，逻辑并不是像自然科学对待自然现象那样来处理语言或思想，充其量只能说我们在构造理想语言。不过，这里"理想的"一词易生误解。因为听起来似乎这些语言比我们的日常语言（unsere Umgangssprache/everyday language）更好、

---

① 指《逻辑哲学论》（*Tractatus Logico – Philosophicus*）。

· 268 ·

更完善；似乎最终只能听凭逻辑学家来告诉我们一个恰当的语句是什么样子。

　　然而，只有当我们对理解、意指、思维这些概念有更清晰的认识时，我们才能明白所有这些问题。因为有人说出一句话，并且意指或理解这句话，那么他就是在根据确定的规则进行演算。

　　根据这里的论述，可以说，按照逻辑研究式的语言批判方式，语言被构造为一种演算式的理想语言：语言是命题的总和，命题则是名称的有序配置；命题分为两类，基本命题和复合命题；每一个复合命题都是由一组基本命题依真值函项关系而构成的。这样的语言与世界之间有一种严格的意指式的结构关系：名称意指对象；名称的有序配置对应着对象的有序配置；名称的有序配置构成命题，对象的有序配置构成事态；命题的总和就是语言，事态的总和就是世界。因此，命题意指事态（基本命题直接意指事态，复合命题间接意指事态），语言意指世界。正是基于这种集中体现在《逻辑哲学论》中的演算式结构（真值函项论）和意指式结构（语言图像论），前期维特根斯坦才敢于做出这样的断言："凡是可说的事项，都能清楚地言说。"（*TLP*，"Preface"）这些可被清楚地言说的事项，也就是关于"世界怎样"的情况。

　　由上亦可见，把语言与世界联系起来，从而使语言能够将"世界怎样"的情况说得清楚明白的关键在于上述意指关系。这种意指关系可以用一句话来表达："命题的一般形式是：事情就是如此这般的。"（*TLP*，4.5）维特根斯坦煞费苦心地选用这样一种断然的说法，意在说明这就是关于"世界存在"这一神秘事项的显示，它本身不可言说，但它却是一切言说赖以立足的基础或背景，维特根斯坦又称之为语言与世界共有的"逻辑形式"（logische Form/logical form），又称为"实在的形式"（die Form der Wirklichkeit/the form of reality）（*TLP*，2.18）。这一命名突显出了逻辑研究这种语言批判方式的划界和奠基之功：可说与不可说（只能显示）之间有严格的逻辑界限，而且言说的可能性恰恰在于它以显示（不可说）为先决条件。其实，这一划界还为语言批判的解蔽功能提供了立论的根基，因为维特根斯坦认为，从根本上看，所谓"哲学问题"产生于对我们语言的误解之说，乃是在于这样一个事实：诸多哲学家都是越界犯规者，他们唠唠叨叨地说了许许多多只能显示而不可言说的事项，完全无视如下这条

绝对的道德律令："凡是不可言说的事项，我们必须保持沉默。"（*TLP*，7)①

至此，维特根斯坦时时萦绕于心的人生（世界）意义问题便可凭借一种独特的方式得到解决了。对此，维特根斯坦说得决然而直白："自我（das Ich/the self）进入哲学之中正是在于'世界就是我的世界'这一事实"，而"世界就是我的世界，这一点显示于这一事实之中：语言（唯独为我所理解的语言）的界限意味着我的世界的界限"（*TLP*，5.641，5.62）。立于这一界限，从语言只能言说"世界怎样"的视界来看，与"世界存在"息息相关的人生意义问题必定超然立于由言说所圈定的"世界"之外。或许，这就是维特根斯坦说得有些玄妙的"世界的意义（Sinn/sense）必在世界之外"（*TLP*，6.41）这一格言式断语的深意吧。对这一断语，维特根斯坦做了这样的说明："在世界之外，一切都如其说是地存在着，一切都如其说是地发生着；在世界之中不存在任何价值（Wert/value）。"（*TLP*，6.41）

现在谜底可以揭开了：人生（世界）的意义或价值不在言说之域，而在显示之域；由于显示为言说之基，所以穷尽言说之域，方呈显示之神秘和高超，而人生（世界）的意义或价值便豁然得以彰显。换句话说，人生问题是通过道尽天下事，体悟超越者，在言说与显示的界限处消解深刻忧虑，持守静默安宁而获得解决的。设想世界上一切可能的经验科学已说尽世间所有的事态，穷尽了关于"世界怎样"的解答，那么人生问题将如何呢？维特根斯坦对这个问题的回答的确显得神秘而高超："我们感到即使一切可能的自然科学问题都得到了解答，人生问题却全然未被触及。当然如此一来就不会留下什么问题了，而这本身就是解答。""人生问题的解决即见于它的消解之中。（那些经历漫长怀疑终于明白人生意义的人却不能说出意义究竟是什么，其理由不正是如此吗?）"（*TLP*，6.52，6.521）

现在必须追问：这种考察人生问题的方向，在后期维特根斯坦看来有什么严重错误呢？维特根斯坦本人的回答一目了然：逻辑的崇高化。亦即说，"倾向于假定在命题符号与事实之间有一个纯粹的中介，甚至将符号本身加以纯粹化、崇高化"（*PI*，§94）。由此便可说，上述真值函项论和语言图像论分别是演算（或推理）和意指（或理解）概念的逻辑崇高

---

① 这是《逻辑哲学论》全书最后一句话，可谓意味深长。

化之表征。"事情就是如此这般"这一意指关系的核心也是逻辑崇高化的结果，因为"这就是那种对自己重复了无数次的命题。人们认为这种命题一再追索关于事物本性的线索，但这不过是沿着我们借以观察事物本性的那个框架在兜圈子而已"，"我们为一幅图像所困。我们无法逃脱它，因为它就处于我们的语言之中，而且语言似乎不可阻挡地向我们重复着这幅图像"。（PI，§§114，115）然而，"我们越是细致地考察实际的语言（tatsächliche Sprache/actual language），语言与我们的要求之间的冲突就越尖锐（因为逻辑的那种晶体般的纯粹性当然不是考察的结果，而是一种要求）。这种冲突日益变得不可容忍；这个要求面临落空的危险。——我们站在光滑的冰面上，那里没有摩擦，因而从一定意义上说条件是理想化的，但也正因如此，我们无法行走。我们想要行走，就得需要摩擦。让我们返回粗糙的地面吧！"（PI，§107）易言之，"只有扭转我们整个的考察方向，才能消除那种有关晶体般纯粹性的先入之见"（PI，§108）。但须注意，这种考察方向的转变必须以我们的真实需要（unser eigentliches Bedürfnis/our real need）为关注要点。（PI，§108）

那么，怎样扭转我们的考察方向？我们的真实需要是什么呢？让维特根斯坦自己来回答这两个问题吧（PI，§§116，118，325）：

当哲学家使用一个词——"知识""存在""对象""我""命题""名称"——并且试图把握事物的本质时，我们必须经常这样问自己：这个词在作为其故乡（Heimat/original home）的语言中是否真是这样被使用的？——

我们需要把语词从其形而上学用法带回到它们的日常用法（alltägliche Verwendung/everyday use）上来。

我们在摧毁的只不过是一些空中楼阁，我们正清理出语言赖以立足的地基。

人们把什么作为正当理由接受下来——这一点显示于他们的思维方式和生活方式之中。

我们应该清楚了：扭转考察方向的要旨在于断然抛弃由逻辑崇高化造成的对语词的形而上学用法和对事物本质的追求，立足于我们的日常语言，关注我们的生活方式，消除理智的困惑，摧毁理想化的空中楼阁，清理出我们语言赖以立足的地基，由此显示人生的意义。可以说，这是一条返回故乡之路：回到我们日常语言的用法，回到具有摩擦力的大地，回到我们的生活中来。为了与"逻辑研究"相区别，维特根斯坦将这种新的语言批判方式称为哲学式的"语法研究"。

三、"我们的研究是一种语法研究"（*PI*，§90）

对日常语言的复杂性，维特根斯坦历来都是明白的。早期维特根斯坦曾说，"日常语言是人类机体的一部分，而且其复杂性并不亚于人类机体"（*TLP*，4.002）；后期维特根斯坦也说，"可以把我们的语言看作一座古城：一座由各自狭小街道和广场，老式的、新式的，以及不同时期增建的房屋所组成的迷宫，周围还有街道笔直的、房屋整齐的许多新区"（*PI*，§18）。但早期维特根斯坦认为"不可能直接从日常语言获知语言逻辑"（*TLP*，4.002），从而走向"逻辑研究"之路。依后期维特根斯坦的反思，迷恋所谓"逻辑研究"无异于患了一种"偏食病"，因为这是在"只用一种事例来滋养人们的思想"（*PI*，§593），而完全无视这样的事实："所谓'语言'是由各种异质成分构成的某种东西，而且它以无限多样的方式与生活交织在一起。"（*PG*，§29）可以说，后期维特根斯坦力主用"语法研究"取代"逻辑研究"，正是为了正视这一事实。

但须注意，这里所谓的"语法"绝不是通常意义上的或语言学意义上的语法，而是一种"哲学语法"（Philosophische Grammatik/philosophical grammar）。关键在于这种"语法描述语言中语词的使用"，类似于"描述一种游戏或一种游戏规则"（*PG*，§23）。或者说，这种"语法是语言的描述性记录，这些记录必须展示语言的实际运作情况"（*PG*，§44）。正因如此，后期维特根斯坦才说："我只描述（beschreiben/describe）语言，而不解释（erklären/explain）任何东西。"（*PG*，§30）在此，不妨引用维特根斯坦的几段话来显示这种"语法研究"的特点（*PI*，§§90，109）：

> 我们感到似乎不得不穿透现象；然而，我们的研究并不是直接针对现象，而可以说是针对现象的多种"可能性"（Möglichkeiten/possibilities）。这就是说，我们提醒自己注意我们对现象所作出的陈述的种类（die Art der Aussagen/the kind of statement）。

可以正确地说，我们的研究不可能是科学研究……我们不会提出任何一个理论（Theorie/theory）。我们的研究中必定不存在任何假设的东西。我们必须抛弃一切解释（Erklärung/explanation），并用描述（Beschreibung/description）取而代之。可以说，这种描述的目的在于从哲学问题中获得光明。当然，这些问题不是经验问题，它们的解决依赖于对我们语言运作方式（das Arbeiten unserer Sprache/the workings of our language）的详尽研究；这种研究方式是为了使我们认清语言的运作方式，防止误解的倾向。这些问题的解决不是依靠给出新的信息，而是通过调整我们早已获得的知识来实现的。哲学是一场凭借语言，抵抗理智受骗的战斗。

因此，我们的研究是一种语法研究。这种研究通过消除误解来澄清我们的问题。

在上文已经表明语法研究不同于逻辑研究的基础上，在此我们又看到维特根斯坦从区别于科学研究的角度揭示了这种哲学语法研究的特点。简要地说，与科学研究不同，哲学语法研究不是有关经验现象或经验问题的研究，它不会根据一组假设提出一套旨在解释经验现象或解答经验问题的理论。相反，它针对的是由误解语言用法而产生的所谓"哲学问题"，力图通过关注人们表达经验现象或经验问题的陈述方式，详尽地描述我们语言的运作方式，以澄清那些"哲学问题"。如此看来，确如维特根斯坦所说："哲学家处理一个问题犹如治疗一种疾病。"（*PI*，§225）

也许正是为了根治逻辑崇高化的疾病，维特根斯坦提出了两个颇为独特的概念："语言游戏"（Sprachspiel/language game）和"家族类似"（Familienähnlichkeiten/family resemblances）。前者强调的正是语言的复杂性、异质性，以及语言与生活彼此交织在一起的那些方式的多样性，后者则以一种迥异于追求晶体般"本质"的方式，展示了如何把握语言游戏之间各种相似性的方法。可以说，"游戏"和"家族"联手，直白地道出了"语法研究"的方法论特色。

可以简略地说，所谓语言游戏就是"语言和那些与语言交织在一起的活动所组成的整体"（*PI*，§7）。且看维特根斯坦本人所列举的一系列实例吧（*PI*，§23）：

如下例子及其他例子展示了语言游戏的多样性：

下达命令，并且服从这些命令——

描述一个物体的外观，或给出其度量——

按照一种描述（一幅图画）构造一个物体——

报道一个事件——

猜测一个事件——

提出和检验一个假说——

用图表说明一个实验的结果——

虚构一个故事，并讲述这个故事——

演戏——

唱圆舞曲——

猜谜——

编笑话，并讲这个笑话——

解答一个应用算术题——

把一种语言翻译成另一种语言——

提问、致谢、诅咒、问候、祈祷。

——把语言中的工具及其使用方式的多样性，以及词句种类的多样性，与逻辑学家（包括《逻辑哲学论》的作者）所谈论的有关语言结构的东西进行比较，那是很有趣的。

实际上，维特根斯坦本人就做了这种有趣的比较。他曾在展示了一系列语言游戏的实例之后，写下了这样两段话（*PI*，§65）：

在此，我们遇到了以上所有这些考虑背后的大问题。——因为有人可能会反驳我说："你避重就轻！你谈论各种各样的语言游戏，但你没有一处谈及语言游戏的本质是什么，从而也未谈及语言的本质是什么，即所有这些活动的共同点是什么，是什么使它们成为语言或语言的组成部分。因此，你自己避开了研究中曾使你最感头痛的部分，也就是关于命题的一般形式和语言的一般形式的部分。"

的确如此。——我没有指出所有被我们称为语言的东西有什么共同点，我说的是，这些现象没有一个共同点能使我们把一个词用于全部现象，——但这些现象以许多不同的方式彼此相关联。正是由于这些关联，我们才把它们全部称为"语言"。

语言确如游戏，在考察它们时，"我们看到一个相似性彼此重叠交叉的复杂网络：有时是大部分相似，有时是小部分相似"（*PI*，§66）。

正是为了刻画这种复杂的相似性结构，维特根斯坦才说："我想不出比'家族类似'更好的表达式来刻画这种相似性特征了：因为一个家族中各成员之间各种各样的相似性，如身材、相貌、眼睛的颜色、步态、性情等等，就是以同样的方式重叠交叉着的。——所以我要说：'游戏'形成了一个家族。"（*PI*，§67）与此类似，可以说，"语言"也形成一个家族。就像维特根斯坦所说的那样，"我们看到，我们称为'语句'和'语言'的东西并没有我以前设想的那种形式上的统一性，而是由彼此具有或多或少亲缘关系的结构所组成的家族"（*PI*，§108）。

我曾提出这样的观点：从方法论角度看，维特根斯坦的"家族类似"概念为我们提供了三种描述语言游戏的方法，即语用分类、范例展示和类比扩展。（参见张志林、陈少明，1995：47 - 48）语用分类是一种类型化的研究方法，其要旨在于以语言表达式的典型使用方式作为语言游戏分类的根据，具有高度的语境相关性。采用这种方法，语言就不会像前期维特根斯坦所界定的那样，是一个由命题总和构成的封闭性的集合。范例展示就是维特根斯坦所说的"例示法"（Exemplifizeren/exemplification），其核心特征是通过对典型事例的详尽考察，为进一步的研究提供参照模式。它要求典型范例清晰地显示它的本来面目，表明全部研究的特征，从而决定研究的方法。须留意的是，"这种例示法并不是在缺少更好的途径下，不得不采用的一种间接的解释方法"（*PI*，§71）。举例来说，维特根斯坦在考察"游戏"概念时，常常是先详细描述一种典型事例，然后说："这种事例，以及类似的事例，就被称为'游戏'。"（*PI*，§69）这里所谓"这种事例"指的就是典型范例，而"类似的事例"则显示了类比扩展的方法。

四、"想象一种语言意味着想象一种生活形式"

我们已知，维特根斯坦提出"语言游戏"概念的目的之一，就是要突显出语言活动的复杂性和异质性，并展示语言活动与生活形式彼此交织的景观。因此，正如他本人所说，"在此，'语言游戏'一词意在突出这样一个事实：讲语言是一种活动或一种生活形式的组成部分"（*PI*，§69）。

现在有必要追问：维特根斯坦所说的"生活形式"指的是什么？我们发现，维特根斯坦的回答简单得出奇："我们可以说，那种必须被接受的东西，被给与的东西，就是生活形式。"（*PI*：226）如下事实有助于理解这一简洁的论断，这个事实就是：当维特根斯坦作出这一论断时，他正在考察数学计算这种语言游戏的确定性（Sicherheit/certainty）特征。且看他的有关论述（*PI*：224－226）：

> 一般说来，数学家不会就计算结果发生争论。（这是一个重要的事实。）——如果情况不是如此，比如说一个数学家确信一个数字已不知不觉地发生了变化，或者他或别人的记忆受骗了，等等——那么我们的"数学确定性"概念就不复存在了。
>
> 我并没有说数学家为什么不争论，而只是说他们就是不争论。
>
> "数学确定性"不是一个心理学概念。
>
> 确定性的种类是语言游戏的种类。

这里有一个有趣的对比：面对数学家通常不就计算结果发生争论这一重要事实，莱布尼茨曾设想用一种数学式的通用语言来改造哲学。他说："有了这种东西，我面对形而上学和道德问题就能够几乎像几何学和数学分析中一样进行推论。""万一发生争执，正好像两个会计员之间无须乎辩论，两个哲学家也不需要辩论。因为他们只要拿起石笔，在石板前坐下来，彼此说一声（假如愿意，有朋友作证）：我们来算算，也就行了。"①可以说，维特根斯坦所说的"逻辑崇高化"之路即发端于此。在后期维特根斯坦看来，这无异于追问"为什么数学家不争论"所引出的进路。现在，维特根斯坦则要断然拒绝这种追问式的解释，而着力于对"数学家就是不争论"这一重要事实做出描述，进而对各种语言游戏中显示的"确定性的种类"做出描述。如此便有了那被给予的、我们不得不接受的"生活形式"之说。

须留意：我们万万不可从心理学角度去看待生活形式的确定性，因为如此一来，便会陷入主观性的泥潭之中。正是为了揭示生活形式的客观上

---

① 转引自罗素《西方哲学史》下卷，马元德译，商务印书馆1976年，第119页。

的确定性特征，维特根斯坦才反复强调，"人们在计算方面所达成的一致，并不是意见或信念方面的一致"，而是遵循规则的"行为方式的一致"。一般地说，"'语言'、'命题'、'规则'、'计算'、'遵循规则'这些词都与一种技巧、一种习惯联系在一起。""一种游戏、一种语言、一条规则，就是一种制度"。"对于是否按照规则行事这个问题，人们没有争论。""它属于我们的语言由此出发的框架。"（*RFM*，§§21，30，32，38，43）维特根斯坦又称这种基础性的框架为"世界图式"（Weltbild/world-picture）（参见 *OC*，§§93–97，162，167，233，262）。至此，我们可以说，维特根斯坦所说的生活形式，就是特定历史时期人们从事各种语言游戏活动时所赖以立足的世界图式，具体表现为一系列具有家族类似关联的概念框架、社会制度、风俗习惯、思维方式、行为规范等等。

现在，语言根植于生活之中这一事实被维特根斯坦展示为语言游戏立足于生活形式之中。这种关系可称为奠基关系：生活形式为语言游戏奠基。有两个维特根斯坦举的例子有助于理解这种奠基关系。

第一个例子是有关化学研究的："拉瓦锡（Antoine Laurent Lavoisier，1743—1794）用他实验室里的物质做实验，并得出结论说，物质燃烧时出现这样那样的情况。他并不说下次会出现不同的情况。他已经持有一个确定的世界图式——这当然不是他的发明：他在孩童时期就学会了它。我说的是世界图式，而不是假说，因为这是他从事研究理所当然要依靠的基础，因而也就是不言而喻的。"（*OC*，§167）

第二个例子涉及摩尔（George Edward Moore）为常识实在论做辩护的方式："那些表达摩尔所'知道'的事物的命题都是这样一类命题，即很难想象一个人为什么应当相信其反面。例如那个说摩尔已在地球上生活了一辈子的命题。——在此我又一次可以讲我自己而不是讲摩尔了。有什么能诱使我相信那个相反的命题呢？……我看到和听到的所有事物都让我确信没有人曾远离地球。在我的世界图式中没有任何事物支持其反面的说法。""但是，我获得我的世界图式并不是由于我自己曾经满足于它的正确性，也不是由于现在满足于它的正确性。而是这样的：它是我用以分辨真假的传统背景。"（*OC*，§93）

上述两个例子足以表明，实验结果之表达，科学假说之检验，命题真假之判断，或者一切语言游戏，都必定立足于那些使语言游戏得以可能的理所当然的、不言而喻的传统背景，亦即世界图式或生活形式之上。这些作为语言游戏之基础的传统背景不是尚待检验的经验命题或假说。恰恰相反，若无这些传统背景，则经验命题或假说之检验就是不可能的。

维特根斯坦提倡的"语法研究"方式告诫我们：经验命题的使用情况区分出了两种典型的分类，即①作为一个假说的经验命题，它属于具体的语言游戏；②作为一个描述规范（Norm der Beschreibung/norm of description）的经验命题，它属于基础性的生活形式或世界图式。（*OC*，§167）假说具有真假，需要检验。但是，"检验不是有一个终点吗？"这个终点就是生活形式或世界图式，而"那些描述它的命题并不是全部都受到检验的制约的"，"最重要的在于它是我们一切探讨和断言的基础"。（*OC*，§§162，164）

这里已经暗示了维特根斯坦为何要提出"生活形式"或"世界图式"概念的缘由。正如对假说的检验总有一个终点一样，我们为了解释事物而给出无数理由的活动也有一个尽头。（*OC*，§192；*RFM*，§38）然而，"我们的毛病就在于总想作出解释"，"好像给出理由永远不会有尽头似的"（*RFM*，§31；*OC*，§110）。正是为了根治这种"本质主义"的毛病，维特根斯坦才断然决定抛弃"解释"而代之以"描述"，抛弃"逻辑研究"而代之以"语法研究"。他提醒我们，要彻底扭转方向，"困难在于认识到我们的信念是没有理由的"（*OC*，§166）。人们常说，哲学是讲理的学问。可是，把理讲到头，却会抵达无理的境地。但须注意："这个尽头并不是一个没有理由的命题，而是一个无需理由的行为方式。"（*OC*，§110）在这尽头关照生活，"任何一个'有理智的'人都是这样行事的"（*OC*，§254）。现已明白，从生活形式看语言活动，一切奥秘全在行动中，全在实践中。"语言游戏就在那里——就像我们的生活一样。""'我知道这一切'。这会在我的行为方式中，在我讲这些事情的方式中显示出来。"（*OC*，§§395，559）

五、结论："现在你必须从这里找到回家的路"（*CV*，1945年笔记）

我们应该看清楚了：维特根斯坦的确是一个独特的哲学家。他毕生关注人生问题，却选定了一条独特的求索之路——"语言批判"；不仅如此，他还独特地尝试过两种语言批判——"逻辑研究"和"语法研究"。核心问题只有一个：人生意义何在？解决方式却有两种：从逻辑上道尽"世界怎样"的全部秘密，让那"世界存在"的意义，亦即人生的意义，自己显示出来；从"语法"上对语言－生活如其说是的事实做如其说是的描述，让人生的意义在洞悉生活形式－世界图式的实践中显示出来。但在后期维特根斯坦看来，前一种解决方式无异于想要建筑一个空中楼阁，因为它实际上无法由语言切入人的生活；后一种解决方式则立足于现实的大地，的确能在对语言与生活的交织体作描述中显示人生的意义。只要懂得语言意味着生活，或者说语言游戏意味着生活形式，那么就会明白人生问题之解决不在言词中，不在思维中，而在行动中。于是，维特根斯坦告诫我们："让我们做人吧！"（CV，1937 年笔记）

然而，生活形式具有历史性，它是我们如何做人的传统背景。做人难这一事实也许正好反映了相应的生活形式有毛病。维特根斯坦后期的哲学代表作《哲学研究》序言中有一段意味深长的话："我发表这些思想是心存疑虑的。尽管本书是如此贫乏，这个时代又是如此黑暗，但给一些人的头脑带来光明也未尝就是不可能的——但当然，这多半是做不到的。"（PI，"Preface"）身处黑暗的时代，希望自己关于语言和生活的思索给人们带来光明，但又心存疑虑，这是何等悲悯的心绪啊！难怪维特根斯坦一再声明，他的后期哲学探索是对时下流行的欧美文明大潮的抵抗。（PR，"Preface"；VC，1942 年笔记）

明乎此，也许就能理解维特根斯坦如下断言的深意了："用以解决人们生活中遭遇到的问题的方式，就是使疑难的问题得以消失的那种方式。""因此，你必须改变你的生活。"（VC，1937 年笔记）现在，面对如下奇特的断言，我们也许不会感到奇怪了："哲学问题"的解决就是"哲学问题"的消失。"思想上的安宁，就是哲学探索者热情追求的目的。"（VC，1944 年笔记）我们已知，在后期维特根斯坦看来，这份安宁只有通过返回语言－生活之家方可获得。是否可以说，这样的安宁也就是人生意义之显示呢？

［原文发表于《论道》第一辑（2007 年），主要内容在浙江大学和台湾大学做过演讲］

第九部分

"戴维森纲领" 研究

语义外在论对语言理解的必要性

——从戴维森纲领看

斯特劳森（P. F. Strawson）曾将语言哲学或意义理论的研究分为两大阵营，即"交流意向理论家"和"真值条件理论家"：前者主张，只有以特定言语行为施行者的交流意向为基础，语言理解才是可能的；后者认为，只有以语句真值条件之判定为基础才可能理解语言，而交流意向不过是附属于言语的偶然特征罢了。这种区分预设了两种不同的语言观：交流意向派把语言看成人的言语行为，而真值条件派将语言视为形式符号系统。斯特劳森还把戴维森（D. Davidson）归入真值条件派之列（Strawson，1971：170 – 189）。

人们通常把戴维森的语言哲学或意义理论称为"戴维森纲领"（Davidson's Program）。该纲领关注的核心问题是：语言理解是如何可能的？根据戴维森纲领的主旨，我们认为斯特劳森对戴维森的上述定位是肤浅的。以斯特劳森的区分为参照，我们甚至可以说，戴维森的雄心壮志恰恰是另辟蹊径，试图既超越两大阵营，又从独特视角将两派的合理因素融入自己的研究纲领之中。本文所论戴维森的语义外在论，正是其研究纲领中的一个独特视角：它通过对语言交流中人的信念具有客观真理性，以及信念整体不可能出错的论证，揭示了语言理解如何可能的语义学－本体论根据。

一、戴维森纲领的基本要点

戴维森曾明确指出（Davidson，2001a：215）：

"意义理论"不是一个技术性的术语，而是用来指向问题的一个家族（或一个问题家族）。其核心就是借助更简单或至少是不同的概念来诠释语言和交流。我当然相信这是可能的，因为语言现象显然伴随着非语言现象。我提议把具有如下特征的理论称为一个关于自然语言 L 的意义理论：（a）该理论的知识足以用来理解 L 的言说者之话语；（b）凭借那些不使用语言学概念或至少不使用特别针对 L 中的语句和语词的语言学概念所描述的证据，该理论可作经验的使用。

通过对这段论述的解说，可明了戴维森纲领的如下基本要点：

第一，简要地说，戴维森纲领旨在提出一个能够诠释语言和交流的关于自然语言的意义理论。这一目标定位已经显示出戴维森力求超越、融合斯特劳森所谓两大阵营的志向。简言之，戴维森纲领的基本目标是构建一种关于自然语言的结构严谨、意义明确、经验适用的诠释理论。

第二，与特征（a）密切相关，戴维森强调真理概念对于把握自然语言的意义具有基础性的作用。沿此思路，他借助塔尔斯基（A. Tarski）的真理论来刻画自然语言的结构，认为自然语言中的所有语句均可用塔尔斯基意义上的 T–语句来表达，强调理解一个语句意义的关键在于判明其符合塔尔斯基规约–T（Convention-T）的真值条件。不仅如此，戴维森还认为塔尔斯基所揭示的语义学的递归结构有助于完成如下任务："把语句分析为其组成部分——谓词、名称、联结词、量词和变元——并要显示每个语句的真值是如何从这些组成部分的特征及其在该语句中的组合导出来的。"（Davidson，2001a：216）出于理解自然语言的目的，戴维森对规约–T 及其预设做了两点关键修改：①塔尔斯基预设"意义"为已知概念，以此定义"真理"概念，戴维森却反其道而行之，将"真理"作为初始概念，并借此给出"意义"概念；②塔尔斯基把"真"看成语句的性质，从而与语言诠释者（interpreter）无关，但戴维森强调"真"与诠释者息息相关，因而将它视为话语（utterance）或言语行为（speech act）的性质。（Davidson，2001a：34–35）

第三，关于特征（b），戴维森认为可以把塔尔斯基的真理论看作一种适用于经验领域的理论。对此，戴维森有如下说明："被看作经验理论的真理论由其导出的有关结果来检验，也就是由其蕴涵的那些 T–语句来检验。T–语句关乎这样一个言说者：每当他说出一个给定的语句时，该语句为真当且仅当某些条件被满足。因此，T–语句便具有自然定律的形式和功能；它们是全称量化的双条件句，可用于反事实情况，并被其实例所确证。因此，（这样理解的）真理论就是一个描述、解释、理解和预测语言行为的基本方面的理论。"（Davidson，1990：313）按此思路，考虑到意义与信念之间的相互依赖关系，戴维森主张以言说者对 T - 语句的持真信念这种基本的命题态度作为检验基于语句意义之证据。（Davidson，2001a：134 - 135）

第四，为达成（a）（b）所述之目的，戴维森选择了一个独特的切入点："彻底诠释"（radical interpretation）。这一概念来自蒯因（W. V. O. Quine）的"彻底翻译"（radical translation）概念，但舍弃了其中的经验主义、行为主义和自然主义立场。如果说蒯因关心的是"彻底翻译实际上是如何发生的"这类经验科学式的问题，那么可以说，戴维森关心的则是"彻底诠释是如何可能的"这类先验式的哲学问题。正如戴维森自己所说："我一直在陈述的对意义、信念和意愿问题的探索，其意并非直接揭示我们在实际生活中是如何达成相互理解的，也并非揭示我们是怎样掌握我们的第一批概念和第一批语言的。我对这一点的认定是相当清楚的。我一直致力于一种概念操作，旨在搞清楚我们的基础性的命题态度在足够基本的层次上的相互依赖性……这种概念操作要求我们能够说明：一次性同时达成这些命题态度的整体在原则上是如何可能的。如此，就等于以一种非形式的方式，证明了我们已将使得诠释成为可能的某种结构赋予了思想、意愿和言语。当然，我们事先已知这是可能的。哲学问题是：什么使它成为可能的？"（Davidson，1990：324 - 325）正是为了揭示语言理解如何可能的基本条件，戴维森借鉴蒯因所构想的一个翻译者面对一片新大陆时如何着手翻译一种陌生语言的思想实验，设想了一种特殊的"彻底诠释"的情境，也就是那种诠释者处在类似于蒯因所谓语言新大陆中的情境。于是，问题变成了：必须满足哪些条件，彻底诠释才是可能的？

第五，戴维森纲领的主要任务就是揭示彻底诠释必须满足的基本条件。根据戴维森的有关论述，可将这些基本条件概括为五点。①人性设定：人是具有理性的生物，具有思想、掌握语言是人区别于其他生物的合理性标准。②交流情境设定：至少具有两人，他们构成言说者和诠释者，而且他们必须领会初始的真理概念，并能正确地运用规约 - T。③三角测量（triangulation）关系设定：在一种**言说者 - 诠释者 - 世界**的三角互动关系中，两人之间的语言交流受制于来自同一对象或事件的因果关系，以及他们所共享的关于同一世界的基本观念。（王静、张志林，2008）④整体论原则：心灵的性质、人的信念、语句的意义等彼此相系，它们构成一个整体关联的复杂网络。据此，彻底诠释受到一个方法论的限制，即诠释不能局限于单个的心灵状态、信念内容或语句意义等，而必须顾及它们之间的相互依赖性。⑤宽容原则：在承认整体论原则的前提下，诠释者必须使一个言说者对其所用语言中的那些表达心灵和信念的 T - 语句的持真信念最大化。换句话说，诠释者必须承认言说者在上述规定条件下所说的话语绝大多数是真的。显然，这是对彻底诠释的又一个方法论限制条件。

可以说，戴维森所主张的特殊形态的语义外在论与上述各点均有密切关系。不过，我们认为戴维森语义外在论的关键作用集中于正反两个方面：从正面说，它为确立客观真理这个在戴维森纲领中居于核心地位的概念提供了一个新的视角；从反面说，它为反驳怀疑论提供了一条新的思路。

二、戴维森的语义外在论

在哲学中，所谓外在论是与内在论相对而言的。内在论认为，信念的内容及其辨明（justification）取决于主观特征，与意识之外的因素无关。相反，外在论则主张，信念的内容及其辨明一定与意识之外的客观因素有关。外在论可以分为两种典型的形态：社会外在论和知觉外在论。社会外在论认为言语和思想的内容是由社会角色和语言规范决定的，而知觉外在论主张"言语和思想的内容依赖于个体的（特别是关系到感觉构成的）因果联系史"（Davidson，2001b：198），但外在的事件和对象至少部分地起着决定作用。（Carpenter，2003：220 - 223）

与戴维森的观点联系最直接和最重要的是蒯因的思想。戴维森（Davidson，1990：321）说：

> 蒯因的思想以令人钦佩的科学方式把握了这样的经验论思想：意义依赖于每个言说者直接可得到的证据。我的进路则是比照外在论的。我的建议是，诠释（在最简单和最基本的情形中）依赖于对言说者和诠释者都十分明显的外在事件和对象，而言说者的话恰恰被诠释者看作是在谈论这些对象和事件。

蒯因和戴维森的思想中都包含着语义外在论的基本观念，即语句的意义和信念的内容至少部分地是由言说者之外的因素决定的。但依戴维森所说，他们之间最重要的区别是"关系到决定可交流内容的事件或对象"，因为蒯因主张决定可交流内容的东西是"引起对一个句子持赞同信念的神经末梢模式"——"如果一个言说者和一个诠释者会在同样的相似刺激模式下,分别接受或拒绝他们的语句,那么言说者的观察语句与诠释者的观察语句就具有'同样的刺激意义'"。(Davidson,1990:320-321)戴维森却认为,决定可交流内容的东西是外在的事件和对象,而且它们是不需要诠释者和被诠释者借助仪器就可以发现的,故而是十分明显的。这就是戴维森所谓"近端进路"与"远端进路"的对立。(Davidson,1990:72-77)关键的区别是:蒯因心目中的"意义"是一个以证据为核心的认识论概念,而戴维森所说的"意义"则是一个以真理为核心的诠释概念。

试问:必须满足什么条件,一个具有主体间真理性的概念才可能成为客观真理的概念?可以说,戴维森所主张的外在论正是为回答这个问题而提出来的哲学主张。我们认为,对持真语句的提取乃是戴维森语义外在论的基石。对此,可作如下说明:①持真语句是 T-语句形式与持真态度的结合,是戴维森为自然语言精心打造的由真理论所规定的语义单位。②持真语句将言语与世界联系起来,消除了图式与内容的二元对立。持真语句作为命题语句,其内容中就包含着外在的事件和对象,因而通过分析持真语句就能发现这些内容及其固有的事件和对象,而无须在外在世界中去为语句或语词寻找对应的实体。③我们的思想、信念、欲望等所有的意向都可以用 T-语句来表达。在对这些表达意向态度的持真语句内容的分析中,同样能够发现它们所论及的事件和对象,这就使得那种与某个意向态度所对应的实体再也不复存在了。为了凸显通过分析"语义"而揭示持真语句内容中固有的"外在事件和对象",我们像卡彭特(A. N. Carpenter)等人一样,把戴维森所主张的外在论称为"语义外在论"。

戴维森曾以伯吉(T. Burge)早期持有的社会外在论和后期主张的知觉外在论为例,阐明了他对这两种外在论的看法(参见 Davidson,1999)。戴维森不赞成社会外在论的主要理由是:社会外在论认为,对一个行动者的言语和思想的理解,要依照其他说同样语言的人会有的涵义。虽然此说似乎与人们的直觉相吻合,但戴维森认为理解语言和思想根本无须那种基于约定规范的所谓共同语言。(参见叶闯,2006:353-387)依戴维森看来,虽然语言的意义具有共同可理解的基础而为公共可观察,但语言表达式的意义不是按照社会习规确定的,否则难以避免陷入怀疑论和相对主义的泥潭。戴维森强调指出："我们能够构建众多的私有信念结构：建立信念是要去收紧被个体认为真的语句与按公共标准为真的（或为假的）语句之间的松散联系。关于信念的私有性并不是说信念仅仅通达于一个人，而是说信念可能是特异的。信念的归属与诠释一样是公共可证实的，它们都是基于同样的证据：如果我们能够理解一个人所说的，我们就能够知道他所相信的。"（Davidson，2001b：153）

知觉外在论的两个基本观点是：其一，知觉知识可以直接获得，不需要我们单独地知道使知觉知识可能的条件是如何取得的。其二，我们思想和言说的内容部分地决定于相对于环境的个体因果相互作用史。这种看法涉及对于决定我们言语、思想和信念的内容之原因的呈现方式的界定。举例来说，在最简单和直接的情况下，当我们看见一头牛时，我们会说："这儿有一头牛。"这个心灵状态或信念直接由外在对象引起，我们可以毫无困难地说我们的言语、思想和信念的内容由外在的事件或对象所决定。但是，当某些心灵状态的内容与引起它们的原因不是直接相关时，也就是说，倘若我们的一种特定心灵状态是典型地由一种原因引起的，而当这种原因实际并没有出现，比如并没有一头牛出现时，我们也会具有这种心灵状态。在这种情形下，牛的出现和不出现都会引起我们相似的心灵状态。自然，决定这些相似思想内容的东西，就是对象典型地引起了它们的东西。知觉外在论者把这种情况称作个体因果作用史，其要点是：虽然引起相似性思想的原因不是当下直接的，甚至不是同一原因，但这种相似性的思想终归是由某种原因引起的。（Davidson，2001b：199）

对于知觉外在论的第一个观点，戴维森持赞同态度。他在不同的文章中都表达过相似的意思，那就是：在最简单、最清楚的情况下，我们必须把语句、信念和思想的内容与引起它们的原因联系起来。比如，"我们最初学会的和最基本的语句（'妈妈'、'小狗'、'红色'、'火'、'Gavagai'等）的内容必然决定于世界中引起我们持这些语句为真的原因"（Davidson，2001b：200）。但情况并不仅仅只是确立因果联系这么简单，还须关注两个问题：原因与内容是如何联系的？内容的客观性是如何确定的？对此，知觉外在论者的回答是：原因（外在事件和对象）与内容一一对应，内容的客观性由对象或事件本身的客观性所决定。然而，戴维森坚决反对原因与内容一一对应式的联系。虽然他并未对因果关系的类型和作用机制做具体分析，但他把握住了一个关键点，即事物是"系统地引起某些经验

（或言语反应）的"。（Davidson，2001b：203）在他看来，单个的因果联系容易出错，而系统的因果联系模式则排除了整体出错的可能性。再者，戴维森虽然一直要求有一个"客观世界"的概念，但是他并不认为对世界的客观性描述是以无关于我们信念系统的方式进行的，而强调我们所描述的就是我们所相信的。这就是说，世界本身不会向我们证明内容的客观性；要知道我们的思想和言谈的内容是否客观，必须掌握主客观的对比。但关键在于这是单个生物无法做到的，而必须在相似生物对共同导因所做出的相似反应中，才能使这些相似性的东西成为他人分析那些相似反应的事实，进而这些事实作为社会共享的反应，使得内容的客观性成为可取的。（Davidson，2001b：130）

　　从知觉外在论的第二个观点引出的问题是：什么东西典型地已经引起那些相似的思想？知觉外在论认为，在自然原因或自然原因与心灵反应之间的中介之前出现的原因，使得对内容的描述复杂了，而这种描述的方式从来没有被弄清楚。但是，戴维森根本无意追问原因的情况到底怎样复杂，为何弄不清楚。他要问的是：这种"复杂"是对谁而言的？是谁没有弄清楚？是谁在将这些相似的原因和相似的反应作归类？他的回答为：是作为理性生物的人！（Davidson，2001b：202）除非我们能够为相似性提供一条客观标准，否则将不能在"认为情况是什么"与"情况本身是什么"之间做出区别，而没有这种区别就没有什么东西可以被称作思想。（Davidson，2001b：210）然而，单个生物是不能够提供这个标准的。

　　至此，便可看出戴维森引出其独特的语义外在论的精彩之处了，这就是引出社会因素，使其与知觉外在论建立直接联系："这样，就将社会的作用置于涵盖了人与自然中其他东西之间相互作用的系列因果联结之中了。"（Davidson，2001b：201）其具体做法是建立一个独特的三角测量模式：一个生物和另外一个生物各占一端，另一端是他们共同面对的引起他们相似性反应的同一个对象，这就形成了一个三角关系。如此，"就可以把对思想对象的识别建立在一个社会基础上。如果没有一个生物对另一个生物的观察，就不可能有在一个公共空间中固定相关对象的三角测量发生"（Davidson，2001b：202）。这就是说，两个生物之间互相观察是一种社会的互动关系，是反应的相似性得以建立的社会基础。（参见王静、张志林，2008）

　　现在，戴维森语义外在论的特点业已显明：我们的言说和思想的内容至少部分地决定于因果相互作用的系统模式，这种因果作用存在于自我、他人、世界之间，故亦可将戴维森的语义外在论称为"三角关系外在论"。但须注意，与知觉外在论和社会外在论的主张不同，戴维森认为这种系统的因果关系既存在于言说者与其社会因素之间，也存在于言说者与其物理环境之间。（Carpenter，2003：228－231）

三、语义外在论与客观真理性

依据整体论，我们知道了一个人的大多数信念是融贯的。依据宽容原则，我们进而可以确认一个人的大多数信念在主体间的一致和为真。现在，我们把整体论和宽容原则置于语义外在论的背景下，讨论如下问题：为什么说一个人的大多数信念是真的，诠释者和被诠释者能够共同面对一个世界，共享一个客观真理？[①] 戴维森认为，"信念是带有意向、欲望和感觉器官的人的状态；信念是由信念持有者身体之外和之内的事件所引起的状态"（Davidson，2001b：138）。他还强调，"因果关系在确定我们的言语和信念的内容中起着不可或缺的作用"（Davidson，2001b：150）。这样的信念观对于说明"一个人的大部分信念是真的"有什么帮助呢？戴维森说（Davidson，2001b：152－153）：

> 对这个问题的答案已经包含在问题之中了。一个行动者要对他的信念的来源表示怀疑或疑惑，他就必须知道信念是什么。这就把信念与客观真理概念联系起来了。因为关于一个信念的概念就是关于这样一种状态的概念，这种状态可能与实在一致，也可能与实在不一致。但是，信念也是（直接地或间接地）由它们的原因来识别的。……一个行动者只需反思信念是什么就会懂得：他的大多数基本信念是真的；在他的信念中，那些他最有把握持有的信念，以及与他信念的主体相融贯的信念，最倾向于是真的。因此，"我如何知道我的信念通常为真？"这个问题对自身做出了回答，这不过是因为信念本质上通

---

① 需要说明的是，在以下讨论语义外在论的脉络中，我们在行文中不严格区分"真"与"一致"。戴维森在讨论真时，一般都预设了一致。或者说，在他的思想中，只要是从语义外在论的进路谈论真，自然就预设了整体的一致。

常为真。换一种说法或扩展一点，这个问题变为："我如何能辨别我的信念是否通常为真，而我的信念就其本性而言通常为真。"

我们从以下几个方面来解读戴维森的这段论述：

首先，信念与客观真理概念紧密相系。戴维森说："在放弃对未被诠释的实在（即某种外在于一切概念图式和科学的东西）这一概念的依赖时，我们并没有放弃客观真理这一概念。"（Davidson，2001b：198）。他认为，决定一个信念的存在和信念的内容者，不是别的东西："信念就像其他所谓的命题态度一样，是伴随着各种不同的（行为的、神经生理的、生物学上的和物理上的）事实而产生的"（Davidson，2001b：146－147）。这就是说，信念的存在和内容都具有客观基础，信念整体地是由客观世界引起的，信念的内容整体是由客观世界决定的。因此，只要坚持整体论、宽容原则和语义外在论，就有理由相信一个人的大多数信念是真的。

其次，由信念的原因决定的信念内容，在因果联系的意义上为真。戴维森本人强调他的信念－对象因果理论与克里普克（S. Kripke）和帕特南（H. Putnam）的因果指称论之间的区别："那些因果指称论者指望的因果联系，是在名称与言说者或许根本不知道的对象之间的因果联系，由此就增加了系统出错的机会。而我的因果理论采取了相反的做法，它是通过把信念的原因与该信念的对象相联系而建立来的。"（Davidson，2001b：151，n.7）设若我们追问：将信念的对象认同为信念的原因，这如何有助于说明信念的真呢？回答这个问题的论证思路是：如果信念的对象就是信念的原因，那么信念本身就是这个原因的结果；信念的对象是实在而真实的，因而原因也是实在而真实的；"原因和结果一样实在而真实"，不过是个自明的因果真理（causal truth）；因此，信念作为结果，自然也是实在而真实的。

最后，信念因其与意义和真理的联系而内在地是真实的。因为信念是可与实在一致或不一致的概念，所以，为了达到对实在的正确认识，人们必须使自己的大多数信念与实在保持一致，以达到一种保真诠释。根据语义外在论，通过分析表达信念的语句，便可发现其中包含的关于世界的客观真理，在此意义上可将信念的内容看作语句的意义。当然，信念内容中包含的客观真理不是基于图式与内容相对照的模式得到的，而是通过应用于言说者的真理论而得到的。其理由在于，戴维森认为这种真理论具有特殊的地位和作用（Davidson，2001b：156）：

> 它引起了如何能够确证某个理解言说者的人所知道的东西的真实性的问题——一个没有这种理论便无法明确表达的问题……对这个问题的回答会显示出意义、真理与信念这三个概念之间的本质关系……真理既不能作为完全与信念相分离的东西而呈现（像符合论所认为的那样），也不能作为取决于人类的方法和发现能力的东西而呈现（像种种认知性真理论所认为的那样）。把真理从所谓"彻底非认知性"（用帕特南的话来说）中拯救出来的，并不在于真理是认知性的这一点，而在于信念通过它与意义的联系而内在地是真实的。

综上所述，可以看出，戴维森对信念真理性的论述是独特的：它既不是完全的信念因果论——将信念只看作原因直接引起的结果；也不同于信念融贯论——将信念之为真仅仅建立在与其他信念的联系上。在戴维森看来，信念的辨明既需要原因（cause），也需要理由（reason）。如上所示，这是整体论、宽容原则和语义外在论综合应用的结果。至此，我们论证了一个人的大多数信念是真的，并且信念之真与外在世界的对象和事件紧密联系在一起，而彻底诠释则要求诠释者和被诠释者能共同拥有这样一个真信念——一个客观的真信念。

四、语义外在论的反怀疑论功用

有人断言彻底诠释无法揭示信念与真理概念之间的联系，因而缺乏反驳怀疑论的力量。对此，我们同意卡彭特提出的批评意见：这种断言的根本错误在于它忽视了戴维森的语义外在论，没有将之与彻底诠释和戴维森反怀疑论的立场联系起来。（Carpenter，2003：225－228）

针对信念问题，怀疑论有两个核心论点：第一，感官所得的信息不足以充当信念的证据；第二，信念整体具有普遍为假的可能性。对于第一个论点，戴维森明确地说："在我看来，阻止对感官持有全面怀疑态度的是这样一个事实，即在那些最清楚明白的和在方法论上最基本的情况下，我们必须把一个信念的对象作为该信念的原因。"（Davidson，2001b：151）关于把一个信念对象作为其原因这个语义外在论的重要论点，上文已经论及。现在要问：这个论点有什么哲学意蕴呢？我们试做如下分析：

（1）这个论点肯定了感官在彻底诠释中的作用，坚持从对言语行为的观察中来理解语句的意义和信念的内容。

（2）这个论点既明确了信念和语义的客观内容，又消解了对感觉确信的怀疑。但须注意：戴维森反对传统感官主义将感觉经验当作认知中介或将信念等同于感觉的做法。他认为感觉经验等东西只是因果中介，它们是在信念与对象的因果链条上的一环。

（3）如上所说，这个论点根据"因果真理"说明了信念的真实性，从而说明信念就其本性而言是真实的。

（4）这个论点还强调了如上所言的一个观点，即语言交流中三角测量关系各端的因果联系确立了信念的客观真理性。

至此，怀疑论的第一个论点便无立足之地了。

针对怀疑论的第二个论点，戴维森指出："为回答怀疑论者的问题，需要证明：某个具有一组（或多或少）融贯信念的人，有理由假定他的信念大体上没有出错……因此，对我们所说的那个难题的回答，就必须为我们大多数信念为真这个假定找到一个理由，而这个理由并不是某种证据的形式。"（Davidson，2001b：146）与此相关，我们看看戴维森给出的如下一段重要论述（Davidson，2001b：146）：

> 对一个人的言语、信念、欲望、意向以及其他命题态度的正确理解导致这样一个结论：一个人的大多数信念必定是真的。因此，便可作出一个合理的推断，即一个人的任何一个信念只要与其余的大多数信念相融贯便是真的。因此，我接着做出下述断言：任何一个具有思想的人，从而特别是一个想知道他是否有理由假定他关于周围环境的性质的看法一般来说是正确的人，都必须知道信念是什么，以及信念

一般来说应当如何被察觉和诠释。这些都是一些完全一般性的事实，当我们与他人交流时，或当我们试图与他人交流时，甚至当我们仅仅是设想与他人交流时，我们就不能不成功地利用这些事实。因此，在一种相当强的意义上，我们可以被说成是知道存在这样一种推断，它支持任何一个人的信念（包括我们自己的信念）在总体上是真实的。有人要求知道进一步的保证，这是毫无益处的。这种保证只能增加他已有的信念。所需要的不过是要他承认信念就其性质而言是真实的。

可以看出，戴维森为"任何一个信念只要与其余的大多数信念相融贯便是真的"这个观点寻找理由的出发点，绝不仅仅是融贯论的。我们可以将他的论证思路归纳如下：首先，决不在信念之外去为信念寻找一个辩护的认识论基础，以此来对照和检验信念。"任何一种信念，它的真或假的识别依赖于一个众多真信念的基础。"（Davidson，2001b：195）其次，我们必须在很大程度上依赖于命题态度的相互联结和关系范型来努力把握整个命题态度系统。（Davidson，2001b：146－147）再次，一个人对周围环境性质的看法是否正确，有赖于对信念内容及其发现的诠释。这就要求我们必须对信念的"相信所是"和"如其所是"之间的区别做出说明。最后，必须在语言交流实践中去把握信念。信念是什么，信念应当如何被察觉和诠释，这些都是"一些完全一般性的事实"，而只有当一个人处于语言交流（甚至交流意向）中时才能发现和利用这些事实。更为重要的是，只有语言交流才能提供一个客观的信念概念。上述诸点表明，不仅一个人的大多数信念是真的，而且排除了信念整体出错的可能性。

其实，戴维森本人还从正面对怀疑论提出过反驳。例如，他说："如果任何东西系统地引起了某些经验（或者言语反应），那么它就是思想或话语所论及的内容。这就排除了系统地出错的可能性。如果没有任何东西系统地引起这些经验，就没有所论及的内容可能会出错。"（Davidson，2001b：201）据此可知，虽然出错的可能性标志着信念的关键特征，但我们的大多数信念是正确的，整体论加上语义外在论就排除了我们系统地出错的可能性。这个信念的构成原则"通过表明我们的一切信念为什么不可能全都为假，起到了使我们免于受一种标准形式的怀疑论之诘难的作用"

（Davidson，2001b：153）。

以上论述应已表明，在戴维森纲领对语言理解如何可能的分析和论证中，无论是彻底诠释进路的展开，塔尔斯基真理论的运用，还是具有理性的人在诠释者－言说者－世界三角互动关系中的语言交流，特别是整体论和宽容原则方法论的实施，语义外在论都在其中起着不可或缺的作用。这种作用的关键之处是：语义外在论重塑的"客观真理"概念为戴维森纲领提供了坚实的**语义学－本体论根据**，成为回答语言理解如何可能这一哲学问题的语义学－本体论的必要条件。与那些断言语义外在论缺乏批判怀疑论力量的人相反，我们认为，正是语义外在论对信念系统不可能整体地出错的论证，使得怀疑论已无立论根据，从而对怀疑论做出了有力的反驳。

（与王静合作完成，原文发表于《哲学研究》2010 年第 5 期）

语言诠释需要什么样的知识?

　　为了实现通过语言达到有效交流的目的，人们必须对语言进行正确的诠释。不管语言交流中言者和听者的数量有多少，我们均可从基本类型上将其划分为语言理解的两方，即语言的言说者（speaker）和理解言说者话语的诠释者（interpreter）。所谓语言诠释，就是语言交流中诠释者通过考察言说者的言语行为来确定其话语的意义。分析言说者话语的意义，其目的也就是诠释者要知道言说者知道些什么。从这里就紧逼出另一个问题：为了理解言说者，诠释者是怎样知道言说者所知道的？由此可以看出，意义问题和知识论问题是密切相关的。

　　为了能够合理地说明诠释者怎样在原则上知道他所需知道的，就要说明这种语言诠释的可能性和合理性。这就需要用一个合格的诠释理论来完成以下两个基本任务：一是解决如何诠释一种语言的问题，二是回答这种诠释在什么样的场合下是正确的问题。为此，一个正确的诠释理论必须满足一些基本要求。戴维森（Donald Davidson）提出，要使语言诠释成为可能的理论，需要具备两个一般性的要求（Davidson，2001a：127 - 128）：其一，从理论上说，一种语言中的语句是无限的，诠释理论不可能是对所有语句逐一进行诠释而得到的归纳概括，因而一个合格的诠释理论必须要求诠释者能够理解言说者可能会说出的无限多语句中的任何一个，而且他还必须能够以有限的方式来陈述这种做法；其二，一个诠释者可合乎情理地获得的证据能够支持或证实这个诠释理论，也即能对其所做诠释的恰当性做出辩护。对于这两个基本要求，人们普遍赞同，问题是如何能够达到它们？在戴维森看来，为了在诠释过程中不带有诠释者先入的主观偏见，必须预设诠释者对言说者的语言不预先具有任何特定的语义知识，即诠释者对言说者话语所进行的是一种彻底诠释（radical interpretation）。在戴维森看来，彻底诠释方法是一种合理的语言诠释所必然要采用的方法，因此所谓语言诠释就是彻底诠释。在这样的诠释中，诠释者获取的证据必须能在不必使用诸如意义、诠释、同义之类语义概念的情况下被表述。

　　根据上述诠释理论的两个基本要求，本文追问的问题是：为了得到这样一个使语言诠释成为可能的理论，我们需要具备什么样的知识？按照现代知识论的三元要素分析模式，这一问题可以转换为：在语言诠释中，真理、信念、辩护三者之间存在着什么样的关系？除此之外，本文还要进一步追问：除了这三元要素之外，在语言诠释中还有哪些必须考虑的要素？

一、意义、行为和意向性知识的局限

对语言的诠释涉及言说者的语词的含义、言说者的行为，以及相关的意向和信念等要素。那么，是否只要具备这些相关要素的知识，就可得到一个合格的诠释理论呢？可以根据戴维森的论述（Davidson，2001a：126－128），分析这几种可能的知识是否能满足诠释理论的两个基本要求。

1. 关于意义的知识，也即关于每个有意义的表达式的含义的知识

这是在传统意义理论的框架下最容易想到的东西。传统意义理论一般都倾向于语词意义优先论，即认为只要我们理解了有限数量的语词，就可在此基础上理解由语词构成的无穷排列的语句。然而，从"语词理解优先"出发，容易引发一些困境，例如它无法确切地说出语词的"意义"这种内涵性东西的内容，因而不能满足诠释理论的第一个要求。这种观点还容易把表达式的意义与指称对象做一一对应，从而引出意义实体论，产生所谓"实体困惑"（例如，空名和逻辑常项与实体对应的困惑），因而难以满足诠释理论的第二个要求。

2. 关于非语言的行为的知识

侧重于从行为的角度理解语言含义，这是行为论者的基本观点。这种观点认为，语言的交流不过是相关具有能动性的行动者（agent）的非语言活动之间的因果联系而已。一些行为论者如奥格登（C. K. Ogden）、理查德兹（I. A. Richards）以及莫里斯（C. Morris）等人的"因果理论"，企图根据行为主义的论据来逐个地分析语句意义。然而，戴维森认为他们的理论连对最简单的语句都不能给出有效的分析。另一些行为论者把出发点定在语词（而不是语句）与非语言的事实之间的联系，但这样做的困难如同在真值条件句中要单独确立语词的对错所面临的困难一样。因此，无论是从语句出发，还是从语词出发，由它们与非语言行为联系的角度，都无法满足诠释理论的两个基本要求。

3. 关于意向和信念的知识

戴维森认为，求助于复杂意向的诠释有两个缺点：第一，这种做法无法处理语言结构的递归特征，因而也无法有效地说明我们如何能够理解新的语句。因此，它显然不能满足诠释理论的第一个要求。第二，对意向的精细区分不能独立于对语言的诠释，因为对意向、信念和语义的诠释是交织在一起的，它们是诠释理论的有机构成部分。正如戴维森所说："信念和意义是相互作用的。一个语句所意谓的东西部分地依赖于外在环境——导致它获得某种信服程度的外在环境；并部分地依赖于那个语句的语法的或逻辑的关系——该语句与其他带有不同信服程度的持真语句的关系，因为这些关系本身被直接翻译成信念。因此，不难看出意义如何依赖于信念。进一步说，信念同样依赖于意义，因为只有通过言说者和该言说者的诠释者用来表达和描述信念的那些语句，我们才能达到对信念的精细结构和个别化的理解。"（Davidson，2001b：147）简言之，欲详细了解一个人的意向和信念的含义，又要独立于理解他的话语的意义，"这不仅有实际上的障碍，而且有原则上的障碍"（Davidson，2001a：143）。

综上所述，求助于通常我们可能考虑的以上三种知识都无法满足诠释理论的基本要求，因而不能成为语言诠释所必需的知识。

二、彻底诠释与彻底翻译

"彻底诠释"概念是戴维森在蒯因（W. V. O. Quine）所谓"彻底翻译"（radical translation）概念的启发下提出来的。现在我们要问：基于彻底翻译的知识能否满足语言诠释的基本要求？蒯因提出的彻底翻译，是指对一种我们根本不具有相对应的语义知识的、从未接触过的语言（如某个土著语言）的翻译。对于这样的语言，由于我们没有相应的句法结构知识，故只能将特定情景中的语句即场合句（occasion sentence）与产生该语句的刺激条件联系起来，通过反复比较听到的语句与看到的刺激现象，试图找出其间的联系；然后，再根据询问言说者（如土著人），观察其言语行为倾向，由此逐渐列出一个该语言的词汇表；最后，尝试性地与对之做出翻译的语言（如英语）相匹配，建立一种对应关系，从而达到翻译和理解这种语言的目的。其实，彻底翻译是蒯因基于行为主义立场设计的一个思想实验，旨在通过一种极端的语言翻译情形，清楚地揭示语言及语言学习与行为刺激模式之间的关系，从而达到他拒斥关于语言意义的"博物馆神话"，而主张行为主义语言意义理论的目的。（参见 Quine，1960，Chapter 2）

戴维森认为，蒯因"把带有恰当的经验限制的翻译手册作为研究语言哲学中的问题的一个手段"（Davidson，2001a：129，n.3），以为利用这种翻译手册就可以把一个相异语言里的任意一个语句转换成我们所熟悉的语言里的一个语句。乍看起来，这种翻译方法似乎可以满足诠释理论的第一个要求，即对有待翻译的任意语句做出诠释（翻译）并以有限的形式加以陈述。然而，戴维森认为，"一种翻译手册并不是诠释理论所应采用的最佳形式。"（Davidson，2001a：129）或者说，即使关于彻底翻译的知识能够满足上述诠释理论的第一个要求，它也难以满足第二个要求。为什么呢？

在戴维森看来，诠释的目的与翻译的目的是有所不同的：翻译论题处理的是两种语言之间的关系，它所要求的是对其中的一种语言进行诠释。鉴于这个主旨，它容易忽略两个问题：一个是没有说明对于诠释我们自己的语言，所需的基本知识是什么，比如翻译者如何知道翻译所需的主题语言（subject language），以及他如何知道关于怎样诠释言说者话语的知识就在他自己的语言中。另一个问题是翻译理论虽然必须观察语句中的某类结构，但它不会对语句意义如何依赖其结构做出任何清楚的说明，因而它也不会揭示重要的语义结构，比如对复杂表达式的诠释如何系统地依赖于对较简单表达式的诠释。但是，对用于表达一种语言的话语（utterance）的诠释而言，就要求必须显示其重要的语义结构。因此，基于彻底翻译所获得的知识，其实难以真正满足诠释理论的第一个要求。

当然，正是由于诠释与翻译的目的不同，蒯因的翻译理论其实并没有打算解决戴维森诠释理论所提出的问题。因此，戴维森曾经审慎地说："断言翻译方法并不是对彻底诠释这个难题的一种恰当的解决方法，这并没有批评蒯因的任何学说。"（Davidson，2001a：129，n.3）但是，"用'诠释'替代'翻译'，它标明的差别之一是：更加强调前者中明确的语义性质"（Davidson，2001a：126，n.1）。不仅如此，"彻底诠释与彻底翻译之间有一个关键的区别，这种区别在于对支配诠释的原因所做出的选择的性质"（Davidson，2001b：151）。蒯因使诠释依赖于感觉刺激的模式（patterns of sensory stimulation），而戴维森则使之依赖于对语句做出诠释所论及的那些外部事件和对象。正如埃文莱（S. Evnine）所说："戴维森的彻底诠释不同于蒯因的彻底翻译，在于前者抛弃了刺激意义（stimulus meaning）的观念，而在直接依据有关外部世界的持真语句上构建条件。"（Evnine，1991：124）这导致蒯因观点和戴维森观点的两个根本不同：一个是对感觉刺激作为意义标准的看法不同，一个是对观察语句（observation sentence）赋予认知意义的看法不同。对于这些区别，从源头上讲，我们可以归结为蒯因是一个行为主义者，而戴维森则不是；因而，在为理论寻找证据时，他们诉诸的概念不同。就戴维森来说，对证据的要求最重要的不在于它们应该是行为的证据，而仅仅在于它们应该是非语义的证据。这就意味着任何非行为的、非语义的证据，都可以为戴维森所用，而不可以为蒯因所用。另一方面，以戴维森的观点看，描述某人持一个语句为真的状态，并不是简单地描述一个人的一个未经诠释的行为，而可以被看作是以心理词项描述一种心理状态，因为持语句为真的行为，实际上是一种选择什么样的语句为真的意向性行为。这样，通过承认意义理论的证据不全然是行为的，戴维森还反驳了还原论。（参见 Evnine，1991：99 – 100）较之于蒯因，戴维森更鲜明地表达了这一立场："信念，就像其他所谓的命题态度一样，是伴随着各种不同的事实而产生的……指出这一点的理由在于：我们不鼓励人们把心理现象从定义上或从规律上还原为某种更基本的东西。"（Davidson，2001b：146 – 147）因此，我们发现戴维森希望采取的是一种温和的方式：他力主从人们关于语句（描述为未经诠释的）为真的信念这种相当简单的结构中，获取对那些语句做出诠释所需的知识。不可忽视，不管是在彻底翻译还是在彻底诠释中，都预设了"宽容原则"（the principle of charity）作为理性协调原则，但在彻底诠释中，这条原则的运用更加全面，戴维森甚至将其看成是一条先验式的限制性原则。

三、语言诠释与规约 – T

塔尔斯基（A. Tarski）把规约 – T（Convention-T）当作一个定理，即假定通过一组有限的公理以及标准逻辑，关于语言 L 的真理论能够对 L 中的任一语句推衍出一个具有如下形式的定理：

Convention-T：S 在 L 中是真的当且仅当 P。

其中 S 可由 L 中任一语句的标准化描述语代入，P 由该语句在关于这种真理论的语言中的翻译代入，即 S 是需要诠释的对象语言语句，而 P 是该语句在元语言中的翻译句。这种翻译是通过一个未加定义的语义概念"满足"而递归地得到的。具体地说，满足概念把语句与对象的无限序列联系起来，而这些对象可以看作属于对象语言的变元范围。根据一组公理，逻辑地推出 L 中的语句如何依赖于它们的结构，而通过一些简单的语句又可以衍推出其他一些较复杂的语句。塔尔斯基认为，假如我们知道这样一种理论，那么我们就能对 L 中的每个语句做出翻译，并且也能知道这确实是一种翻译。通过这种翻译，我们也能够知道语词如何凭借与世界中对象的关系完成其功能。（参见 Tarski，1944）

需要注意的是，在塔尔斯基的真理论模式中有两个重要的假定：一个是先假定翻译概念，然后在此基础上定义真理概念；另一个是在诉诸规约 - T 的时候，假定预先把握了真理这个概念，然后再以语词和事物之间的指称关系来补充这种直觉。因为塔尔斯基的兴趣在于诉诸一种标准语言（形式语言）来定义真理概念，而不是解释自然语言的意义，故他可以把翻译概念当作是从句法上加以规定的精确概念。并且，塔尔斯基的形式句法预设了人们关于对象语言的理解，而只是将同义关系或翻译关系形式化，所以他能够把翻译概念当作理所当然的。（参见 Davidson，2001a：150，172）戴维森认为，塔尔斯基所定义的翻译结构可以用来作为诠释的形式结构：其中双向条件句左边的是需要诠释的对象语言语句，而右边的是诠释者用来诠释的元语言语句。"彻底诠释"的目标之一，就是要对关于言说者语言的真理概念提出一种塔尔斯基式的表征，并提出一种关于言说者的信念的理论。

如果仅此而论，似乎戴维森所做的工作并没有超出蒯因的翻译纲领，因为把言说者的语言翻译成一个人自己的语言，再加上关于一个人自己语言的真理理论，就等于是关于言说者的真理理论。乍看起来，戴维森的工作似乎也没有超出塔尔斯基所做的工作，因为塔尔斯基对某种带有确定的初始词汇的语言，给出了真理概念的外延，对真理概念已经做出了足够精确的形式表征。但是，实际上我们决不能忽略戴维森所做工作的创造性：把关于翻译的句法概念转变为关于真理的语义概念，就必须对塔尔斯基的真理理论施加一些形式上的限制，并强调真理与意义之间的紧密关系。

如上所说，塔尔斯基的理论是在预先假定翻译概念的基础上来定义真理概念的。而在戴维森的彻底诠释方法中，诠释者不能预先假定能够认识到正确的翻译。所以，戴维森建议把塔尔斯基的看法颠倒过来：通过预先把握真理概念这一假定来获得对语言或翻译的理解。也就是说，把"真理"作为基本概念，再由此引出关于"翻译"或"诠释"的解释。从技术上讲，不求助于翻译概念来重新表述规约－T是完全可操作的："对于对象语言中的每一个语句，一种可接受的真理理论衍推出一个具有如下形式的语句：S是真的当且仅当P。其中P可为任意一个这样的语句所替换，即这个语句为真当且仅当S为真。给出这个形式表述，真理理论就可由T－语句确实为真这种证据来检验；我们就已经放弃了这样一种看法，即我们还必须说出替换P的语句是否是S的翻译。"（Davidson，2001a：134）

现在，经过戴维森的颠倒式处理，以规约－T为核心的塔尔斯基的真理论就有资格作为语言诠释所需知识的要求了。当然，只有塔尔斯基的真理论还不够，我们还必须对作为一个整体的真理理论施加一些恰当的形式上的和经验上的限制条件（参见王静，2005）。这样，单个的T－语句事实上就会起到诠释的作用，据此得到的诠释理论才可能满足上述两个一般性的要求。

在戴维森看来，我们诠释语言所需的知识，可以从对蒯因的彻底翻译理论和塔尔斯基的真理理论的合理内核的吸收和修正中获得。事实上，这种吸收和修正已体现于本文开篇所述诠释理论的两个基本要求之中。主要也是基于这种吸收和修正，戴维森才认定语言诠释只能取彻底诠释的方式，并通过修正的规约－T的形式结构和经过限制的诠释者的经验证据，为其提供诠释所要求的知识的刻画。在由此而构建的诠释理论中，"处于核心地位的是一种形式理论，即一种真理理论，它把一种复杂结构赋予包含真理和满足这两个初始概念的语句。这些概念通过理论的形式和证据的性质而得到应用，由此得到的结果便是一个部分得到诠释的理论（a partially interpreted theory）"（Davidson，2001a：137）。因为如同在塔尔斯基那里规约－T是真理的一个定义模式一样，一个关于诠释理论的规约－T也是诠释的一个定义模式，它对每个语句的诠释只是诠释的部分定义，而诠释的一般性定义应是所有这些部分定义的逻辑合取。而且，由于采取的是彻底诠释进路，所以我们就不至于忽略进行诠释的种种假设，而只专注于那些显然要求做出诠释的场合。也就是说，不至于把一些有待阐释的概念如翻译、同义、诠释等概念当作理所当然的假定，而造成循环诠释。这样，我们就可以根据十分有限的证据（准确地说，就是言说者的持真态度），一方面与真理论的形式紧密相连——这就保证了语句形式结构的正确；另一方面给出了言说者如何使用语句事实——使一个语句为真的最终证据，从而达到一个使诠释获得可能的理论所需的基本要求。

四、语言诠释的资料基础

许多人对戴维森基于彻底诠释进路所论诠释所需的知识心存疑虑：在开始诠释时不预设诠释者具有关于对象语言的任何特定的语义知识，这样一个彻底诠释者在实际的语言交流中能找到吗？诠释者真的对对象语言一无所知吗？例如，福多（J. Fodor）和莱珀尔（E. LePore）认为，无论是田野语言学家还是学习语言的孩子，都不可能是一个真正意义上的彻底诠释者，而这就足以否定对彻底诠释者设定的合理性，进而否定彻底诠释的可能性。（Fodor & Lepore，1993）

从戴维森几十年关于诠释理论研究的论著中，我们可以看到"彻底诠释"这个术语主要有两种用法（参见 Davidson，1993：77）：一种是指从没有双语言说者或词典编纂者帮助的草案中给出的任何诠释；另一种是指基于有限的和指定的资料基础进行诠释的特定行为。当然，这两种用法是相互关联的。戴维森（特别是在其后期阶段）更多地是在后一种意义上应用这个术语的，因为这种用法其实暗含着前一种用法。下面我们就来具体分析什么是彻底诠释的"有限的和指定的资料基础"。

既然彻底诠释的两个主体是彻底诠释者和被诠释者（即言说者），那么我们当然就可以从两个角度考察诠释资料：一个是从诠释者的角度考察其在进行彻底诠释时应当具备或不具备什么样的知识，或者说，要使彻底诠释得以进行，一个彻底诠释者需要预设什么样的背景知识；另一个是从被诠释者的角度看，要使诠释得以完成，被诠释者需要处于什么样的状态。从规约－T 的双向条件结构可以知道，诠释者和言说者的地位是对等的。但是，因为彻底诠释设定的是由诠释者的进路理解言说者的语言，所以我们着重于从诠释者的角度切入分析。

戴维森在最初提出彻底诠释方法时，除了说明一个彻底诠释者不具有关于对象语言的特定语义知识外，对于他还可能具有什么样的知识，并没有做出具体的说明。而后期在回应福多和莱珀尔的批评时，戴维森强调指出："一个彻底诠释者已经具有一种语言和一整套或多或少与被诠释者相匹配的概念。如关于真理、意向、信念、欲望和断言的（以及许多其他的）概念。他知道许多关于世界和关于人们在不同的情况下如何行动的东西。"（Davidson，1993：81）毫无疑问，诠释者是以一个观察者的身份出现的，但这个观察者既不同于逻辑实证主义主张的那种没有任何主观先见的中立的理想观察者，又不同于伽达默尔（Hans-Georg Gadamer）和哈贝马斯（Jürgen Habermas）所强调的那种允许存有价值判断和主观先见的观察者。那么，戴维森究竟是怎样定位一个作为彻底诠释者的观察者的呢？

我们知道，丧失主体性的中立的观察者如今在科学哲学中业已被驱逐，而过多带入主观先见的观察者又往往注重观察中的价值取向而淡化了理解的客观性。由于一个彻底诠释者不是没有主观的意向和概念，因此他不会是一个中立的观察者，但他又决不被允许带着主观意向在诠释过程中长驱直入。戴维森对诠释者之"不知道什么"同样做了明示："他不是一个能看透他人心思的人（mind reader），并且他还不懂得某人通过开启他自己的大脑所思考或者意谓的东西。而主要的限制在于他不会知道有待诠释的人的任何命题态度的具体内容：他不知道这个人通过他自己的言说所表达的意向、信念、欲望或者意思。"（Davidson，1993：81）事实上，我们同样可以不认可戴维森的限制条件，甚至可以说这样的限制条件在实际诠释中是根本做不到的，它不过是戴维森的一种设定而已。不错，这样的限制的确是一种设定，但问题不在于它是不是一种设定，更不在于像戴维森这样的哲学家意识不到实际上不存在这样的一个诠释者，而在于为什么他要做这样的设定，这样的设定是否合理，或者说较之其他类型的观察者，以这样的诠释者作为观察者是否更为合适。首先我们需要注意，语义事实不同于科学事实：尽管戴维森在对行为证据观察的说明中用了一些科学（比如物理学）中的证据观察与理论的关系做类比，但我们不能简单地把对语言行为的观察等同于科学观察。正如戴维森本人所说，在彻底诠释中给出的"这些限制的理由是哲学的而非科学的，而且是在我实际关注的彻底诠释中不得不成立的理由"（Davidson，1993：81）。也就是说，戴维森对语言的理解和诠释的讨论是哲学意义上的，而不是语言学习和交流所发生的实际情形。（参见叶闯，2006）他不是不知道实际诠释中诠释者会存在这样那样的先见，但他主张，为了达到尽可能正确地诠释他人的目的，诠释者在对言语行为的观察中必须抑制自己的先见。当然，我们可以质疑"将那些人们在学习语言中必须以某种方式观察的东西称为'证据'"是否恰当，或者认为根本不能称之为"证据"，但这些对于戴维森来说并不重要，因为他强调"为彻底诠释的可能性作辩护的重要问题在于：一个带有他自己语言的成熟的观察者如何把它当作证据"（Davidson，1993：82）。

进一步问：一个带有自己语言的成熟的观察者在语言理解（或学习）中"必须以某种方式观察的东西"是什么？这种可观察到的并可以拿来作为证据的东西，就是言说者的言语行为。说得更彻底一点，就是这些言说者在具体语言环境中对特定语句的持真态度。正如戴维森所说："一个希望他的话被人理解的言说者，不可能就他在什么场合赞同语句（即认为这些语句为真）这个问题，系统地欺骗将要成为他的诠释者的人。因此，在原则上，意义及相关的信念都易于公共地确定……一个具有充分信息的诠释者，关于一个言说者的话语的含义所要获知的，他都能全部获知；同样，这样的诠释者关于言说者的信念所要获知的，他也能全部获知。"（Davidson，2001b：147－148）至于具体的做法，则可以类似地"把真理论与决策论结合起来进行诠释，将言说行为的某些可观察的方面作为真理理论的证据，进而作为一个统一的信念、意义和欲望的理论的证据"（Davidson，1993：84）。

因此，在被诠释者方面，彻底诠释要求提供给诠释者的资料是无遮蔽的。换句话说，可供诠释的是公共可获取的资料（publicly accessible data）。这种对于诠释资料无遮蔽性或公共可获取性的要求，为语言诠释所需的知识施加了两个限制条件：第一，诠释者与被诠释者之间相互理解之所以可能，乃是由于他们处于一个社会的公共脉络之中；第二，这种理解所关涉的诠释资料必须具有外部世界所提供的内容。其实，戴维森后期十分强调的三角测量模式（the triangulation model），其论证的主要目的之一恰恰是为了揭示这两个限制条件。

五、尚待进一步思考的问题

以上论述表明，关于语言诠释的研究，戴维森的独创性主要体现于两个要点：

第一，为避免传统哲学中盛行的以"自我"式主体为出发点的"第一人称进路"难以克服心理主义的困难，戴维森开辟出一条以彻底诠释方法为核心的"第三人称进路",并且明确地主张语言诠释只能是彻底诠释。

第二,为了解释真理概念与意义概念的内在联系,戴维森对基于规约－T的塔尔斯基真理论模式做了颠倒式的处理,并从语言诠释的形式正确性和证据可靠性方面做了深入的挖掘。

正是基于这两个基本要点,本文认为对"语言诠释需要什么样的知识"这个问题,可以给出如下简要的回答:

参照第一个要点,语言诠释必备的知识要求是:就一个诠释者而言,他必须具有一种用于诠释言说者语言(对象语言)的语言(元语言)之知识,也必须具有关于两种语言遵循同样逻辑规律的知识,因而也拥有一套与被诠释者相匹配的概念。对于被诠释者来说,他所具有的知识,仅被要求是公共可获取的对特定语句的持真态度(或信念)。

参照第二个要点,语言诠释必需的知识要求是:诠释者和被诠释者必须具有关于各自所用语言的真理论的知识(这种知识受到形式限制和经验限制),具体表现为他们关于各个特定T－语句合理用法的知识。

可以认为,在戴维森看来,只有基于上述这些知识要求所构建的意义理论,才能满足本文开篇所列有关合格诠释理论的两个基本要求。

我们认为,以知识论的三元要素分析模式看,戴维森提出的诠释理论框架解释了真理、信念和辩护三个概念之间的一种特定关系:语言诠释所需知识的核心是真理概念——关键在于为诠释理论提供合理的T－语句结构;信念则与特定T－语句的意义相对应,具体显示为言说者和诠释者对相关T－语句为真的持有态度;而根据所有T－语句在形式方面的限制因素(规约－T)和经验方面的限制因素(证据资料)来阐明语言诠释得以有效进行的条件,恰恰就是对语言诠释中言说者和诠释者对相关T－语句为真持有的信念所做的辩护。于是,在语言诠释中,"知识就是得到合理辩护的真信念"这条原则仍然成立。正是在这个意义上,我们可以做出这样的评判:戴维森对语言诠释的研究开辟了一条将意义理论与知识论结合起来的新思路,同时也推进了意义理论与知识论的研究。

但是,值得追问的是:意义理论与知识论的关系究竟是怎样的?针对此问题,有必要援引达米特(M. Dummett)的一段评述(Dummett, 1991: 22):

　　我用与"知识论"相并列的"意义理论"(the theory of meaning)

来表示哲学的一个部门，或权且称之为"语言哲学"。为了区别于戴维森等人所谓"一种关于意义的理论"（a theory of meaning），亦即一种对某一特定语言所有语词和表达式意义的详尽解释，我将用"某种意义论"（a meaning－theory）这一术语来表示后者。

据此，我们认为，"意义理论"与知识论的关系是清楚的：一方面，它是与知识论相并列的一门独立的哲学学科；另一方面，由于知识论之所以可能，乃是因为它依赖于意义理论与其中关键词项（如真理、信念、辩护）具有意义是怎么一回事的恰当解释，所以意义理论对知识论的关系是一种奠基与被奠基的关系。但是，根据本文所论戴维森的意义理论（即达米特所谓"某种意义论"），我们认为这种奠基与被奠基的关系是不清楚的。

戴维森在其晚年试图根据三角测量模式构造一种新的知识论，其基本设想是分别讨论关于外部世界、自我心灵和他人心灵的知识类型的意义和特点，着力反驳怀疑论对这三类基本知识合理性的质疑（参见 Davidson，2001b）。这种立论和思路提示我们：也许戴维森认为关于意义和知识的研究相互交织，彼此难以独立，所以二者之间不存在并列关系，当然也不存在以此为前提的奠基与被奠基的关系。如果真是这样，则我们应该继续思考：意义理论与知识论的区别何在？是否认定二者相互交织就可否认它们之间存在着奠基关系？

至于戴维森的诠释理论本身，我们还可进一步追问：当他把"真理"作为初始概念而对规约－T做修正性的使用时，所预设的二值原则（每一 T－语句非真必假）是否合理？我们之所以提出这个问题，是因为二值原则隐含着这样的主张：一个语句为真或为假，仅仅取决于该语句的结构和它所描述的世界状况，而与该语句使用者是否能有效地断定其真假无关。但是，在包含空名、时态等的语句中，这一主张所面临的困难十分明显。于是，如下问题值得深入思考：真理概念在语言诠释中究竟起着什么样的作用？为了理解语言使用者和诠释者对特定语句的实际断定能力，我们是否应该仍然坚持二值原则？如果抛弃二值原则，那么应如何规定特定语言中逻辑常项的意义？语言使用者和诠释者具有的关于逻辑常项的知识，以及据此对特定语句真值做出实际断定能力的知识，具有什么样的特点？

　　针对戴维森的诠释理论，提出诸如此类的问题，其可预期的理论结果无非有两种：一种是坚持彻底诠释方法和规约－T结构在语言诠释中的核心地位，但提出一种足以回答上述问题的新的修正版的诠释理论；另一种是彻底抛弃戴维森的诠释理论，提出一种免受上述问题质疑的全新的诠释理论（这似乎正是达米特所追求的目标）。

（与王静合作完成，原文发表于《哲学研究》2007年第4期）

第十部分

儒家思想新论

孔子正名思想的现代诠释

一、孔子正名思想的提出

孔子的正名主张，显见于《论语·子路》：

> 子路曰："卫君待子而为政，子将奚先？"子曰："必也正名乎！"子路曰："有是哉，子之迂也！奚其正？"子曰："野哉由也！君子于其所不知，盖阙如也。名不正，则言不顺；言不顺，则事不成；事不成，则礼乐不兴；礼乐不兴，则刑罚不中；刑罚不中，则民无所措手足。故君子名之必可言也，言之必可行也。君子于其言，无所苟而已矣。"

可见，子路与孔子问答，关乎卫君待子为政事。对此，还可从《论语·述而》中找到另一记载，此即子贡与孔子问答：

> 冉有曰："夫子为卫君乎？"子贡曰："诺，吾将问之。"入，曰："伯夷、叔齐何人也？"曰："古之贤人也。"曰："怨乎？"曰："求仁而得仁，又何怨？"出，曰："夫子不为也。"

据《史记·孔子世家》，上述两段师生问答正值孔子公养于卫出公辄当位之时。辄为灵公之孙，其父蒯聩早年欲杀灵公夫人南子未遂而出逃，现正流亡未归。辄继祖父位，诸侯屡责之。灵公亡，辄继位之时，蒯聩曾谋归卫继位，终被辄兵拒之而未果。子路和诸多孔门弟子正仕于卫，出公有待孔子佐政之意，故有上述子路和子贡问夫子之事。按此，《论语正义》说孔子所谓"正名"当指蒯聩之事，实为有据之论。按孔疏《春秋》，"世子者，父在之名"。可是，灵公既死，而《春秋》仍称蒯聩为"世子"，《左传》亦累称之为"太子"。正因此，《论语正义》说孔子所谓"正名"乃"是正世子之名以示宜为君也"。由此推测，孔子认为辄为卫君是名不正，必不愿为之佐政。进而言之，孔子赞誉伯夷、叔齐兄弟让位为"求仁而得仁"，称之为"古之贤人"。蒯聩与辄父子争位与此恰成对照，难怪子贡断定夫子不会辅佐卫君。事实上，孔子的确未佐卫，并且很快离开了卫国。后来蒯聩逼走辄而重继位，孔子预言其弟子高柴不会反辄而事蒯聩，以及子路将会殉难，也透露孔子不愿辅佐蒯聩的信息。

子路正事于辄，当然不懂孔子"正名"之深意。孔子正面陈述其理由时，力陈名正是言顺的先决条件；言顺是事成的先决条件；事成是礼乐兴的先决条件；礼乐兴是刑罚中的先决条件；刑罚中是民有所措手足的先决条件。要言之，孔子认为正名乃是为政之根本。"君子务本，本立而道生。"（《论语·学而》，以下只注篇目）孔子力主君子名必可言，言必可行，本此便可得解。"君子于其言，无所苟而已矣"，原来是务本之需，正名之要。所谓"君子欲讷于言而敏于行"（《里仁》），所谓"言思忠"（《季氏》），所谓"巧言令色，鲜矣仁"（《学而》），等等，皆是出于慎言的要求。

从孔子答子路的语境看，"必也正名乎"之"正"当为"纠正""改正"（rectify）之义，而"名不正，则言不顺"之"正"则为"正确""正当"（right）之义。易言之，"正名"有二义：一曰立定正当之名；二曰纠正不当之名。

立定正当之名如：

> 齐景公问政于孔子。孔子对曰："君君，臣臣，父父，子子。"公曰："善哉！信如君不君，臣不臣，父不父，子不子，虽有粟，吾得而食诸？"（《颜渊》）

作为正当之名，君臣父子的定位标准是："为人君，止于仁；为人臣，止于敬；为人子，止于孝；为人父，止于慈。"（《大学》）

纠正之名如：

> 孔子待坐于季孙，季孙之宰通曰："君使人假马，其与之乎？"孔子曰："吾闻君取于臣谓之取，不曰假。"季孙悟，告宰通曰："今以往，君有取谓之取，无曰假。"孔子曰："正假马之言，而君臣之义定矣。"（《韩诗外传》卷五）

在孔子看来，君向臣要马，若说"假马"，则名不正，言不顺，君臣之道遭到了破坏。必须改为"取马"，方才为名正言顺，合于君臣之道。孔子斥季孙身为大夫，却采用天子才能用的八佾舞，说："是可忍，孰不可忍也！"（《八佾》）根据仍在君臣之道。

孔子所谓"正名"之"名"亦有二义：一是名位（fame and position），上述孔子答齐景公之言便属此类；二是言词（character and word），如《仪礼·聘礼》所说"百名以上书于策，不及百名书于方"，上述孔子答宰通之言便属此类。二者之关系，由孔子所说"正假马之言，而君臣之义定矣"可明。这种观念对后世影响极大，可引许慎《说文解字叙》为证："盖文字者，经艺之本，王政之始，前人所以垂后，后人所以识古。故曰：本立而道生，知天下之至赜而不可乱也。"这里引《论语·学而》有子所谓"君子务本，本立而道生"，又约举《周易·系辞上》所载"天下之至赜而不可恶也"，力显正言词之重要。

二、孔子正名思想的义蕴

上文根据孔子提出"正名"的语境，分别解析出"正"和"名"各有二义。由此出发，根据孔子的思想体系，方可进一步揭示孔子正名思想的本义。

孔子的思想体系，集中体现于他的如下自述之中："志于道，据于德，依于仁，游于艺。"（《述而》）孔子毕生的志向可以两字表之：弘道。众所周知，"道"是中国哲学的最高范畴，各家论道虽有分歧，但均认定道为万事之本，价值之根。诚如余英时所言："中国最早的想法是把人间秩序和道德价值归源于'帝'或'天'，所谓'不知不识，顺帝之则'、'天生丞民，有物有则'，都是这种观念的表现。"（余英时，1995：7）先秦诸家以"道"代"帝"和"天"，以表"则"，也许可从汉字义蕴得到启发性的理解。许慎《说文解字》释"道"为"所以行也"。段玉裁注："道者，人所行，故亦谓之行。道之引伸为道理。"许慎解"则"为"等画物也"，段玉裁注："等画物者，定其差等而各为介画也。今俗云科则是也。介画之，故从刀，引伸之为法则。"道之为万事之本、价值之根，表征的是恒常之道理及应从之法则。因此，"道也者，不可须臾离也"（《中庸》）。孔子论道的最大特点是"人能弘道，非道弘人"（《卫灵公》），依他看，正名便是弘道之举，因为正名作为为政之本，强调的是定差等，别尊卑，明是非，举秩序，循法则。

人弘道，据于德。孔子论德，主中庸，即"中庸之为德也，其至矣乎!"(《雍也》)有两点值得注意：第一，孔子认为德是道之显示，所显处在人。因此，《论语》中多有盛赞尧、舜、禹、周公、泰伯等有"至德"，而且多从人的品行角度论德，如"主忠信，徙义，崇德也"(《颜渊》)。第二，孔子曾引《诗经·大雅·假乐》之言："嘉乐君子，宪宪令德。宜民宜人，受禄于天。保佑命之，自天申之。"他由此得出这样的结论："故大德者，必受命。"(《中庸》)孔子还自称"天生德于予"(《述而》)。中庸之德亦称中和之德，其界说及功用可从《中庸》开篇见得："喜怒哀乐之未发，谓之中。发而皆中节，谓之和。中也者，天下之大本也。和也者，天下之达道也。致中和，天地位焉，万物育焉。"从"据于德"看，正名讲君臣之道恰为"致中和"之方。

人弘道，依于仁。仁政乃孔学之大创发。如果说"德"重在修己，那么可以说"仁"兼顾修己和安人。孔子论仁之言多矣，要在四点：其一，仁为道之显示，为仁乃为道一方。孔子所谓"君子学道则爱人，小人学道则易使也"(《阳货》)，便透露出这样的观念。其二，仁者"爱人"(《颜渊》)；"泛爱众，而亲仁"(《学而》)。此亦为弘道之要求，因为孔子认为"道不远人，人之为道而远人，不可以为道"(《中庸》)。其三，"仁者，人也，亲亲为大"(《中庸》)。何以如此？因为"凡有血气者，莫不尊亲"(《中庸》)。亲亲重孝悌，故"孝弟也者，其为仁之本也!"(《学而》)其四，为仁之道，尊亲爱人，立于修己，推于安人。从正面讲，孔子主张"己欲立而立人，己欲达而达人"(《雍也》)。从反面讲，孔子主张"己所不欲，勿施于人"(《颜渊》)。修己本乎诚，安人本乎义。由此，仁便与德和礼挂上了钩。难怪孔子又说："克己复礼为仁。一日克己复礼，天下归仁焉。"(《颜渊》)从"依于仁"看，正名乃是修己安人之方。

人弘道，游于艺。艺者，六艺也，即礼、乐、射、御、书、数。六艺并进，游必有方，正所谓"博学于文，约之以礼"(《雍也》)。六艺皆为弘道、明德、践仁之要，所以，孔子屡称"吾道一以贯之"。上文说，仁是孔子的创辟。相比之下，礼则是孔子对古礼的损益。三代之礼，孔子崇周，恰如他所自述："周监于二代，郁郁乎文哉!吾从周。"(《八佾》)其余诸艺多为孔子对先代遗产的诠释和应用。六艺之中，乐重和，射、御、书、数均受制于中和之序的观念。换言之，六艺之游的功夫仍如上述，在于"致中和"。正名恰重中和之序，故与"游于艺"相通。

孔子的思想体系庶几可由如上分析窥知。用之于为政，首先，必须注意当时道、德、仁、艺不正这一"礼坏乐崩"的局面。生产方式、典章制度、思想观念的剧变皆不合孔子之意，于是他常悲叹"道之不行""道之不明"（《中庸》），并说"朝闻道，夕死可矣"（《八佾》）。从上文所引孔子答子贡看，孔子认为仁政或德政方为正政；从上引孔子答子路看，孔子认为纠正不当之政乃是为政的使命。这两方面的正名思想，从孔子众多的议政言论中可得印证。孔子答季康子和鲁哀公问政时，均说"政者，正也"。答季康子时，接着说："子帅以正，孰敢不正？"（《颜渊》）还可参见另一问答：

> 季康子问政于孔子曰："如杀无道，以就有道，何如？"孔子对曰："为政者，焉用杀？子欲善，而民善矣。君子之德风，小人之德草，草上之风必偃。"（《颜渊》）

又见孔子曰："苟正其身矣，于从政乎何有？不能正其身，如正人何？"因为"其身正，不令而行；其身不正，虽令不从"（《子路》）。可知，孔子论政，首先强调正身修己，而身正的标准便是上述所列道、德、仁、艺方面的要求。正身以正人，"修己以安百姓"（《宪问》），仁政方可立矣。

根据《中庸》所记孔子论政，"达道"有五，即君臣、父子、夫妇、昆弟、朋友之道。"达德"有三，即知、仁、勇，而要在仁。"仁者，人也，亲亲为大。义者，宜也，尊贤为大。"（《中庸》）仁政原来是亲亲之外推，孔子曾引《尚书》之"孝乎惟孝，友于兄弟，施于有政"来说明此点（参见《为政》）。孟子说"人人亲其亲，长其长，而天下平"（《孟子·离娄上》），"尧舜之道，孝弟而已矣"（《孟子·告子下》），可谓深得孔子真义。由孔子仁政观之，礼出于父子之序，乐出于父子之和。《孝经》有言正显示出礼、乐之功用："安上治民，莫善于礼；移风易俗，莫善于乐。"正名之于为政，当本乎亲亲之序，弘人道，修至德，倡仁义，兴礼乐，善刑罚，重建规范人间秩序和价值标准的理性规则，纠正不当的思想和行为，使天下归于太平。

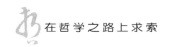

三、语言分析视域中的孔子正名思想

上引孔子答子路问政，揭示了名、言、事、礼乐、刑罚及人的思想和行为之间的关系。这里的"名"指的是名位，强调其应承担的义务和责任。"言"，依语境当指政令，恰如《论语正义》所注："言者，所以出令布施也。"同样，"事"应指为政之事。"礼乐""刑罚"之义自不待言。

为了使正名观念显示出更加普遍的意义，我们可以不限于孔子论政的语境，而将"名""言""事""礼乐""刑罚"做适当的转义。其实，《论语正义》中以"正百事之名"注"必也正名乎"，以及《说文解字叙》中以"正文字"解"正名"，都透露出使正名思想更具普遍意义的企图，不过仍强调正名乃为政之本的观念而已。为了实现我们的意图，试做如下诠释：

第一，部分地保留许慎将"名"释为"字"的观点，同时扩展为实词性的语词（word）和指号（sign）。指号必有所指，由此认可当代西方语言哲学关于语词具有本体承诺的观点。另外，汲取"名位"强调"名"具有义务和责任的思想，赋予任一语词或指号以价值承诺。本体承诺表征特定语词或指号指称某种对象的功能，价值承诺则表征特定语词或指号正当使用的有效条件。易言之，价值承诺关注的问题是：应该怎样正当地使用特定的语词或指号？本体承诺关注的问题是：特定的语词或指号究竟指称什么对象？

第二，"言"可做双重解释：作为对名的具体言说，它属于个人的言语行为；作为对名的一般表达，它属于公共的语言游戏。前者强调对名的使用，属于"行"（practice）的范畴；后者强调对名的语言表达式，仍可归入"名"的范畴。

第三，"事"也可做二解：一为事物或事情，属于名所指称的对象；二为从事或实施，恰如《论语》中所谓"事君""事父"等之类用法，属于名的应用。

第四，提取"礼"显示的秩序观念，以及"乐"显示的中和观念，强调名的表达、指称及使用均须满足一定的合理性标准。同时，抽取"刑罚"表示的惩戒义，设立辨别和纠正名的表达、指称和使用不当的标准及方法。

第五，以"实"统摄"名"的所指（真实）和使用（实施），以使用"名实构架"重建正名思想。这里的关键是：不能够把"实"局限于西方哲学中的"实体"（substance）或"实在"（reality）。名之所指实而不虚，不仅包括经验对象，而且包括思想对象。名之使用实而不妄，不仅包括经验行为，而且包括思想运作。

根据以上诠释，我们便可从孔子的正名思想出发，尝试重建合理而普遍的"名实模式"。从名实构架看，孔子答子路时，采用了如下句式："名不正，则实不当。"用逻辑学术语来说，这里揭示的是：名正是实当的必要条件。再据上引孔子所说的"子帅以正，孰敢不正"，以及"其身正，不令而行；其身不正，虽令不从"，其对应的句式是："名正，则实当。"易言之，这里表达的是：名正是实当的充分条件。合二为一，便可得出结论：名正是实当的充分必要条件。先秦所谓"名实相符"的思想可由此获得新解。

由此看，"正名"当从两端讲：一是精心制名，以便循名责实；二是详细考实，以便依实究名。实际上，孔子之后正名思想的发展确有这两个方面。就第一方面看，荀子详论"制名之枢要"（《荀子·正名》）即为显例；就第二方面看，可举一个有趣的例子，即王阳明曾解"格物"为："格者，正也。正其不正，以归于正也。"（《传习录》）其实，名家、墨家论名实关系时，都涉及上述两个方面。限于篇幅，兹不赘述。

西蒙·布兰克本（Simon Blackburn）在《扩展语词》（*Spreading the Word*）一书开篇即画了一个语义三角形（见下左图）（Blackburn, 1984：3）。以此为参照，并且借用墨子所谓"以名举实"（《墨子·小取》）的表达方式，可得又一名实三角形（见下右图）。

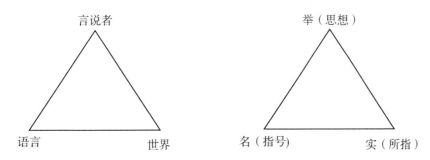

这里有两点值得注意：第一，此处"举"表示名的使用者，括号中的"思想"一词强调以名指实的运作首先发生在名之使用者的思想中；第二，

名与实之间的关系即为以名举实的过程，实际上可分为两个步骤：一是从指号到思想；二是从思想到所指。这里所谓"举"突出了这样的观点："任何观察者必定从他的观察中创造出某种东西。因此，观察者和被观察对象之间的关系就显得至关重要。"（特伦斯·霍克斯，1987：8）由"名"到"举"可能出现"词不达意"的情况，而由"举"到"实"也可能出现"意不称物"的情况。因此，正名须注意两点：意有多绪，故字有多义，不可不察，此其一；名皆为字，字非皆名，名求合实，字求有义，不可不明，此其二。进而便知，正文字确为正名之必需，但正文字未必就是正名。

名要合实，关键在于必须清楚地界定名的价值承诺得以实施的有效条件。举分析哲学中讨论得很热闹的"独角兽不存在"这一语句为例。有些分析哲学家认为，一个语句要有意义，当且仅当它指称着一个实在的对象。由于"独角兽"一词未指称一个实在的对象，所以它无意义，由它参与构成的上述语句也无意义。从我们现在的观点看，这些分析哲学家犯了三个错误：其一，他们忽视了上述名实三角形中"举"的重要性，径直将"名"与"实"连接起来；其二，他们局限于"实体"或"实在"的观点来理解"实"，并将此等同于"意义"；其三，他们没有明确陈述语词价值承诺的有效条件，或者压根儿就不承认语词有价值承诺。实际上，"独角兽"一词的意义一目了然，而"独角兽不存在"恰恰明确地显示出我们不应将它用于现实世界的要求。反之，我们可以在神话世界或虚构世界中大谈"独角兽"，此时倒不能说"独角兽不存在"了。可见，在神话世界或虚构世界中，独角兽之"名"确可合于"实"；在现实世界或经验世界中，它却名不符实。但在两类不同的世界中，"独角兽"一词皆有意义，只要举名者确能识得此词。

现在设 N 表示一个名，P 表示该名应合之实，D 表示该名有效性的论域。这样，便可将一个名的价值承诺表达为："N 是有效的，当且仅当它应该用于 D。"一个名的本体承诺则可表达为："P 存在，当且仅当 N 能有效地用于 D。"根据这一名实分析的一般模式，可以看出荀子如下论断的合理性："名定而实辩。"（《荀子·正名》）易言之，"实"是"名"的函项，可表达为：$P = F(N)$。据此，正名之方有四个要点：一曰"定名"，即找出一个恰当的指号或语词来表达一种观念；二曰"划域"，即明确地陈述该指号或语词适用的有效范围；三曰"立项"，即合理地确定指号或语词表达的"名"与该指号或语词使用所显示的"实"之间的函项关系；四曰"辩实"，即根据所立名实关系，确定名的用法及所指。如此，方可真正达到名实相符的目的。

四、正名思想的现代意义

经过如上诠释的正名思想具有两点现代意义：一是可弥补当代西方哲学中语言分析之不足；二是可为解决著名的"描述－评价难题"提供新的启发。

"语言转向"是现代西方哲学的显著特点。就其形成的语言分析方法而言，一般划分为逻辑分析和概念分析两类。举例来说，现有一个语句："当今法国国王是英明的。"（S）对此，逻辑分析的程序是（参见 Russell，1905）：首先，把该语句分解成三个子句：第一个是"至少有一个人 x 是当今法国国王"（S_1），第二个是"对于 x 之外的每一个人 y，如果他是当今法国国王，那么他就是 x"（S_2），第三个是"x 是英明的"（S_3）。其次，把原语句 S 看成是三个子句的合取，用逻辑公式表达，即为 $S \leftrightarrow (S_1 \wedge S_2 \wedge S_3)$。最后，这一逻辑形式使原语句 S 的真值能够得到明确断定：S 为真当且仅当 S_1、S_2、S_3 皆为真。现在，由于 S_1 是假的，所以 S 为假。应当注意：按 S 的语法形式，主词"当今法国国王"指称一个人，其性质由谓词"［是］英明的"加以描述。可是，因为当今法国政体使得国王的存在成为虚幻的，所以主词没有现实的指称对象，因而有些分析哲学家便认为该主词没有意义。然而，现在经逻辑分析后，在三个子句中，"当今法国国王"这一主词不复出现，无意义的主词这一困难得以消解。这一按罗素的摹状词理论（the theory of description）所做的分析被拉姆塞（Frank P. Ramsey）誉为"哲学的典范"（paradigm of philosophy）①。

对同一语词，概念分析的程序如下（参见 Strawson 1950）：首先，把语词和语句与其使用区别开来，强调语言表达式的意义离不开其用法。其次，规定指称是语词使用的功能，而不是语词本身的功能；同样规定真值是语句使用的功能，而不是语句本身的功能。最后，如果现在一个人说"当今法国国王是英明的"，那么主词没有现实的指称对象，该语句无所谓

---

① Frank P. Ramsey. *The Foundations of Mathematics*. New York：Humanities Press，1950：263，Note.

真假。但是，若一个生活在路易十四时代的人说这句话，则主词有实实在在的指称对象，该语句也有真假可判。这一按斯特劳森（Peter F. Strawson）观点所做的分析，堪称概念分析的范例。

可以看出，逻辑分析关注的重点是语言的结构，概念分析关注的重点是语言的功能。二者各有所长，但共具一个致命的弱点，即试图把一切哲学问题都还原为逻辑问题或语言问题。从历史发展看，这是分析哲学力斥心理主义认识论导致的结果。其实，哲学的基本问题是语言、思想、存在的关系问题，它既不能还原为心理学，也不能还原为语言学。从我们现在的观点看，心理还原论犯了两个错误：一是忽视"名"与"举"的关系，或者说忽视语言与思想的关系；二是对"思想"做了主观主义或行为主义的理解。语言还原论也犯了两个错误：一是竭力把思想归约为语言，或者说用"名"代替"举"；二是根本无视"名"所具有的价值承诺，因而难以解决"描述－评价难题"。我认为，名实分析方法为纠正这些错误提供了一条新思路。要言之，仅就语言分析而言，在分析哲学的结构分析和功能分析之外，正名思想的现代诠释补充了一种责任分析，突出了语言价值承诺及其与语言本体承诺的关系，为重新理解语言（名）－思想（举）－世界（实）关系这一哲学的核心问题开辟了一条新思路。

所谓"描述－评价难题"有两个要点：第一，有两类判然有别的语句，一类如"今年一月以来在公共汽车上给老人让座的人增多了"，其特征是描述了一种事态，其真假可做判定，因而具有认知意义；另一类如"在公共汽车上给老人让座是好的"或"在公共汽车上应该给老人让座"，其特征是做出了一种价值评价，但似乎无真假可言，因而没有认知意义。第二，由前一类描述语句推不出后一类评价语句。

自 20 世纪中叶以来，努力消解这两个要点，乃是分析哲学发展过程中的一个显著特点。例如，奥斯汀（J. L. Austin）提出的言语行为理论表明，施事话语和取效话语多无真假可言，但却像记述话语一样具有认知意义，由此试图消解上述第一点的严格二分法（Austin，1975）。另一言语行为理论的代表人物塞尔（J. R. Searle）为了消解第二点困难，力图证明评价语句可由描述语句推导出来（Searle，1964）。不过，通常人们认为塞尔并没有达到他预期的目的，因为他实际上似乎是在从评价语句推出描述语句。

照我们现在的观点看，那些分析哲学家不能成功地解决"描述－评价难题"，要害在于他们基本上固守知识论立场，拘泥于语言形式的分析和推演，而忽视关键语词具有价值承诺。

孔子正名思想给我们的启发是：

（1）孔子论知，以尊德性为纲，以"博学于文，约之以礼"为纬，没有固守知识论的局限。后世儒学多承孔学，程朱与陆王争辩"尊德性"与"问道学"虽烈，尤不脱孔学经纬。《大学》所谓"三纲八目"皆可归入正名模式。

（2）"正名"从根本上说是为做人行事寻求论说之方，或如张岱年先生所说，是"表述真知论证真知的方法"（张岱年，1982：585）。根据正名模式，做"正人"方能行"正事"，诚所谓"自天子以至于庶人，一是皆以修身为本"（《大学》）。

（3）孔子崇德倡仁，主道德自尊，重义务责任。这些反映在正名思想上，开创出了名的价值承诺维度。

必须注意：语言的价值承诺与语言的本体承诺之间的关系不在形式推演，而在内容相涵。从上述两个承诺的表达看，价值承诺规定了在特定论域中应该怎样使用一个名才是有效的条件。这一条件同时涵摄了名合于实的特定论域及存在条件。如此，我们就可以说，以德行统摄知识，以做人引领行事，以价值涵润本体，便可看清"评价"涵摄"描述"的关系了。据此，"描述－评价难题"可望获得新解。

（原文发表于《孔子研究》1996 年第 4 期）

高标逸韵说儒林

——为《百年新儒林》出版而作

一

初次接触黄克剑的文字，我便认定，尽管我俩治学领域差别颇大，但我们在心灵深处自有相通的底蕴。记得那是 1993 年的一天，从书店购得一本克剑兄的大作《东方文化——两难中的抉择》，后记结尾那段文字深深地打动了我："治学的底蕴原在于境界。有人凭借聪明，有人诉诸智慧，我相信我投之于文字的是生命。"正是这段文字诱我一口气读完了克剑的大作。"两难中的抉择"明示着全书的宗趣：以渗透着生命体悟的沉雄而灵动的文字，追根溯源地提挈百年坎坷中苦苦挣扎的中国人的心灵，返本立大地追问中西之辩和古今之争的时代运会中人性和文化的难题。

很快发现，心灵的提挈和难题的追问在克剑挑纲编纂的《当代新儒学八大家集》中得到了更加集中的展开。与众多汇编新儒学论著、研讨新儒学思潮的各种尝试相比，克剑及其同仁的纂述独具风致。编纂的特色凸显在每集的体例上，即除像常人般注重"论著选粹"汇编外，还精选论主自己的言论，构成《生平·思趣·人格·境界》和《撰述原委与措思线索》两个栏目。如此设计透露出编纂者把握当代新儒学的慧心：立足时代背景，依据论主自述，展示这些民族文化拓辟者多姿多彩的人格风貌，凸显他们各具特色的思想创获、理论规模和心路历程。撰述的特色则由每集前刊载的序文加以显示。这些序文出自克剑之手，与上述体例设计相得益彰。正是立足时代背景，依凭论主自述，克剑在同情地理解的基础上，着力提挈当代新儒家人文致思的纲脉和心旅，充分展示他们的人文情怀和思想创获，却又潜心深掘他们在理论构作上的粗陋和悖谬，并随机提示自己消解谬误、另辟新径的独特思路。这些序文现在汇集起来，构成《百年新儒林》一书的主体部分。

二

当代新儒学思潮诞生于文化危难中的现代中国。时代危机突出地体现为中西之辩及其引致的古今之争。对此，克剑的多处宣说具有三个特点：第一，借清末儒者曾廉所谓"变夷之议，始于言技，继之以言政，益之以言教"之说，重审中西之辩和古今之争的历程，为理解当代新儒学的悲壮奋争勘定时代方位。第二，借康德关于"德""福"相判及相配的理境，对当代新儒家和"五四"主流知识分子的分野及共契做了饶有意趣的考辨，为理解当代新儒学又选定了一个参照系。第三，当代新儒学诸君无一例外地认同熊十力的如下断语："今日文化上最大问题，即在中西之辩。"克剑的运思也由此切入，但他看重的是文化的生命脉息和价值神经，而对繁复的格义式比较毫无兴趣。依我看，这正显示出文化探源者特有的气度。由此鉴观当代新儒学，克剑充分肯定其对人生和文化价值的关注，但对其以道德价值挤压其他价值的偏执，却多有揭露和批驳。

正是为了回应中西之辩和古今之争，当代新儒学诸君合力辟出了一条艰辛路：返儒"教"之本，开"技""政"之新；返"道德"之本，开"幸福"之新；返"内圣"之本，开"外王"之新。因此，克剑以"返本开新"提挈当代新儒学之纲脉，可谓简明而精当。刊载于《当代新儒学八大家集》各集之首的"编纂旨趣"对此有清楚的申说：

> "当代新儒学"或可看作儒学经由先秦创发和宋明复兴后的第三期发展，但它的文化理境毕竟在于历史上的儒学并不曾坎陷于其中的"返本开新"。"返本"意味着返回儒家"成德之教"的"内圣"，从可追溯的民族元始生命处寻找人文重建的灵根；"开新"意指由"内圣"以"曲通""曲转"的方式开拓"新外王"，使西方文化提示给现代人类的科学和民主得以在东方自本自根地生发滋长。

三

梁漱溟和熊十力同被尊为掀开儒学第三期发展序幕的人物。可有趣的是，直到晚年，梁氏仍自谓："我与熊先生虽然同一倾心东方古人之学，以此相交游，共讲习者四十多年，踪迹之密少有其比，然彼此思想实不相同。熊先生应归儒家，我则佛家也。"

把一位自认佛家者列入新儒林，这里的抵牾曾由牟宗三予以消解：梁漱溟"独能生命化了孔子，使吾人可以与孔子的真实生命及智慧相照面，而孔子的生命与智慧亦重新活转而披露于人间。同时，我们也可以说他开启了宋明儒学复兴之门，使吾人能接上宋明儒者之生命与智慧"。克剑认同此说，但又更进一层，不仅认为梁氏生命化了孔子，而且认为也生命化了佛陀，"究元""决疑"遂被借作解密之钥。

> 梁漱溟在《究元决疑论》中，以究轩真元为前提提出的"出世间义"和"随顺世间义"，可看作他为自己日后人生态度在"方便"意义上的变化不期提供的理性依据。皈依佛界是梁氏精神的至上向度，"从印度出世思想率又转归到中国儒家思想"，在他那里，不过是佛光烛临下更大程度地从"出世间"态度转向"随顺世间"态度罢了。从"究元"处说，梁漱溟确如自己所称，是"佛家"的人，但他一生中"决行止之疑"的"方便"，却多在儒门义理上。他是肩负着儒学的重任"随顺世间"的。因此，他是孔门的圣徒，却又是释教的"大士"。

对这样一位"佛格中的儒者"来说，其理论建树和实践探索都牵系着他反复宣说的一个宗旨："认识老中国，建设新中国。"理论建树集中体现为"文化伦理学"和"文化心理学"。前者以人生意义的应然认取为枢机，后者以人心本根的实然肯定为要旨。二者间的关系，由构作者点明："大凡一个伦理学派或一个伦理思想家都必有他所据为基础的一种心理学。"梁漱溟所谓的文化心理学，乃是由理性、理智、本能三个基本范畴交构而成。理性是人心内在的无对待性的自觉精神，兼涵"情"和"理"。就情言，理性超越动物性的本能；就理言，理性超越对待性的理智。"理智者人心之妙用；理性者人心之美德。后者为体，前者为用。"这种独特的体用论即为梁氏解说文化伦理学，进而探寻中国文化奥秘，对勘中西文化异同的本体论根据。解说、探寻、对勘的结果听起来是令人鼓舞的：西方文化已到尽头，中国文化即将复兴。民族自救之路明明白白：诉诸早启而后隐的"理性"，促使中国文化"从老根上发新芽"。正是基于这种信念，梁漱溟以其独有的毅力在"乡村建设"的实践探索之路上留下了踏实的脚印。

克剑在探究梁漱溟的文化思想时，以"一份问题的遗产"作为结语，可谓启人长思。

四

被牟宗三誉为真正为当代新儒学"奠其基，造其境"的熊十力，在现实忧患的触发下，毕生涵泳于哲学之中。他对哲学的界说充满深情："哲学之事，基实测以游玄，从现象而知化。穷大则建本立极，冒天下之物；通微则极深研几，洞万化之原。解析入细，茧丝牛毛喻其密；组织精严，纵经横纬尽其巧。"哲学伟力支撑着熊氏孜孜以求的返本开新志业："寻晚周之遗轨，辟当代之弘基，定将来之趋向！"

建本立极，在熊十力那里成就的是"体用不二"的宇宙论或本体论。体用之说，颇费精神。比如说，1950年出版的《摧惑显宗记》谓："新论〔《新唯识论》〕明举体成用，绝对即是相对。摄用归体，相对即是绝对。启玄关之密钥，燃孤灯于暗室。庶几本体论，宇宙论，人生论，融成一片。易简理得，而葛藤悉断矣。"但熊氏自称"衰年定论"的《乾坤衍》则说："摄用归体者，如佛氏之归于寂灭，老氏之返于虚无，有种种恶影响。摄体归用，则万物皆有内在的根源。既是真实不虚，自然变异日新，万物所以不倦于创造也。"两段文字似乎标明熊氏思想以20世纪50年代为界，发生了巨变。于是，有人断言此后熊氏开始不彻底地转向唯物论，有人认为熊氏为应付时局而巧做权宜之变，有人批评熊氏晚年思想混乱支离。克剑却一手推翻这些评断，提出独到的阐说：

　　从"摄用归体"到"摄体归用"，熊氏前后期的思想似乎是截然相反的，但如果我们不是拘泥在字相上，而是留心分析这体用归摄的两种措辞的本义，那么我们反倒可能发现这看似对反的提法的一系相贯。《摧惑显宗记》中的"摄用归体"是针对"哲学家否认本体者，其解析宇宙，又只拘于万象森罗之相对界"而言的，"举体成用"则是针对"哲学家谈本体与现象，而未能融一者"而发的，前者并不排斥后者，恰同后者构成一种互补。而《乾坤衍》中的"摄用归体"则是对佛、老趣寂返虚的专指，"摄体归用"却在"万物皆有内在的根源"的意义上同时包举了《摧惑显宗记》中的"摄用归体"和

"举体成用"。就熊十力始终不离"体用不二"宗趣，始终以大海水和众沤喻示本体与现象互即而言，他的前后期思想并不存在实质性的歧义。

早期熊十力援佛归儒，言辞奇雄，但宗儒趣向终成定局。后期熊十力注重"体"的复杂性，论说多变，但返本情怀始终未移。体用不二，内圣外王，返本开新，乃是熊氏一以贯之的追求。

这追求，在学理上，曾由追求者一语道破："于宇宙论中，悟得体用不二。而推之人生论，则天人为一。……推之治化论，则道器为一。"克剑《返本体仁的玄览之路》一文正是抓住这个纲脉铺展而成的。其中，审析明辨足够精彩，透底追问更富启迪。不妨举一例以显追问之厉："诚然，我们毫不怀疑熊十力对科学与民主的切望之忱，并因此设想他或者已经不自觉地由科学和民主触到价值上的'幸福'取向，但即使是这样，我们也并不能从他再三致意的诸多文字中找到他对涵淹了'自由'的'道德'和'幸福'的关系有更清晰的理解。这里存在着真正的文化难题，由'返本'（体识本心之仁）与'开新'（开出现代科学民主）的'体''用'分张，可以多少窥见新儒学的道德形而上学的自缚自限。"

五

毕生在"学问国"与"政治国"之间往复奔竞的张君劢，依他本人的陈说，是"不因哲学忘政治，不因政治忘哲学"；按唐君毅的评断，则是"立身则志在儒行，论政则期于民主"。由此清点张氏终生志业，奇异的"内圣外王"之路可做主脉。"内圣"之路的奇异处在于由"西方理想主义哲学"（唐君毅语）渐次趋归宋儒而上溯孔孟，着意于"唯心"的人生观，而这"唯"字提示的是"心"主宰"物"的特殊意，而不是"心"抹杀"物"的唯独意。"外王"之路的奇异处则在于终生为立宪在中国的落实而慎思笃行，以彰显内圣义蕴的"人生观"为枢机，创设诸如"修正的民主政治""国家社会主义下之计划经济""国民生活风气之改造"等期于实施的民族复兴蓝图。

对我们这代人来说，张君劢的名字首先牵系着20世纪20年代那场著名的"科玄论战"。"科学"本与"是"相关，"人生观"却与"好"相涉，二者相争确乎有些奇怪。但是，把握时代运会，当持这般慧识："这原本不该发生的论战的发生，表达了'中西之辩'中的中国人某些未澄清的观念的必要澄清。持续了近一年的论战仿佛是以'科学派'借着夺人的声势取胜而告结束的，但张君劢的'玄学'的语音却随着世间的推绎在更多的人那里赢得了回响。"（黄克剑语）与其说"玄学"余音之赢得回响来自张君劢对"科学"和"人生观"所做的诸多分判，毋宁说来自他在《人生观》中所申明的主导意向："文化转移之枢纽，不外乎人生观。"

张君劢对"人生观"所做的并不严谨的解说，却使他提出了中国文化"死后复活"的总原则，"其条目有二：第一，以死后复活之新生命，增益其所本无；第二，以死后复活之新生命，光辉其所固有"。前者重点在牵涉于"物"的"幸福"或"外王"取向上，后者在关联着"心"的"道德"或"内圣"取向上；根据张氏独特的"唯心论"，后者当为前者的主宰之主和生发之根。与此意趣相合，张君劢提出了一个充满自信的论断："儒家思想的复兴并不与现代化的意思背道而驰，而是让现代化在更稳固和更坚实的基础上生根和建立。"

这样的基础不在别处，而在儒门义理中，即那些"有永久存在之性质者"：天人合一的本体论，知行合一的实践观，道德优于智识的人生趣向，以及"万物并育而不相害，道并存而不相悖"的气度和胸襟。

应该说，寻根催芽者的热望和诚意是足以感人的。但克剑的深掘表明，张君劢已触摸到一个真正的文化难题，却无力给出解答。这难题既是民族性的，也是世界性的。

六

提起冯友兰，总不免情思错杂。他谈人生，倡境界，重觉解，浅白的文字透着哲人的慧识和诗人的韵致，然而一生行止却留下不少遗憾；他论文化，别共殊，扬道德，有序的形式寓着学者的思辨和智者的忧虑，然而又奇怪地信奉粗陋的经济决定论。

从一生求索看，冯氏名世所依凭的是"三史""六书"①，前者以"照着说"的方式拓开一个新领域，后者以"接着说"的方式建成一个新体系。这体系名曰"新理学"，冯氏曾不无自诩地说它"是'接着'宋明道

---

① "三史"指《中国哲学史》《中国哲学简史》《中国哲学史新编》，"六书"即所谓"贞元六书"，指《新理学》《新世训》《新事论》《新原人》《新原道》《新知言》。

学中底理学讲底。所以于它的应用方面，它同于儒家的'道中庸'。它说理有同于名家所谓'指'。它为中国哲学中所谓有名，找到了适当底地位。它说气有似于道家所谓道。它为中国哲学中所谓无名，找到了适当底地位。它说了些虽说而没有积极底说什么底'废话'，有似于道家，玄学以及禅宗。所以它于'极高明'方面，超过了先秦儒学及宋明道学。"克剑挑明的一点值得注意："'新理学'对'极高明而道中庸'的理解，表达了它对理解中的一种境界的追求，这追求主要在于'智及'而不在于'仁守'。"

最明显的一种"智及"即为"别共殊"。这可说是中西哲学史上一个古老而常新的问题。冯氏的独特处在于把柏拉图的"理念世界"与"实物世界"之辨喻于宋明理学的"理""器"之分，进而衍发为他自己的"真际"与"实际"之别。据此，他还将自酿的新酒注入"理""气""道体""大全"的旧瓶中，使"有物必有则""有理必有气""无极而太极""一即一切""一切即一"等命题显出了新义。

可别小看这些"不着实际"的形式概念和命题，冯友兰赋予它们两方面的"无用之大用"是足够诱人的。首先，以其"大用"可鉴照人生，依觉解程度差别明断人生四大境界：自然境界、功利境界、道德境界、天地境界。其次，以其"大用"可品检事物，通晓"真际"对"实际"的共殊关系，亦明"实际"对"实际事物"的共殊关系：从形式的普遍性看，共相赅括殊相；从内容的丰富性看，殊相胜于共相。如克剑所说："这两条理论交错，使冯友兰从'别共殊'出发的中西文化探讨别具一种精神。"

凭借"别共殊"，冯氏把中西之辩转成古今之别，确可谓"别具一种精神"。转折的关键在于以文化的时代类型表征共相，以民族特色表征殊相。因此，"中古文化""近代文化"对"中国文化""西洋文化"即为共殊关系，中西之辩于是转为古今之别。更进一层，"生产家庭化""生产社会化"分别对"中古文化""近代文化"又是一种共殊关系。于是，从"中古"到"近代"，从"生产家庭化"到"生产社会化"，便成了中国文化转型的标志。与此相关，一幅奇诡的图景便浮现出来：重"功利"的"五四"主流知识分子厚今薄古，却以"立人"为要务；重"道德"的冯友兰援西观中，却认"生产"的关键。冯氏甚至提出了一种粗陋的经济决定论："人若只有某种生产工具，人只能用某种生产方法；用某种生产方法，只能有某种社会制度；有某种社会制度，只能有某种道德。"

出于对"五四"主潮将自由、平等、博爱精神世界化的驳斥，冯友兰从"别共殊"引出"明层次"，又可称"别具一种精神"。所谓"明层次"，意指"人与人的关系"和"国与国的关系"判然分层，不容混淆。冯氏认为自由、平等、博爱精神适用于人与人的关系，但挪用于国与国的关系则成误人的"麻醉"。他把"文明"许以人与人的关系，却认为国与国间只有"野蛮"的"竞争"。冯氏曾自称好发"怪异之论"，此为一明证。再做"明层次"，冯氏又引出一"怪异之论"：从纯粹学术观点看，"用机器，兴实业"不是体，而是用；但从社会改革观点看，"用机器，兴实业"则是体，而不是用。后一分说与冯氏信奉的经济决定论相通，其中寓托的富国强兵热望倒是可以理解的。

最后，我愿补充两点评论：其一，也许正是因为冯友兰对境界的追求主要在"智及"而不在"仁守"，所以其行止在几个大关节处留下了令人遗憾的踪迹；其二，冯氏总割不掉"国师"心态，看重的其实是"功利境界"，这与他信奉的经济决定论不无关联。

七

论方东美，克剑选其诗句"高怀默运道行成"作标题。诗句原出方氏《山中养恬》："山林傲兀拥秋声，四境恬愉众籁鸣。逸韵冥腾申理速，高怀默运道行成。忘筌濠上论齐物，得意环中主养生。日泰霄清融定慧，万殊归一灭无明。"也能感觉得到，这些亦道亦佛的诗句所点染的生命情调，更多显出的是道家的韵致。仿克剑称梁漱溟为"佛格中的儒者"，我们可称方东美为"道韵中的儒者"。这位融诗、思于一炉的独异哲人毕生倾心于生命境界的觉解。

经过一番自觉的西学洗礼后，到20世纪30年代，方东美开始宣说他那独特的文化哲学。他强调，哲学发自"情"与"理"的交融互摄。依此察照"知"和"欲"，即可明"智"与"慧"一而二之要义，亦可晓"大智度"和"大慧解"之由来及关联。于此，东美哲学之要旨可做提示。

首先，在哲人个性和民族通性的向度上分判哲学智慧，提挈文化哲学之纲脉。"哲学智慧生于各人之闻、思、修，自成系统，名自证慧。哲学智慧寄于全民族之文化精神，互相摄爱，名共命慧。""共命慧属本义，自证慧属申义，共命慧统摄种种自证慧，自证慧分受一种或多种共命慧。""共命慧为根柢，自证慧是枝干。"瞧，这堪称一种另样的"别共殊"。

其次，有了共命慧，所谓"哲学三慧"及其文化表征即可得明示："依共命慧，所论列者，据实标明为哲学三慧：一曰希腊，二曰欧洲，三曰中国。""希腊人以实智照理，起如实慧。欧洲人以方便应机，生方便慧。形之与业力又称方便巧。中国人以妙性知化，依如实慧，运方便巧，成平等慧。""希腊如实慧演为契理文化，要在援理证真。欧洲方便巧演为尚能文化，要在驰情入幻。中国平等慧演为妙性文化，要在挈幻归真。"瞧，佛门词语的借用中荡溢着独异的生命情调，透露出论说者对中国文化的认同和企慕。

因此，宣说中国文化的主脉成为题中应有之义。方东美认为孔、老、墨代表"中国民族生命之特征"："老显道之妙用。孔演易之元理。墨申爱之圣情。贯通老墨得中道者厥为孔子。"瞧，从原始儒道墨中寻索民族文化慧根，可谓"返本"意向的别样展露。

最后，"返本"不忘"开新"，而"合德的完人"是方东美期许中远胜于尼采所描绘的"超人"。尼采笔下的"超人"鄙弃以往一切历史，但在方东美笔下，"所谓超人者，乃是超希腊人之弱点而为理想欧洲人与中国人，超欧洲人之缺陷而为优美中国人与希腊人，超中国人之瑕疵而为卓越希腊人与欧洲人，合德完人是超人"。依"哲学三慧"，中西文化较论，"圆慧"为中国所具；中国各家比照，"圆慧"为儒家所有。"圆慧"之成，百川归海，万流归儒；中道合德，乃有"超人"。

依克剑点示，方东美晚年论说中国文化时的微妙变化堪可玩味："方东美晚年研寻中国共命慧的'主脑及其真精神'，'独采形上学途径'，这使他把《哲学三慧》中与儒道并称的墨家的位置，在《中国形上学中之宇宙与人》（1964）一文及其之后的著述中让给了宗趣盛显于隋唐的大乘佛学。基于'彼是相需''相摄相涵''周遍含容''一体周匝'等原理的华严宗哲学是他最推崇的佛家理境。"

基于相通的理趣，方东美还推崇自北宋以迄清代中叶的"新儒家"。原儒、原道、华严、新儒之探要品评在在透出他于东西文化交汇时代以儒为本，融摄百家，推陈出新的心曲。而融摄百家所推出的结果之一是"宇宙生命境界的蓝图"。蓝图可谓恢宏，囊括形下自然界和形上超自然界。不过，蓝图中那些层叠式的流转看似行云流水，但深究起来便觉流得不畅，转得不顺。甚至可以说，方氏以"流转""圆融"打发真、善、美、神的纠葛，实在有些轻巧！

如上所示，方东美形上追求之要点，一为"宇宙"之探源，二为"个人"之索秘。但如克剑所评："个体原则，无论在古希腊或是近代西方，也都是社会治制（权利贞定）的民主化前提，东方从不曾在社会治制方面履行这一原则，方东美也没有在他的生命境界思考中为个体化原则的政治实现（民主）安排一个相当的位置。"的确，在方东美的措思理趣中，科学和民主只在"蓝图"的设计和"超人"的期许中若隐若现。同其他新儒学诸君魂牵梦绕于科学和民主在中国如何滋生落实相较，方东美显得过于飘逸了。

八

又来一位分说境界的哲人：唐君毅。这是一个立于佛家"如实现疑迷"，自觉以判教方式，力求对古今中外种种人生境界做出分判、定位、连通、融会的人物。由客、主、自三观和体、相、用三轴交互衍成的九境可谓宏博深幽，而九境归一、三教归极的理趣显示着判教者的良苦用心：满怀中国文化"花果飘零"触发的悲情，开启儒家义理"灵根自植"导引的寻索，提示儒教堪作融会东西文化的"中大至善之教"的底蕴。这番良苦用心，呈露着又一条别有意趣的返本开新之路。万般求索总离不了求索者宣吐的心声："人当是人，中国人当是中国人，现代世界中的中国人，亦当是现代世界中的中国人。"

如克剑所说，"新儒家毕竟是道德形而上学和道德一元论者，他们有时代生命刺激下兼作认知主体的愿望，却仍是只能扮出传统的道德主体的角色"。在唐君毅那里，道德一元论展示为一种独特的体用论："道德理性"为体，"文化意识"为用。若用本末术语来表述，则唐氏文化哲学之纲脉如他本人所说，是"一切文化活动，皆不自觉的，或超自觉的，表现一道德价值。道德自我是一，是本，是涵摄一切文化理想的。文化活动是多，是末，是成就文明的现实的"。以体用术语表述，则为："如吾人之精神自我超越自我为体，则一切精神或文化活动皆为其用。"沉潜把玩这不多的文字，至少可把捉三个关节：一曰道德理性之界说，二曰人文体用之分判，三曰内圣外王之折射。

唐氏界说道德理性，归宗于儒家"性理"，却又借康德"实践理性"

和黑格尔"绝对精神"予以印证和衍绎。如此，康德以先在道德律令所昭示的"实践理性"堪作道德理性之形上印证，黑格尔阐发的"绝对精神"在自然和历史中实现的理路则托衍着道德理性由形上向形下的发用。这发用已然挣脱了逻辑法绳的牵套，因为道德理性随时可退守至无待于外的道德生活而自足自现。有鉴于此，即使"达则兼济天下"之路受阻，"穷则独善其身"之路却可通畅。用唐君毅的话说，"即使实际上不能实现文化理想文化价值处，吾人亦可实现道德理想道德价值，形成吾人之文化的道德人格，而心无所憾"。

看来"道德"与"文化"宜做分判："自觉的文化活动，只不自觉地实现道德价值，而自觉的道德活动，乃自觉地实现道德价值。"由此重释"人文"，唐氏独特地撑开"人"与"文"的张力，不仅印证体用之趣，而且观照中国历史。唐氏说得有趣："大约中国人文思想之发展，即在重人重文之间畸轻畸重。"比如说，周公重文，孔子重人略过于重文，孟子重人，荀子重文，汉儒亦重文，魏晋之初又重人，等等。统而言之，"人"与"文"的轻重演变，显示中国文化的根本精神为"人文主义"。相较而言，西方文化则被赋予"非人文"和"超人文"的特征。

在唐君毅看来，自觉的道德活动之本质是"反省"，反省的道德生活无待而自足；自觉的文化活动之本质是"表现"，表现的文化生活终究以道德生活为根基。"在最高之人格理念中，文化与道德合一，反省与表现合一，而一切皆为天机天性之流露。"九境归一之至境——"天德流行境"，即为这最高人格理念之朗现。此胜境乃是以儒为宗，涵摄"人""文"，融贯"人文"与"非人文"和"超人文"而成。

返本开新大业被安置在"人"与"文"、"人文"与"非人文"和"超人文"、"道德"与"认知"、"个体"与"类"等呈现的张力下予以寻索。唐氏的种种阐说不乏新意，根本理路却自陷困境。"返本"陷于道德一元论，固然彰显了道德主体的至尊地位，但认知主体及其与之理趣相通的科学、民主之"开新"却显得虚脱乏力。"人"极之立，千秋大业，但究竟以个体为本还是以群体为本，始终是个难题。唐氏面对此难题时左右摇摆，且不明其伦理浪漫主义实难为个人勘置适当方位。因此，即使上述对"穷则独善其身"的新解为个人护住了尊严，却又为唐氏自任的"返本开新"伟业留下了裂痕。

九

似乎可以说，百年新儒林，牟宗三算得上一棵最雄劲的参天大树。此树催生润泽于牟氏对时代的悲怀，对民族的关爱，以及对生命的究极。如下自白是感人的："由于我个人的遭遇，我正视我个人的存在的生命之艰难。由于国家的遭遇，我正视民族的存在的生命之艰难，我真切感到学风士习之堕落与鄙俗。我的生命的途径必须畅达，民族生命的途径必须畅达。"这个以勇智仁绍说"哲学气质"的奇异哲人坦然承认，以儒为宗的"中国文化整个看起来，外王面皆不够"；更加"可叹的是，今天不仅外王面不够，内圣面亦不够，儒家本身若有若无"。明"常道"以葆真内圣，论"坎陷"以开新外王，乃是牟宗三立志凭勇气、智思和仁心而自任的使命。

依这大器晚成的新儒者看来，返本开新，须明"道统""学统""政统"的分判与关联。道统朗现民族"根源的文化生命"，依托于道德主体，本原于道德理性或"知体明觉"。学统和政统分别依托于认知主体和政治主体，牵系于知解理性或观解理性。依道德理性，阐发民族道统，当明如下要旨："凡道德宗教足以为一民族立国之本必有其两面：一、足以为日常生活轨道（所谓道揆法守）。二、足以提撕精神，启发灵感，此足以为创造文化的文化生命。"依此较论中西文化，牟氏认为中国文化的道统在儒教，西方文化的道统在耶教。然而，"从内在主体方面说，耶教因歧出而为依他之信，故不如儒释道；若从基本态度、决断、肯定对于人生宇宙学术文化之关系言，则释道不如儒教和耶教。依此而言，儒教为大中至正之大成圆教。其他皆不免歧出与偏曲"。看来，面对"神性"黯淡，"物欲"膨胀的危局，无论东方西方，皆有返本趋圆之必要。可以说，牟氏纵析儒教三期发展之历程，横勘中西文化之异同，综论融贯古今中外之"圆善"，皆不离"返本"之弘规。

"返本"既明，"开新"必彰。重释"内圣外王"，牟氏的新颖处在于借亚里士多德所谓"形式"摄驭"材质"之说，勘定康德所谓"实践理性"摄驭"理论理性"的关系，提示道统摄驭学统和政统的关系，最终达成康德孜孜以求的"德福一致"之"圆善"。儒教所具"构造的综合"本性及其"曲折的持续"历程，成为牟氏以"大开大合"宣说返本开新宏志之凭据。

　　览古观今，牟氏说得明白："今天这个时代所要求的新外王，即是科学与民主政治。"民主政治是"形式"，科学是"材质"。因此，"要求民主政治乃是'新外王'的第一义……科学知识是新外王中的一个材质条件，但是必得套在民主政治下，这个新外王中一个材质条件才能充分实现。否则，缺乏民主政治的形式条件而孤立地讲中性的科学，亦不足称为真正的现代化。一般人只从科技的层面去了解现代化，殊不知现代化之所以为现代化的关键不在科学，而在民主政治；民主政治所涵摄的自由、平等、人权运动，才是现代化的本质意义之所在"。论政治，牟氏分"政道"和"治道"："政道是相应政权而言，治道是相应治权而言。中国在以前于治道，已进至最高的自觉境界，而政道则始终无办法。"症结何在？牟氏一语道破："中国只有普遍性原则，而无个体性原则。"民主政治之政道必赖个人独立而转为抽象制度，此乃"分解的尽理的精神"之理性架构。怎样从中国固有的"综合的尽理的精神"开出这理性架构，即为中国现代化之关键。

　　只有明确以上分疏，才能消解以下表面的抵牾：宣三统说，牟氏由道统而学统而政统；论现代化，则由道德而民主而科学。两条进路其实共系一脉义理：由综合的、动态的、无执的"道德理性"开显分解的、静态的、有执的"观解理性"。解玄关之秘钥不仅在此，更在这"开显"不是"直贯"，而是"曲贯""曲通""曲转"或"自我坎陷"。如今众人说"开新"，多依牟氏之论矣。

　　"曲贯""曲通""曲转"或"自我坎陷"之创发透着创发者的耿耿忧心：现实关切需要确认科学和民主架构的独立性，但"圆善"祈向又须使科学和民主运作具有本源性。或曰：现实关切须承认"幸福"的独立性，但圆善祈向又须求得"幸福"与"道德"的一致性。"德福一致是圆善，圆教成就圆善。"不过，牟氏十分清楚，"圆教所成的德福一致是必然的，此'必然'是诡谲的必然，非分析的必然"。此诡谲的必然亦被说成"德福同体""同体相即"。如此，似乎一举解答了康德苦心索解却终难解决的问题。其实，这里可究诘处委实不少。不过，限于篇幅，只得打住了。

　　十

　　阳明诗云："人人自有定盘针，万化根源总在心。却笑从前颠倒见，枝枝叶叶外边寻。"徐复观曾以此诗作为《心的文化》一文的结语，意在呼应文初所述宗旨："中国文化最基本的特征，可以说是'心的文化'。我讲这个题目的目的，是要澄清一些误解，为中国文化开出一条出路，因为目前对中国文化的误解，许多是从对于'心'的误解而产生的。"

徐氏欲予澄清的误解，主要是他认为不少人以唯心论界说中国文化中"心"的范畴。要点有二。首先，就西方哲学中盛行的唯物论与唯心论之争而言，"这是宗教所延续下来的问题。但这个问题并不是在每个文化系统中都出现的；在中国文化中，并没有把这当作一个重大问题来加以争论"。"其次，把中国文化所说的心，附会到唯心论上去，可以说是牛头不对马嘴。"

说来有趣，棒喝徐氏，使之最终弃政归学，并把他的原名"佛观"改为"复观"的熊十力，恰是以"唯心论"标举自己哲学体系的。看来复观必对自己的恩师持批判姿态了。熊十力及众多新儒学中人，皆认心性之学乃是中国文化之精髓，且多采《易传》所谓"形而上者谓之道，形而下者谓之器"纲维，不离"天人不二"宗趣。唯徐复观对这纲维别有新解："这里所说的道，指的是天道，'形'在战国中期指的是人的身体，即指人而言。'器'是指为人所用的器物。这两句话的意思是说在人之上者为天道，在人之下的是器物；这是以人为中心所分的上下。而人的心则在人体之中。假如按照原来的意思把话说全，便应添一句：'形而中者谓之心'。所以心的文化，心的哲学，只能称为'形而中学'，而不应讲成形而上学。"

正是立于这独异的"形中"基点，师友们的"形上"诉求被徐复观判为方向颠倒。比如说，"有如熊十力，以及唐君毅先生，却是反其道而行，要从具体生命、行为层层上推，推到形而上学的天命天道处立足，以为不如此，便立足不稳。没有想到，形而上学的东西，一套一套的有如走马灯，在思想史上，从来没有稳过。熊、唐二位先生对中国文化有贡献，尤其是唐先生有的地方更为深切。但他们因为把中国文化发展的方向弄颠倒了，对孔子毕竟隔了一层"。面对此类批评，克剑以"和而不同"来把捉，可谓精当："对熊十力、唐君毅同孔子'隔了一层'的判断，实际上正可看作徐氏对自己思想同师友们'隔了一层'的表达。但这'隔'并不妨碍当代新儒家学们在总的运思趣路上的相通相'和'。把'文'归摄于'人'，把人生的诸多价值归摄于关联着人格尊严的道德价值，这是涵贯在徐复观同他的师友们的共通的'返本开新'主张中的中心意致。"

独采"形而中"，立足思想史，由"心"而"性"而"文化"而"文明"，在徐复观这里，"返本开新"显出了别样的意趣。认定孟子首开以"心"言"性"之路，以至徐氏着意写出《中国人性论史（先秦篇）》。该书序言宣称："人性论不仅是作为一种思想，而居于中国哲学思想史中的主干地位，并且也是中华民族精神形成的原理、动力。"人性乃是界说文化之根据、观照文明之法眼。"文化是人性对生活的一种自觉，由自觉而发生对生活的一种态度（即价值判断）。""人对其生活有了一种态度以后，便发生生活上的选择，更由这种选择以构成适合于其生活态度的格式和条件。这是由文化产生文明的过程。"

"文化产生文明"亦可说是"价值系统产生科学系统"，因为"文明是科学系统，文化是价值系统"。由文化而文明，由价值而科学，由道德而知识，原来是"内圣开外王"的别样表述。循此还可更进一层：今后文化的发展被徐氏判为融会表征中国文化的"仁性"和表征希腊文化的"知性"。分而论之，徐氏认为，西方文化病在"蔽人"，中国文化失于"抑物"，而救治之方分别为"摄智归仁"和"转仁成智"，其目的在于"仁智双全"。这"仁"是仁心，标举的是"德"；这"智"是科学和民主，标举的是"福"。因此，"仁智双全"亦为"德福双全"。可见，困扰牟宗三等人的那些难题其实也留在徐复观的理路中，根本症结即在徐氏欲避而未能免的道德一元论或泛道德主义，尽管此时不宜称作"道德形而上学"，或可名之为"道德形而中学"。

十一

克剑论学，既重学理，亦重性情；既重创思，更重气象。他曾说："这'气象'说到底，原只是一种人格风致或所谓生命格局。问题不在于学术上的巧智；倘使没有这种气象或格局，铺张于言辞而以新儒自许反倒会自累于外在的名义。"衡之于当代新儒学研究，"八大家集"的编纂虽与"儒分为八"正相巧合，但编纂者绝非追求古判新说，真正的判据恰在"创思""气象"双尺度上。

比如说，集子里不收钱穆，并非拘泥于他当年拒绝在唐君毅、牟宗三、张君劢、徐复观联名发表的当代新儒学宣言上签名这一事件，而是由于钱穆一任"返本"的心旅中并不存在悲剧式的"开新"跌宕。当然，作为当代儒者，钱穆自有其学理上区别于当代新儒学思潮的创思，也不乏谦谦君子的儒者气象。

贺麟早年力创"新心学"，明确提出"新儒家思想""新儒家运动"称谓，堪称当代儒学复兴和重建的先驱之一。但是，他在20世纪50年代后毅然踏上自我否定的不归路，以至于晚年在自选集中把早年那段与新儒家不无机缘的历史，处理为他全部学术进路的一个具有岐离意味的环节，而不像冯友兰那样蓦然回首而重归"新理学"之路。正是有鉴于此，"八大家集"不收贺麟，却收冯友兰。

"八大家集"囊括当代新儒家第一、二代巨子，却未收杜维明、刘述先等第三代人物，其理由仍在创思、气象双尺度。对此，克剑说得明明白白："我以为杜、刘等人在创思方面还没有超过第一、第二代新儒家的地方，他们的人格气象也难于同他们的前辈相比。在第一、第二代人那里，新儒学极富有悲剧感，而在杜、刘这里，新儒学本身已更大程度地功利化、喜剧化了。"

可以说，对创思的清点和诘问，对气象的展示和品鉴，涵贯于克剑论说当代新儒学的文字中。不过，《当代新儒学人物品题》一文则更集中地透显出克剑品鉴人物气象的风姿。此文颇有《世说新语》韵致，只是后者似乎多从审美向度下笔，前者则多在道德格位着墨。其实，在当代新儒家中，牟宗三对师友的品题已显《世说新语》风貌。克剑不时借用牟氏妙语，却又撑开了一片新景观。例如，牟氏品藻梁漱溟，透显精神的文字有两处：一曰"独能生命化了孔子"；二曰"锲入有余，透脱不足"。克剑赞同前说，认为"这是从梁漱溟同'新儒学'在源流处的牵连上说的，说得深刻、灵动而意趣盎然"。本于梁氏自称"佛家"的学理分疏，克剑又推出一新的品鉴之语，曰梁氏也"生命化了佛陀"。双重生命化的特质使克剑称梁漱溟为"佛格中的儒者"，可谓传神之评。至于"锲入""透脱"之说，克剑仍把住"生命化"的底色，又切合"五四"时代"谈到孔子羞涩不能出口"的风气，揭示梁氏凭"锲入"的"犟劲"所显出的大勇。时风所迫，没有犟劲，没有狂劲，岂能"截断众流"！支撑大勇的其实是趋仁的自信和朴真的性情。

依孔子品藻人物的"中行""狂""狷"之分，克剑把熊十力定位在"狂者"典型上。"拿'中行'作为批评的标准，他的性格中似有许多可责备的地方，但熊氏一生从不应酬，从不逢场作戏，从不屈己阿世——就是说，在他身上嗅不到任何'乡愿'的味道来——这毕竟是一个不争的事实。"牟宗三曾赞其业师有"清气、奇气、秀气、逸气"，是"真人"。合"狂"与"真"，可领会克剑以"朴野之气"评熊氏之贴切。秉此朴野之气，熊十力方能在写给弟子牟宗三的信中推心置腹，自作检讨。

唐君毅少年老成，却永葆童心，终生对"人类世界毁灭之可能"不能轻释，耿耿于心的乃是如何"使人文与天地长存不毁"。对这样一位自觉承担人类苦难，以坚忍不拔的牺牲精神为当代新儒学拓出一片新天地的儒者，克剑的品评有两点颇显精神：一曰突显唐氏对人类生死的"忧患"，二曰点染唐氏对人生体验的"悲凉"和"孤介"。可贵的是，这忧患，这悲凉，这孤介，全无文饰，而是一个仁者真性真情的自然流露。

克剑如此品评牟宗三："牟氏这个人有点魏晋气质，他从不委屈自己，从不在成礼饰情一类事上多所留心。他的性情差不多是一往直扑的，但在决绝而脱却尘累的孤峭中，却总有几分始终被葆任着的童心和悲怀。"

同是永葆童心，满怀悲情地自任"返本开新"宏业，唐君毅有谦谦君子之美，牟宗三显英雄豪杰之气。牟氏爱《水浒传》，曾喻《红楼梦》是小乘，《金瓶梅》是大乘，《水浒传》是禅宗，说得饶有意趣。其实，他看重的是水浒世界中那豪杰之士的朴野率直、直而不枉。克剑以孔子所云"人之生也直"提示牟氏与水浒之关联，可谓一语破的。率直烘托的其实是朴真。

同样是对老师有赞誉也有批评，牟宗三像业师一样不失自我检讨的涵养，而徐复观却略逊一筹。不妨看看克剑的举例和品评："徐复观起先对熊十力是毕恭毕敬的，但当他在20世纪80年代初读到熊氏晚年之作《乾坤衍》时却竟会以'独裁''疯狂'相评。其实，这里除开义理上有欠必要的同情理解之外，也未必没有一个以儒者自许的人在涵养上的缺憾。单就人格、气质修养而言，徐复观或者正比他的老师略逊一筹。他们的性格都有激切而至于偏执的一面，但熊氏毕竟常在'内自讼'中，而在徐复观处，在他的著述中我们却很难找到类似的自我检点。这不能不说是一种遗憾。"虽有此遗憾，却无损于徐氏作为当代新儒学代表人物之一的地位。还是克剑说得真切："徐复观是个性情外露而疾恶如仇的人。他不像唐君毅那样雍容含蓄，也不像牟宗三那样清通洒脱。他的笔端常常会涌吐出愤怒的火焰，这火焰经由儒者的悲怀的淘滤，大体说来是纯正而较少挟带私怨的。"

海外盛称方东美为"诗哲"，可说是点睛之誉。这个桐城派散文创始人方苞的后裔，终生酷爱《庄子》，亦好作诗，其英文著述竟被英国人赞为"优美典雅，求之于当世英美学者，亦不多见"，真是奇异之才。克剑评方东美，言简而义新："他称庄子为'道家兼儒家的雅儒'，实际上'雅儒'这一格也正是他对自己的期许。"我称方东美为"道韵中的儒者"，正与克剑的品评意趣相通。老实说，读方东美的著述，我常被那亦诗亦哲的韵味所吸引，不自觉地取审美向度而观赏把玩，以致不太着意于义理的追究了。当代新儒林有此奇才，风景更加优美。

张君劢大半生深涉政事，却毕竟一介书生。早年在"科玄论战"中力倡"新宋学"，虽被讥为"玄学鬼"，却不失独行之勇。克剑把"人生观"和"精神自由"提挈为张君劢的人文境界，在义理上的确得其宗趣，但在性情上却未多点染。就品评人物而论，这是有些遗憾的。从克剑讲述张君劢出访欧洲，见一德国哲学家"乃生一感想，觉平日涵养了哲学工夫者，其人生观自超人一等"的故事看，我猜克剑会认为张氏是性情中人，也许还有"三省吾身"的风范吧。

冯友兰，不好评，克剑断其"在人生的大节处也自有其风范"。自我检点，也许我过于看重冯氏行止失误处了。不过，冯氏晚年的自我反省倒能打动我。比如说，谈到《论孔丘》之作，冯氏能以"哗众取宠"自贬，胜过多少为之做辩解的局外人，且可见其真性情。似乎可以说，冯友兰一生温文尔雅可赞，但无私无畏不足。晚年自作检点，离歧返正，好作"怪异之论"，倒也显出几分大勇来。

儒者宗孔，几无例外。时人尊孔子为"圣人"，渲染崇敬感有余，呈现亲切处不足。孔子自谓："圣人，吾不得而见之矣。"克剑解"人非圣贤，孰能无过"，别有新意，亦得孔门真精神。他说："认真说来，这说法中含有这样两层意思：一是'圣贤'式的人是没有过错的，二是人只要在经验的世间活着他便不能没有过错。前一层说的是一种理想型态的人，也就是可作为人之所以为人的一个绝对范型的那种人，后一层说以这个范型衡量谁会是完美无缺的呢？这句话在许多人那里往往是从消极处说的，它或者用来劝慰人，或者用来原谅人。倘从积极处去说，它也可以用于对人的督促或勉励：你无论在心性修养还是在处世待人上做得多么好，也不该自满自足，因为你所做的一切用'人之至者'那样的'圣人'标准做衡量，又算得了什么呢？其实，孔子就说过'畏圣人之言'之类的话，但他并不认为自己就是圣人。"正是从积极而亲切处说起，克剑笔下的孔子不再是一尊偶像，而是一位既可敬又可亲的性情中人。在我看来，《孔子之生命情调与儒家立教之原始》堪称克剑从创思、气象向度品评孔子的大作。限于篇幅，不做绍评了。

（1996年为黄克剑《百年新儒林》一书撰写的跋文，此有删改）

参考文献

ALBERT D Z,2009. Quantum Mechanics and Experience[M]. Cambridge,MA： Harvard University Press.

ARMSTRONY E V,DEISCHER C K,1942. Johann Rudolf Glauber（1604 – 1670）：His Chemical and Human Philosophy[J]. Journal of Chemical Education,19.

ASPECT A,DALIBARD J,ROGER G,1982. Experimental Test of Bell's Inequalities Using Time-Varying Analyzers[J]. Physical Review Letters,49.

AUSTIN J L,1975. How To Do Things With Words[M]. URMSON J O,SBISÁ M(eds.). 2nd ed. Cambridge,MA：Harvard University Press.

AYER A J,1952. Language,Truth and Logic[M]. New York：Dover Publications.

BAIRD D,1998. Encapsulating Knowledge：the Direct Reading Spectrometer [J]. Philosophy & Technology,3.

BARNES B,BLOOR D,HENRY J,1996. Scientific Knowledge：A Sociological Analysis[M]. London：The Athlone Press.

BARRETT J,et al. ,2011. How Much Measurement Indendence is Needed to Demonstrate Nonlocality? [J]. Physical Review Letters, 106.

BEANEY M（ed.），1997. The Frege Reader[M]. Malden/Oxford/Carlton： Blackwell.

BELL J S,1964. On the Einstein-Podolsky-Rosen Paradox[J]. Physics, 1.

BELL J S, 1971. Introduction to the Hidden-Variable Question [M]// D'ESPAGNAT B(ed.). Foundations of Quantum Mechanics. New York：Academic.

BIRD A,1998. Philosophy of Science[M]. London：Routledge.

BIRD A,2000. Thomas Kuhn[M]. Princeton：Princeton University Press.

BLACKBURN S,1984. Spreading the Word：Groundings in the Philosophy of Language[M]. Oxford：Clarendon Press.

BOOLOS G,1998. Logic, Logic and Logic[M]. Cambridge,MA:Harvard University Press.

BRANDOM R,1984. Reference Explained Away[J]. The Journal of Philosophy, 81(9).

BUSCH P,LAHTI P J,MITTELSTAEDT P,1996. The Quantum Theory of Measurement[J]. Lecture Notes in Physics Monographs,2.

BUNGE M,1959. Causality[M]. Cambridge,MA: Harvard University Press.

BUNGE M,1973. Review of P. Suppes' Probabilistic Theory of Causality[J]. British Journal for Philosohy of Science, 24.

BUNGE M,1977. The Furniture of the World[M]. Dordrecht: Reidel.

CARNAP R,1952. Meaning Postulates[J]. Philosophical Studies, 3(5).

CARNAP R,1956/1988. Meaning and Necessity[M]. Chicago: University of Chicago Press.

CARPENTER A N, 2003. Davidson's Transcendental Argumentation [M]// MALPAS J(ed.). From Kant to Davidson. New York: Routledge.

CHALMERS D,2006. The Foundations of Two-dimensional Semantics[M]// GARCIA-CARPINTERO M, MACIA J(eds.). Two-Dimensional Semantics: Foundations and Applications. Oxford: Oxford University Press.

CHISHOLM R, 1976. The Agent as Cause [M]//BUNGE M, WALTON D (eds.). Action Theory. Dordrecht: Reidel.

COLBECK R,RENNER R,2011. No Extension of Quantum Theory Can Have Improved Predictive Power[J]. Nature Communications,2:411.

COLBECK R,RENNER R,2012. Free Randomness Can Be Amplified[J]. Nature Physics,8:450－453.

CONWAYJ H,KOCHEN S,2006. The Free Will Theorem[J]. Foundations of Physics,36.

CONWAY J H,KOCHEN S,2007. Replay to Comments of Bassi, Ghirardi, and Tumulka on the Free Will Theorem[J]. Foundations of Physics, 37.

CONWAY J H,KOCHEN S,2009. The Strong Free Will Theorem[J]. Notices of the Aerican Mathematical Society, 56.

CRAIG W L,MORELAND J P(eds.),2000. Naturalism: A Critical Analysis [M]. London & New York: Routledge.

CURD M,COVER J A(eds.),1998. Philosophy of Science: The Central Issues [M]. New York and London: W. W. Norton & Company.

DAVIDSON D,1982. Essays on Actions and Events[M]. 2nd ed. Oxford: Clarendon Press.

DAVIDSON D. 1983. A Coherence Theory of Truth and Knowledge[M]//HENRICH D(ed.). Kant oder Hegel?. Stuttgart: Klett-Cotta.

DAVIDSON D,1984. Inquires into Truth and Interpretation[M]. Oxford: Clarendon Press.

DAVIDSOND,1990. The structure and content of truth[J]. The Journal of Philosophy,6.

DAVIDSOND,1993. Reply to Jerry Fodor and Ernest LePore[M]//STOECKER R(ed.). Refflecting Davidson: Donald Davidson Responding to an International Forum of Philosophers. Berlin and New York: W. de Gruyter.

DAVIDSOND,1999. Meaning, Truth and Evidence[M]//BARRETT R B,GIBSON R F(eds.). Perspectives on Quine. Oxford: Blackwell.

DAVIDSON D,2001a. Inquiries into Truth and Interpretation[M]. 2nd ed. New York: Oxford University Press.

DAVIDSOND,2001b. Subjective, Intersubjective, Objective[M]. New York: Oxford University Press.

DAVIESP,GRIBBIN J,2007. The Matter Myth: Dramatic Discoveries that Challenge Our Understanding of Physical Reality [M]. New York: Simon and Schuster.

D' ESPAGNATB,1971. Conceptual Foundations of Quantum Mechanics[M]. New York: Addison Wesley.

DRETSKE F,1977. Laws of Nature[J]. Philosophy of Science, 44(2).

DUMMETT M,1957. Frege's "The Thought"[J]. Mind, New Series,66(264).

DUMMETTM,1976. What is a Theory of Meaning? (II) [M]//EVANS G,MCDOWELL J(eds.). Truth and Meaning. Oxford: Clarendon Press.

DUMMETT M,1978. Truth and Other Enigmas[M]. Cambridge, MA: Harvard University Press.

DUMMETT D,1979. What Does the Appeal to Use Do for the Theory of Meaning? [M]//MARGALIT A(ed.). Meaning and Use. Dordrecht: Reidel.

DUMMETTM,1991. The Logical Basis of Metaphysics[M]. Cambridge, MA: Harvard University Press.

DUMMETT M, 1993. Origins of Analytical Philosophy [M]. London: Duckworth.

EINSTEIN A, PODOLSKY B, ROSEN N, 1935. Can Quantum-Mechanical Description of Physical Reality be Considered Complete? [J]. Physical Review, 47.

ELDRIDGE A, 2014. Discovering the Unique Individuals Behind Split-Brain Patient Anonymity[EB/OL]. http://prople. uncw. edu. /puente/405/PDFpapers/Split-brain%20Patients. pdf.

ENGELMANN P, 1967. Letters from Ludwig Wittgenstein: With a Memoir[M]. Oxford: Blackwell.

EVNINES, 1991. Donald Davidson[M]. Cambridge: Polity Press.

FETZERJ H, 1974. A Single Case Propensity Theory of Explanation[J]. Synthese, 28.

FETZER J H, 1981. Scientific Knowledge[M]. Dordrecht: Reidel.

FETZER J H, 1993. Philosophy of Science[M]. New York: Paragon House.

FIELDH, 1986. The Deflationary Conception of Truth[M]//MACDONALD G, WRIGHT C(ed.). Fact, Science and Morality. Oxford: Blackwell.

FIELDH, 1994. Deflationist Views of Meaning and Content [J]. Mind, 103 (411).

FIRMAN T, GHOSH K, 2013. Competition Enhances Stochasticity in Biochemical Reactions[J]. The Journal of Chememical Physics, 7(9).

FODOR J, LEPORE E, 1993. Is Radical Interpretation Possible? [M]//STOECKER R (ed.). Refflecting Davidson: Donald Davidson Responding to an International Forum of Philosophers. Berlin and New York: W. de Gruyter.

FREGE G, 1953. The Foundations of Arithmetic [M]. New York: Harper & Brothers.

FREGE G, 1956. The Thought[J]. Mind, New Series, 65(259).

FREGEG, 1965. The Basic Laws of Arithmetic[M]. Berkely: University of California Press.

FREGEG, 1967. Begriffsschrift [M]//AUER-MENGELBERG, VAN HEIJE-

NOORT J(eds.). From Frege to Gödel: A Source Book in Mathematical Logic, 1879 — 1931. Cambridge, MA: Harvard University Press.

FREGE G, 1980. Philosophical and Mathematical Correspondence[M]. GABRIEL G et al. (eds.)Chicago: University of Chicago Press.

GISIN N, 2010. The Free Will Theorem, Stochastic Quantum Dynamics and True Becoming in Relativistic Quantum Physics[DB/OL]. arXiv: 1002.1329 [quant-ph].

GISINN, 2013. Are There Quantum Effects Coming from Outside Space-Time? Nonlocality, free will and "no many-worlds"[M]//SUAREZ A, ADAMS P (eds.). Is Science Compatible with Free Will?. New York: Springer.

GOLDSTEIN S, et al. ,2010. What Does the Free Will Theorem Actually Prove? [J]. Notices of the American Mathematical Society,57.

GOODMANN, 1947. The Problem of Counterfactual Conditionals[J]. The Journal of Philosophy, 14.

GRAYLING AC, 1982. An Introduction to Philosophical Logic[M]. Sussex: The Harvester Press Ltd.

GREGOR T, FUJIMOTO K, MASAKI N, SAWAI S, 2010. The Onset of Collective Behavior in Social Amoebae[J]. Science, 328.

HAACK S, 1976. Is It True What They Say about Tarski? [J]. Philosohy,51.

HACKING I, 1983. Representing and Intervening[M]. Cambridge: Cambridge University Press.

HALLM, 2010. Local Deterministic Model of Singlet State Correlations Based on Relaxing Measurement Independence[J]. Phisical Review Letters,105.

HANNA R, 2001. Kant and the Foundations of Analytic Philosophy[M]. Oxford: Oxford University Press.

HARMON G, 1983. The Principle of Realism[J]. Philosophy of Science, 50.

HARRÉ R, 1985. The Philosophy of Science[M]. Oxford: Oxford University Press.

HARRÉ R, 1986. Varieties of Realism[M]. Oxford: Oxford University Press.

HARRÉ R, Madden E H, 1973. In Defense of Natural Agents[J]. Philosophical Quarterly, 23.

HEISENBERG M, 2013. The Origin of Freedom in Animal Behavior[M]//SU-

AREZ A, ADAMS P(eds.). Is Science Compatible with Free Will?. New York: Springer.

HEMPEL C G,1965. Aspects of Scientific Explanation and Other Essays in the in the Philosophy of Science[M]. New York: The Free Press.

HEMPEL C G,1968. Lawlikeness and Maximal Specificity in Probabilistic Explanation[J]. Philosophy of Science, 35.

HEMPEL C G,OPPENHEIM P,1948. Studies in the Logic of Explanation[J]. Philosophy of Science,15. [重印于 Hempel,1965:245-290]

HORWICH P,2005. Truth, From a Deflationary Point of View[M]. Oxford: Oxford University Press.

HUME D,1970. Dialogue Concerning Natural Religion[M]. Indianapolis and New York: Bobbs-Merrill.

KÆRN M, ELSTON T C, BLAKE W J, COLLONS J J,2005. Stochasticity in Gene Expression: From Theories to Phenotypes[J]. Nature Reviews Genetics, 6.

KAPLAN D,1989. Demonstratives[M]//ALMOG J, et al. (eds.)Themes from Kaplan. Oxford: Oxford University Press.

KAUFFMAN S,2009. Physics and Five Problems in the Philosophy of Mind [DB/OL]. arXiv: 0907. 2495[quant-ph].

KAUFFMAN S,2012. Answering Descartes: Beyond Turing[M]//COPPER B, HODGES A(eds.). The Once and Future Turing. Cambridge: Cambridge University Press.

KIM J,1993. Mental Causation and Two Conceptions of Mental Properties[C]. American Philosophical Association Eastern Division Meeting(Unpublished). Atlanta,Georgia,December:27-30.

KOCHEN S,SPECKER E P,1967. The Problem of Hidden Variables in Quantum Mechanics[J]. Journal of Mathematics and Mechanics, 17.

KORNWACHSK,1998. A Formal Theory of Technology? [J]. Philosophy & Technology, 4.

KRIPSH,2013. Measurement in Quantum Theory[DB/OL]. The Stanford Encyclopedia of Philosophy. http://plato. stanford. edu/archives/fall2013/entries/qt-measurement/.

KRIPKE S,1982. Wittgenstein on Rules and Private Language[M]. Cambridge, MA: Harvard University Press.

KROESP,1998. Technological Explanations: the Relation Between Structure and Function of Technological Objects[J]. Philosophy & Technology, 3.

KROES P,BAKKER M(eds.),1992. Technological Development and Science in the Industrial Age[M]. Dordrecht: Kluwer Academic Publishers.

KUHN T S,1970. The Structure of Scientific Revolutions[M]. 2nd ed. Chicago: The University of Chicago Press. [1962 年初版]

KUHNT S,1977. The Essential Tension[M]. Chicago: The University of Chicago Press.

KUKLAA,2000. Social Constructivism and the Philosophy of Science[M]. London: Routledge.

KÜNNEW,SIEBEL M,TEXTOR M(eds.),1997. Bolzano and Analytic Philosophy[M]. Amsterdam: Rodopi.

KÜNNE W,2006. Analycity and Logical Truth: from Bolzano to Quine[M]// The Austrian Contribution to Analytic Philosophy. London: Routledge.

LACEY A R,1982. Modern Philosophy: An Introduction[M]. Boston, London and Henley: Routledge.

LAKATOS I,1977. The Methodology of Scientific Research Programmes[M]. Cambridge:Cambridge University Press.

LATTY T,BEEKMAN M,2011. Irrational Decision-Making in an Amoeboid Organism: Transitivity and Context-Dependent Preferences[J]. Proceedings of the Royal Society B: Biological Sciences, 278.

LAUDANL,1984. Science and Value[M]. Berkeley: University of California Press.

LEIBNIZG W,1991. Discourse on Metaphysics and other Essays[M]. GARBER D,ARIEW R(trans.). Indianapolis & Cambridge: Kackett Publishing Company.

LEPLIN J(ed.),1984. Scientific Realism[M]. Berkeley: University of California Press.

LEWISD, 1973. Counterfactuals [M]. Cambridge, MA: Harvard University Press.

LEVI A C,2013. Free Will with Afterthoughts：A Quasichemical Model［J］. Journal of Theoretical Chemistry，Article ID：902423.

MACKIE J L,1965. Causes and Conditionals［J］. American Philosophical Quarterly，2.

MACKINNON E,1979. Scientific Realism：A New Debate［J］. Philosophy of Science，46.

MAYE A,HSIEH C,SUGIHARA G,BREMBS B,2007. Order in Spontaneous Behavior ［J/OL］. PloS ONE. https：//doi. org/10. 1371/ journal. pone. 0000443.

MENONT,2009. The Conway-Kochen Free Will Theorem［EB/OL］. http：//philosophyfaculty. ucsd. Edu/faculty/wuthrich/PhilPhys/MenonTarun2009Man＿FreeWillThem. pdf.

MERALI Z,2013. Are Humans the Only Free Agents in the Univese？［M］// SUAREA A,ADAMS P（eds.）. Is Science Compatible with Free Will？. New York：Springer.

MERTON R K,1973. The Normative Structure of Science［M］//MERTON R K, STORER N W（eds.）. The Sociology of Science：Theoretical and Empirical Investigations. Chicago：The University of Chicago Press.

MILLER D,1974. Popper's Qualitative Theory of Verisimilitute［J］. British Journal for the Philosophy of Science，25.

MORSCHER E,2018. Bernard Bolzano［DB/OL］. Standford Encyclopedia of Philosophy. http：//plato. stanford. edu/entries/ bolzano/.

MOSER P K,YANDELL D,2002. Farewell to Philosophical Naturalism［M］// CRAIG W L,MORELAND J P（eds.）. Naturalism：A Critical Analysis. London：Routledge.

NAGEL E,1979. The Structure of Science［M］. 2nd ed. Indianapolis：Haekett. ［1961 年初版］

NEWTON-SMITHW H,1978. The Underdetermination of Theory by Data［J］. Aristotelian Society Supplemantary，52.

NEWTON-SMITH W H,1981. The Rationality of Science［M］. London and New York：Routledge and Kegan Paul Ltd.

NIINILUOTO I,1984. Is Science Progressive？［M］. Dordrecht：Reidel.

NIINILUOTO I,1987. Truthlikeness[M]. Dordrecht: Reidel.

NOZICK R,1981. Philosophical Explanations[M]. Cambridge,MA: Harvard U-niversity Press.

ODDIE G,1986. The Poverty of the Popperian Program for Truthlikeness[J]. Philosophy of Science, 53.

ODUM H T,2013. Environment, Power and Society for the Twenty First Centu-ry: The Hierarchy of Energy[M]. New York: Columbia University Press.

PAPINEAU D,1993. Philosophical Naturalism[M]. Oxford: Blackwell.

PAPINEAU D,2020. Naturalism[DB/OL]. The Stanford Encyclopedia of Philos-ophy. http://plato. stanford . edu/entries/naturalism/.

PARTINGTON J R,1961. A History of Chemistry:Vol. 2[M]. London: Mac-millan.

PENROSE P,1994. Shadows of the Mind[M]. Oxford: Oxford University Press.

PLANTINGA A,2000. Wanranted Christian Belief[M]. New York:Oxford Uni-versity Press.

PLATTS M,1979. Ways of Meaning[M]. London: Routledge.

POPPER K,1969. Conjectures and Refutations[M]. London: Routledge.

POPPERK R,1972. Objective Knowledge: An Evolutionary Approach[M]. Ox-ford: Clarendon Press.

PRIGOGINE I,1955. Introduction to Thermodynamics of Irreversible Processes [M].Springfield, Illinois: Charles C Thomas.

PUTNAM H,1975. Mind, Language and Reality[M]. Cambridge: Cambridge University.

PUTNAMH,1978. Meaning and Moral Sciences[M]. London: Routledge.

PUTNAMH,1981. Reason, Truth and History[M]. Cambridge: Cambridge Uni-versity.

PUTNAM H,1983. Realism and Reason[M]. Cambridge: Cambridge Universi-ty.

PUTNAM H,1984. What Is Realism? [M]//LEPLIN J(ed.). Scientific Real-ism. Berkeley: University of California Press.

QUINE W V O,1951. Two Dogmas of Empiricism[J]. Philosophical Review, 1.

QUINE W V O,1956. Quantifiers and Propositional Attitudes[J]. Journal of Philosophy, 5.

QUINE W V O, 1960. Word and Object[M]. Cambridge, MA：MIT Press.

QUINE W V O, 1969. Epistemology Naturalized[M]//Ontological Relativity and Other Essays. New York：Columbia University Press.

RAWLS J, 1999. A Theory of Justice[M]. 2nd ed . Cambridge, MA：Harvard University Press.

RICHARDSS, 1985. Philosophy and Sociology of Science[M]. Oxford：Blackwell.

RORTYR, 2000. Kuhn[M]//NEWTON-SMITH W H (ed.). A Companion to the Philosophy of Science. Oxford：Blackwell.

RUSSELL B, 1905. On Denoting[J]. Mind, 14. Reprinted in RUSSELL B, 1973. Essays in Analysis. London：Allen and Unwin.

RUSSELL B, 1913. The Problems of Philosophy[M]. Oxford：Oxford University Press.

RUSSELL B, 1984. Theory of Knowledge：The 1913 Manuscript[M]. London：George Allen & Unwin.

SALMON W C, 1970. Statistical Explanation[M]//CLOODNY R G(ed.). The Nature of Function of Scientific Theories. Pittsburgh：University of Pittsburgh Press：173 – 231.

SALMON W C, 1977. Objectivity Homogeneous Reference Classes[J]. Synthese, 36.

SALMON W C, 1984. Scientific Explanation and the Causal Structure of the World[M]. Princeton：Princeton University Press.

SCHECHTER E, 2012. Intentions and Unified Agency：Insights from the Split-brain Phenomenon[J]. Mind & Language, 27.

SCHILPP P A(ed.), 1974. The Philosophy of Karl Popper：2 Volumes[M]. La Salle：Open Court Press.

SCHLOSSHAUER M, 2005. Decoherence, the measurement problem, and interpretations of quantum mechanics[J]. Review of Modern Physics, 4.

SCHLOSSHAUER M, KOFLERB J, ZEILINGERC A, 2013. A Snapshot of Foundational Attitudes toward Quantum Mechanics[J]. Studies in History and Philosophy of Science, Part B：Studies in History and Philosophy of Modern

Physics, 44.

SCOFIELD J(director), REAY J (executive producer), 2000. Alien Hand[Z].
New York: The Learning Channel. [Television Broadcast]

SEARLE J, 1964. How To Derive "Ought" From "Is" [J]. Philosophical Review, 73.

SEARLE J, 1999. Mind, Language, and Society: Doing Philosophy in the Real
World[M]. London: Phoenix.

SELLARS W, 1961. The Language of Theories[M]//FEIGL H, MAXWELL G
(eds.). Current Issues in the Philosophy of Science. New York: Holt, Rinehart & Winston.

SELLARS W, 1968. Science and Metaphysics[M]. London: Routledge.

SIMONH A, 1981. The Sciences of the Artificial[M]. Cambridge, MA: MIT
Press.

SIMON C, ZUKOWSKI M, WEINFURTER H, ZEILINGER A, 2000. A Feasible
"Kochen-Specker" Experiment with Single Particle[J]. Physical Review Letters, 85.

SLUGA H, 1997. Frege on Meaning[M]//GLOCK H-J(ed.). The Rise of Analytic Philosophy. Oxford: Blackwell.

SOBER E, 1991. Core Questions in Philosophy[M]. New York: Macmillan.

STAPPH P, 1999. Attention, Intention, and Will in Quantum Physics[J]. Journal of Consciousness Studies, 6.

STERNR (ed.), 1999. Transcendental Arguments: Problems and Prospects
[M]. Oxford: Oxford University Press.

STRAWSON P F, 1950. On Referring[J]. Mind, 59. Reprinted in Strawson,
1971. Logico-Linguistic Papers. London: Methuen.

STRAWSON P F, 1971. Meaning and Truth[M]//Logico-Linguistic Papers.
London: Mathuen.

SUAREZA, 2009. Quantum Randomness Can Be Controlled by Free Will: A
Consequence of the Before-before Experimant[DB/OL]. arXiv: 0804. 0871
[quant-ph].

SUAREZA, ADAMS P(eds.), 2013. Is Science Compatible with Free Will?
[M]. New York: Springer.

SUPPES P,1984. Probabilitic Metaphysics［M］. Oxford：Blackwell.

TAMNYM,IRANI K D（eds.）,1986. Rationality in Thought and Action［M］. New York：Greenwood Press.

TARSKI A,1944. The Semantic Conception of Truth and the Foundations of Semantics［M］//MARTINICH A P,2001. Philosophy of Language. 4th ed. Oxford：Oxford University Press.

TARSKI A,1949. The Semantic Concept of Truth［M］//FEIGL H, SELLARS W（eds.）. Readings in Philosohical Analysis. New York：Aplleton Century Crofts Inc.

TARSKI A,1956. The Concept of Truth in Formalized Language［M］// Logic, Semantics, Mathematics. WOODGER J H（trans.）. Oxford：Clarendon Press.

TICHY P,1974. On Popper's Definition of Verisimilitute［J］. British Journal for the Philosophy of Science,25.

TICHY P,1976. Verisimilitute Redefined［J］. British Journal for the Philosophy of Science, 27.

TUMULKA R,2007. Comment on "The Free Will Theorem"［J］. Foundations of Physics, 37.

TVERSKY A,1977. Features of Similarity［J］. Psychological Review, 84.

VAN FRAASSEN B,1980. The Scientific Image［M］. Oxford：Oxford University Press.

VINCENTI W A,1990. What Engineers Know and How They Know It：Analytical Studies from Aeronautical History［M］. Baltimore, MD/London：Johns Hopkins University Press.

WALDEN P,1954. The Beginning of the Doctrine of Chemical Affinity［J］. Journal of Chemical Education, 31.

WITTGENSTEIN L,1956. Remarks on the Foundation of Mathematics（RFM）［M］. VON WRIGHT G H（ed.）,PAUL D,ANSCOMBE G E M（trans.）. Oxford：Blackwell.

WITTGENSTEIN L,1958. Philosophical Investigations（PI）［M］. RHEES R, ANSCOMBE G E（eds.）,ANSCOMBE G E（trans.）. New York：MacMillan.

WITTGENSTEIN L,1961a. Notebooks 1914—1916（NB）［M］. VON WRIGHT G H, ANSCOMBE G E（eds.）,ANSCOMBE G E（trans.）. Oxford：Blackwell.

WITTGENSTEIN L,1961b. Tractatus Logico-Philosophicus(TLP)［M］. PEARS D, MCGUINNES B(trans.). London：Routledge.

WITTGENSTEIN L,1969. On Certainty(OC)［M］. ANSCOMBE G E M,VON WRIGHT G H(eds.), PAUL D, ANSCOMBE G E M(trans.). Oxford：Blackwell.

WITTGENSTEIN L,1974. Philosophical Grammar(PG)［M］. RHEES R(ed.), KENNY A(trans.). Oxford：Blackwell.

WITTGENSTEIN L,1975. Philosophical Remarks(PR)［M］. RHEES R(ed.), HARGREAVES R, WHITE R(trans.). Oxford：Blackwell.

WITTGENSTEIN L,1980. Culture and Value(CV)［M］. VON WRIGHT G H (with NYMAN H)(ed.),WINCH P(trans.). Oxford：Blackwell.

《化学发展简史》编写组,1980. 化学发展简史［M］. 北京:科学出版社.

C. G. 亨普耳①,1987. 自然科学的哲学［M］. 张华夏,译. 北京:生活·读书·新知三联书店.

CAUCH H G,2005. 科学方法实践［M］. 王义豹,译. 北京:清华大学出版社.

J. R. 塞尔,1993. 美国当代哲学［M］//单天伦. 当代美国社会科学. 北京:社会科学出版社.

K. R. 波珀②,1986b. 科学发现的逻辑［M］. 邱仁宗,译. 北京:科学出版社.

K. R. 波普尔,1986a. 猜想与反驳:科学知识的增长［M］. 傅季重,等,译. 上海:上海译文出版社.

K. R. 波普尔,1987. 客观知识:一个进化理论的研究［M］. 舒炜光,等,译. 上海:上海译文出版社.

M. K. 穆尼茨,1986. 当代分析哲学［M］. 吴牟人,等,译. 上海:复旦大学出版社.

R. 哈雷③,1990. 科学逻辑导论［M］. 李静,译. 杭州:浙江科学技术出版.

---

① Hempel 有三种译法,即"亨佩尔""亨普尔""亨普耳",学界尚未统一,但"亨佩尔"用得较多。

② Popper 有三种译法,即"波普尔""波普""波珀",目前已趋向于采用"波普尔"。

③ Harré 有两种译法,即"哈瑞"和"哈雷",目前已趋向于采用前者。

T. S. 库恩,1981. 必要的张力:科学的传统和变革论文选[M]. 纪树立,等, 译. 福州:福建人民出版社.

阿尔文·普兰丁格,2004. 基督教信念的知识地位[M]. 邢滔滔,等,译. 北京:北京大学出版社.

奥尔森,2009. 科学与宗教:从哥白尼到达尔文(1450—1900)[M]. 徐彬,吴林,译. 济南:山东人民出版社.

柏廷顿,1979. 化学简史[M]. 胡作玄,译. 北京:商务印书馆.

陈嘉映,2007. 哲学·科学·常识[M]. 北京:东方出版社.

陈乐民,2006. 莱布尼茨读本[M]. 南京:江苏教育出版社.

恩格斯,1971. 自然辩证法[M]. 北京:人民出版社.

谷振谐,刘壮虎,2006. 批判性思维教程[M]. 北京:北京大学出版社.

海德格尔,1996. 海德格尔选集:上、下[M]. 孙周兴,选编. 上海:上海三联书店.

胡瑶村,1983. 化学亲和力的过去和现在[J]. 大自然探索,(3).

金岳霖,1983. 知识论[M]. 北京:商务印书馆.

凯德洛夫,1985. 化学元素概念的演变[M]. 陈益升,等,译. 北京:科学出版社.

康德,1991. 纯粹理性批判[M]. 韦卓民,译. 武汉:华中师范大学出版社.

柯匹,科恩,2007. 逻辑学导论[M]. 张建军,等,译. 北京:中国人民大学出版社.

莱布尼茨,1677. 通向一种普遍文字[M]//陈乐民,2006. 莱布尼茨读本. 南京:江苏人民出版社:87-94.

莱布尼茨,1982. 人类理智新论[M]. 陈修斋,译. 北京:商务印书馆.

莱斯特,1982. 化学的历史背景[M]. 吴忠,译. 北京:商务印书馆.

理查德·S. 韦斯特福尔,2000. 近代科学的建构:机械论与力学[M]. 彭万华,译. 上海:复旦大学出版社.

马里奥·本格,1989. 科学的唯物主义[M]. 张相轮,郑毓信,译. 上海:上海译文出版社.

梅森,1980. 自然科学史[M]. 周煦良,译. 上海:上海译文出版社.

尼古拉斯·布宁,余纪元,2001. 西方哲学英汉对照辞典[M]. 北京:人民出版社.

牛顿,2006. 自然哲学的数学原理[M]. 赵振江,译. 北京:商务印书馆.

盛根玉,1987.近代化学家的思维方式和研究方法的历史考察[J].自然辩证法研究,(5).

施太格缪勒,1986.当代哲学主流:上卷[M].王炳文,等,译.北京:商务印书馆.

斯温伯恩,2001.设计论证明[M]//斯图沃德.当代西方宗教哲学.胡自信,译.北京:北京大学出版社.

斯温伯恩,2005.上帝是否存在?[M].胡自信,译.北京:北京大学出版社.

唐先一,张志林,2016.量子测量问题新解[J].自然辩证法研究,(2).

特伦斯·霍克斯,1987.结构主义和符号学[M].刘峰,译.上海:上海译文出版社.

王浩,2002.哥德尔[M].康宏逵,译.上海:上海译文出版社.

王浩,2009.逻辑之旅:从哥德尔到哲学[M].邢滔滔,郝兆宽,汪蔚,译.杭州:浙江大学出版社.

王静,2005.论解释的形式基础和证据基础[J].哲学研究,(3).

王静,张志林,2008.三角测量模式对知识客观真理性的辩护[J].自然辩证法通讯,(1).

维特根斯坦,1988.向摩尔口述的笔记摘抄[M]//维特根斯坦.名理论:逻辑哲学论:附录.张申府,译.北京:北京大学出版社.

肖莱马,1978.有机化学的产生和发展[M].潘吉星,译.北京:科学出版社.

休谟,1957.人类理解研究[M].关文运,译.北京:商务印书馆.

休谟,1980.人性论[M].关文运,译.北京:商务印书馆.

休谟,1996.《人性论》概要[M]//周晓亮.休谟及其人性哲学.北京:社会科学文献出版社:附录一.

亚历山大·科瓦雷,2003a.从封闭世界到无限宇宙[M].邬波涛,张华,译.北京:北京大学出版社.

亚历山大·科瓦雷,2003b.牛顿研究[M].张卜天,译.北京:北京大学出版社.

叶闯,2006.理解的条件:戴维森的解释理论[M].北京:商务印书馆.

伊·普里戈金,1986.从存在到演化:自然科学中的时间及复杂性[M].曾庆宏,等,译.上海:上海科学技术出版社.

伊·普里戈金,伊·斯唐热,1987.从混沌到有序:人与自然的新对话[M].曾庆宏,等,译.上海:上海译文出版社.

伊安·G. 巴伯,1993. 科学与宗教[M].阮炜,等,译.成都:四川人民出版社.

余英时,1995.中国思想传统的现代诠释[M].南京:江苏人民出版社.

张岱年,1982.中国哲学大纲[M].北京:中国社会科学出版社.

张华夏,1992a.论可能世界的圈层结构:分析可能性和决定论等问题的一个理论框架[J].哲学研究,(9).

张华夏,1992b.因果性究竟是什么?[J].中山大学学报(社会科学版),(1).

张华夏,张志林,2005.技术解释研究[M].北京:科学出版社.

张嘉同,1982.从化学亲合力到现代化学键理论[J].北京师范大学学报(自然科学版),(4).

张志林,1993.真理、逼真性和实在论[J].自然辩证法通讯,(5).

张志林,1994.语言与实在:对 D. Davidson 实在论的批判[J].自然辩证法通讯,(5).

张志林,1995a.金岳霖因果论评析[J].哲学研究,增刊.

张志林,1995b.真值实在论及其困难[J].中山大学学报(社会科学版),(1).

张志林,1996a.因果关系的状态空间模型[J].自然辩证法通讯,(1).

张志林,1996b.因果律、自然律与自然科学[J].哲学研究,(9).

张志林,1998/2010.因果观念与休谟问题[M].长沙:湖南教育出版社/北京:中国人民大学出版社.

张志林,2006.分析哲学视野中的意向性问题[J].学术月刊,(6).

张志林,陈少明,1995/1998.反本质主义与知识问题:维特根斯坦后期哲学的扩展研究[M].广州:广东人民出版社.